新型工业化·新制造·机器人技术与应用系列

新形态·立体化

智能机器人技术导论

程磊　吴怀宇　陈洋/编著

ROBOT
Technology and Application

電子工業出版社
Publishing House of Electronics Industry
北京·BEIJING

内容简介

本书主要介绍智能机器人的产生及发展、典型的机器人系统和智能机器人系统基础、感知系统、导航技术、协作系统、控制与自学习、仿真与软件设计、机电控制系统设计、竞赛及应用等。

本书结合“结果导向思维”，应用 OBE 理念编写，凸显了“智能”特色，落实了“思政贯通”教学主线。本书突出“智能化”机器人特色，以“智能”为主轴展开，有助于学生跳出传统工业机器人的单一学习思路，帮助学生全面认知机器人。

本书配有在线课程“机器人技术导论”（“智慧树”平台），以及教学大纲、PPT、习题解答、课程思政等资源，读者可登录华信教育资源网（www.hxedu.com.cn）下载。

本书适合作为高等院校机器人工程、自动化、电子信息与机械电子工程等专业的本科生或硕士研究生的引导性教材或参考书，也可作为工科学生机器人活动、相关学科竞赛教材，还可供有关工程技术人员参考。

图书在版编目（CIP）数据

智能机器人技术导论 / 程磊，吴怀宇，陈洋编著. —北京：电子工业出版社，2023.8

ISBN 978-7-121-46058-6

Ⅰ. ①智… Ⅱ. ①程… ②吴… ③陈… Ⅲ. ①智能机器人 Ⅳ.①TP242.6

中国国家版本馆 CIP 数据核字（2023）第 142015 号

责任编辑：刘　瑀
印　　刷：三河市君旺印务有限公司
装　　订：三河市君旺印务有限公司
出版发行：电子工业出版社
　　　　　北京市海淀区万寿路 173 信箱　　　邮编：100036
开　　本：787×1092　1/16　印张：15.5　字数：310 千字
版　　次：2023 年 8 月第 1 版
印　　次：2025 年 1 月第 2 次印刷
定　　价：59.00 元

凡所购买电子工业出版社图书有缺损问题，请向购买书店调换。若书店售缺，请与本社发行部联系，联系及邮购电话：（010）88254888，88258888。

质量投诉请发邮件至 zlts@phei.com.cn，盗版侵权举报请发邮件至 dbqq@phei.com.cn。

本书咨询联系方式：（010）88254115，liuy01@phei.com.cn。

前　言

机器人是一类具有感知、决策、执行与交互等功能与特性的智能机器。目前机器人逐渐从实验室走向实际应用和产业化，并越来越多地应用于各领域中。机器人技术是集新型材料、传感器技术、自动化技术、人工智能与互联网技术于一体，多学科交叉融合的综合性创新技术。

本书是以介绍智能机器人为主的引导性教材，涉及智能机器人的发展历史、概况、位置运动学、智能感知、轨迹规划、通信协作、运动控制算法、仿真设计、专业竞赛、典型应用等内容，内容丰富，综合性很强。

本书的主要内容分为三个部分。

第一部分介绍智能机器人的概况、历史与发展，以及典型的机器人系统，包含第 1 章内容。

第二部分介绍智能机器人的科学问题与关键核心技术，包含第 2～6 章，第 2 章讨论智能机器人常见的机械臂结构、行走机构与驱动技术。第 3 章介绍智能机器人感知系统，重点阐述智能机器人传感器的原理、分类，除感知与自身工作状态相关的机械量外，对视觉感知技术也做了详细介绍。第 4 章研究智能机器人导航与路径规划问题，主要介绍导航系统的概念、分类，全局路径规划、局部路径规划与地图构建的相关知识。第 5 章涉及智能机器人协作系统，着重分析多机器人的学习能力与协调能力，讲解智能机器人的通信原理、多机器人的体系结构与协同机构。第 6 章探讨智能机器人运动控制算法和自学习能力，包含智能机器人的 PID 控制、模糊控制、神经网络和机器学习等，并简要介绍了运动和自学习算法在智能机器人领域的应用概况。

第三部分介绍智能机器人的仿真、设计与典型应用，包含第 7～10 章，第 7 章介绍智能机器人常用的操作系统与仿真软件，即 ROS（机器人操作系统）和 RobotStudio 仿真软件。第 8 章讨论智能机器人机电控制系统的设计，主要介绍智能机器人 MCU 控制系统和工业机器人 PLC 控制。第 9 章主要介绍在智能机器人竞赛领域影响力大、综合技术水平高、参与范围广的专业机器人竞赛，包括 RoboCon、RoboMaster 等赛事。第 10 章探讨智能机器人的典型应用，通过案例介绍智能机器人在各个领域的应用，涵盖智能巡检机器人、仿生机器人和无人机的关键技术、具体特征及典型应用场合。

本书具有如下特点：

1．从智能机器人驱动与机械机构入手，系统地介绍了智能机器人系统的基本理论与技术，有利于读者掌握智能机器人技术的精髓，消除智能机器人设计的神秘感。

2．介绍智能机器人感知系统、导航系统，逐步涉及智能机器人人工智能，不局限于狭义的工业机械手范畴。

3．讲解具有实战意义的智能机器人设计软件，以及机器人设计过程，介绍能够提升智能机器人设计能力的相关竞赛，为后期的智能机器人实现及创新打下基础。

全书由程磊统稿。在本书的编写过程中，编著者参考了大量国内外书籍和论文，在此对相关作者表示深深的感谢。

本书配有在线课程“机器人技术导论”（“智慧树”平台），以及教学大纲、PPT、习题解答、课程思政等资源，读者可登录华信教育资源网（www.hxedu.com.cn）下载。

机器人学是一门复杂且综合性极强的学科，涉及的专业知识很多，由于编著者时间有限，书中难免有不足之处，敬请各位读者批评指正。

编著者

在线课程

目　录

第1章

智能机器人概论

智能机器人最突出的特点莫过于“智能”，它与其他机器人的区别在于它具有相当发达的“大脑”，它是一个具有视觉、听觉、触觉等的“活物”，它能够进行自我控制并按照人类的需求做事。

本章将介绍机器人的产生与发展，并简要展示几种典型的机器人系统。

1.1 智能机器人的产生与发展

机器人作为一类智能机器，具有感知、决策、交互与执行等功能与特性。机器人已成为人类现代社会中不可或缺的重要伙伴和助手。

下面将详细介绍智能机器人的产生背景与发展历程，本章是全书的基础，旨在引领读者走进机器人学的大门，培养读者对机器人的兴趣。

1.1.1 机器人的产生

虽然机器人一词的出现和世界上第一个工业机器人的问世都是近几十年的事，但是人们对机器人的幻想与追求却已有3000多年的历史。人类早在远古时期，就希望能制造出一种像人一样的机器来代替人类完成各式各样的工作。在中国古代就有许多这方面的记载。

【任务】
通过网络课堂学习，找出机器人最初的应用场景。

据《列子》记载，西周周穆王时期，我国的能工巧匠偃师研制出一种能歌善舞的“伶人”，它举手投足如同真人一般。摇摇它的头，它可唱出符合乐律的歌曲；捧捧它的手，它便跳起符合节拍的舞。为此，周穆王赐给偃师一块封地作为奖赏。据《墨经》记载，春秋后期，我国著名的木匠鲁班，为了哄母亲开心，用竹木造了一只大鸟，做成以后放飞，飞了三天都没有从空中落下，这体现了我国劳动人民的聪明才智。《三国志·诸葛亮传》记载：“亮性长于巧思，损益连弩，木牛流马，皆出其意。”这说的是三国时期，诸葛亮不但成功地创造出可以连发的弩箭，而且制作出可以行走的木牛流马，并用木牛流马运送军粮。

1.1.2 机器人的概念

在科技界，科学家会给每一个科技术语一个明确的定义；但机器人问世半个多世纪以来，对它的定义仍然仁者见仁，智者见智，没有统一的表述。原因之一是机器人在不断发展，新的机型、新的功能不断涌现。人们对机器人的未来充满了幻想与期待。

在机器人发展的过程中，人们对于它的定义逐渐清晰起来，下面是不同组织对机器人的不同定义。

美国机器人协会（RIA）：机器人是一种用于移动各种材料、零件、工具或专用装置的，通过可编程序动作来执行各种任务的，具有编程能力的多功能机械手。

日本工业机器人协会：机器人是一种装备有记忆装置和末端执行器的、能够转动并自动完成各种移动来代替人类劳动的通用机器。

国际标准化组织（ISO）：机器人是一种自动的、位置可控的、具有编程能力的多功能机械手。这种机械手具有几个轴，能够借助可编程序操作来处理各种材料、零件、工具和专用装置，以执行各种任务。

我国科学家起初对机器人的定义是：机器人是一种具有高度灵活性的自动化机器，这种机器具备一些与人或生物相似的智能能力，如感知能力、规划能力、动作能力和协同能力。我国的机器人之父蒋新松院士也给出过机器人的定义："一种拟人功能的机械电子装置"。

以上机器人定义多在以下功能之间取舍变化。

（1）像生物或生物的某部分，并能模仿生物的动作。

（2）具有智力、感觉与识别能力。

（3）是人造的机械电子装置。

（4）可进行编程，实现功能变化。

1.1.3 机器人的发展历程

"Robot"一词实际来源于一部歌剧。1920 年，捷克剧作家 Karl Capek 根据Robota（捷克文，原意为"劳役、苦工"）和Robotnik（波兰文，原意为"工人"），在 *Rossums Universal Robot* 剧作中创造出"Robot"（机器人）一词。

1939 年，美国纽约世博会上展出了由西屋电气公司制造的家用机器人 Elektro。它可以行走，会说 77 个字，它的出现让人们对家用机器人的憧憬变得更加具体。

1942 年，著名的科幻小说家 Isaac Asimov 提出了著名的"机器人三定律"。这三条定律已经成为学术界默认的研发原则。

（1）机器人不得伤害人，也不得见人受到伤害而袖手旁观。

（2）机器人应服从人的一切命令，但不得违反第一条定律。

（3）机器人应保护自身的安全，但不得违反第一条、第二条定律。

1947 年，美国阿尔贡研究所开发出一款遥控机械手，用于在恶劣的环境下代替人类处理放射性物质。

1948 年，"控制论之父"Norbert Wiener 出版《控制论》，阐述了机器中的通信和控制机能与人的神经、感觉机能的共同规律，率先提出以计算机为核心的自动化工厂。同年，"信息论之父"Claude Elwood Shannon 发表了 *A Mathematical Theory of Communication*，它利用数学方式去度量信息的价值，创造性地采用概率论的方法来研究通信中的问题，是现代信息论的奠基之作。这为机器人的发展奠定了良好的理论基础。

1959 年，德沃尔和英格伯格联手制造出第一个工业机器人 Unimate，随后成立了世界第一家机器人公司 Unimation。

1968 年，斯坦福研究所人工智能中心研制出第一个真正可移动和感知的机器人 Shakey，Shakey 被认为是机器人革命的开始。

1970 年，日本早稻田大学制造出第一个拟人机器人 Wabot-1，如图 1-1 所示，它可以自行导航和自由移动。

1989 年，麻省理工学院的研究人员制造的六足机器人 Genghis，被认为是现代历史上重要的机器人之一。

1998 年，Da Vinci 手术机器人问世，它变革了手术的方式。

1999 年，AIBO 是索尼创造的几个机器人宠物之一，如图 1-2 所示。

图 1-1 Wabot-1

图 1-2 AIBO

2000 年，麻省理工学院发明了一个能够识别和模拟情绪的机器人 Kismet。

2000 年，本田公司制造出智能仿人型机器人 ASIMO。ASIMO 具有类人的机械结构，可以实现双足直立行走。

2000 年，我国独立研制的第一个具有人类外观特征、可以模拟人类行走与基本操作的类人型机器人“先行者”问世。类人型机器人问世，标志着我国机器人技术已跻身国际先进行列。

2005 年，波士顿动力公司联合哈佛大学制造了一个四足机器人 BigDog，如图 1-3 所示。它不仅可以跋山涉水，还可以承载较重的货物。BigDog 机器人的内部安装有一台计算机，可根据环境的变化调整行进姿态。

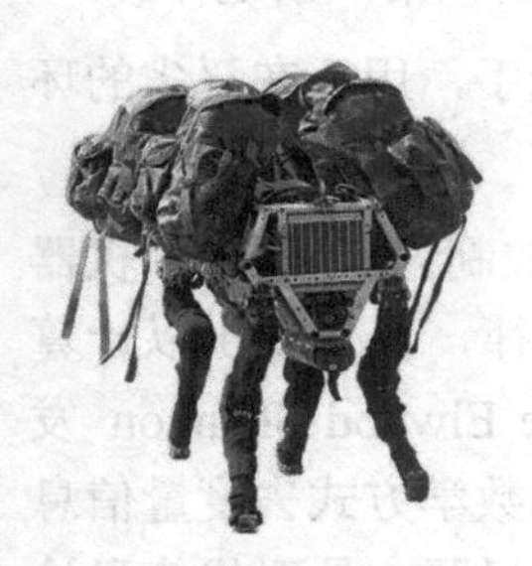

图 1-3 BigDog

2015 年，美国加州大学伯克利分校的 Brett 机器人利用基于神经网络的深度学习算法，以试错方式主动学习。同年，类人型机器人 Sophia 诞生。

2017 年，由汉森机器人公司制造的机器人 Sophia 获得了沙特阿拉伯公民身份，成为第一个获得国家公民身份的机器人。

近些年，我国涌现了许多优秀的机器人公司。例如，新松机器人自动化股份有限公司成功研制了具有自主知识产权的工业机器人、移动机器人、特种机器人、协作机器人、医疗服务机器人五大系列百余种产品；ROKAE 机器人公司生产的 xMate CR 系列柔性协作机器人的轨迹精度优于 1mm。此外，还有很多消费级机器人公司，如专注于飞行机器人的大疆创新科技有限公司，专注于改善人们生活的机器人的科沃斯机器人公司。

在千行百业数字化转型的巨大需求牵引之下，全球机器人行业创新机构与企业围绕技术研发和场景开发不断探索，在汽车制造、电子制造、仓储运输、医疗康复、应急救援等领域的应用不断深入，推动机器人产业持续蓬勃发展。预计 2023 年，全球机器人市场规模将达到 513 亿美元，其中，工业机器人市场规模将达到 195 亿美元，服务机器人市场规模将达到 217 亿美元，特种机器人市场规模将超过 100 亿美元。预计到 2025 年，全球机器人市场规模将有望突破 650 亿美元。

1.1.4 机器人的应用领域

现代机器人的应用领域十分广泛，已涉及人类生活的方方面面。机器人按照应用领域可大致分为生产劳动型机器人、服务型机器人、科研探索型机器人。

现在生产劳动型机器人主要应用于汽车制造业、机电制造业、建筑业、加工铸造业及其他重工业和轻工业部门。在农林畜牧业方面，机器人主要用于水果和蔬菜嫁接、收获、检验与分类，羊毛、牛奶生产等。

服务型机器人的应用范围很广，可应用于医疗、餐饮等行业。常见的家用型扫地机器人、餐饮行业中的送餐机器人、医疗手术中使用的脑外科机器人及快递行业中使用的分拣机器人都属于服务型机器人。

科研探索型机器人可代替人类在恶劣或不适于人类工作的环境中执行科研探索任务。例如，水下机器人“海斗一号”（见图 1-4）代替人类实现了万米下潜，完成了对马里亚纳海沟“挑战者深渊”最深区域的巡航探测，多次开展了深渊海底样品抓取、沉积物取样、标志物布放、水样采集等万米深渊坐底作业，并利用高清摄像系统获取了不同作业点的影像资料，为探索深渊地质环境特点和生物演化机制积累了宝贵素材。宇宙空间机器人如“玉兔号”月球车，如图 1-5 所示，可以代替人类在月球表面进行样品采集。“玉兔号”月球车舒展“玉兔之手”——机械臂，对月球月壤成功实施钻探并带回。它采集的 1731g 月壤对研究月球的地质演变、矿产资源的勘探有着重要的科学意义。这次探测任务的成功，标志着中国突破了月面高精度机械臂遥操作控制技术，实现了对 38 万千米之外的机械臂的毫米级精确控制。

中国首辆火星车被命名为“祝融号”，截至 2022 年 9 月 15 日，我国科研人员通过“祝融号”火星车获得了大量的影像和光谱数据，并且在着陆区附近的板状硬壳岩石中发现了含水矿物。这些宝贵的科研数据，为火星乌托邦平原曾经存在海洋的猜想提供了有力的支撑，丰富了人类对火星地质演化和环境变化的科学认知。

图 1-4 水下机器人“海斗一号”

图 1-5 “玉兔号”月球车

1.1.5 机器人的发展趋势

1. 各类机器人的发展前景

1）工业机器人

智能机器人快速发展，人机共融技术不断走向深入。由于无法感知周围情况的变化，传统的工业机器人通常被安装在与外界隔离的区域中，以确保人的安全。随着标准化结构、集成一体化关节、灵活人机交互等技术的完善，工业机器人的易用性与稳定性不断提升，与人协同工作越发受到重视，成为重点研发和突破的领域，人机融合成为工业机器人研发过程中的核心理念。目前推出的部分人机互动机器人的智能化水平在某些方面接近于人，能够感知环境，同时适应环境的变化。

2）服务机器人（服务型机器人）

认知智能取得一定进展，产业化进程持续加速。认知智能将支撑服务机器人实现创新突破。人工智能技术是服务机器人在下一阶段获得实质性发展的重要引擎，目前正在从感知智能向认知智能加速迈进，并已经在深度学习、抗干扰感知识别、听觉、视觉、语义理解与认知推理、自然语言理解、情感识别与聊天等方面取得了明显的进步。

智能服务机器人进一步向各应用场景渗透。随着机器人技术的不断进步，服务机器人的种类和功能会不断完善，智能化水平会进一步提升，其服务领域会延伸到各个领域，如从家庭延伸到商业应用，服务人群从老人延伸到小孩，再到普通人群。

3）特种机器人

结合感知技术与仿生材料，机器人的智能性和适应性不断增强。技术进步促使机器人的智能水平大幅提升。当前特种机器人的应用领域不断拓展，所处的环境变得更为复杂与极端，传统的编程式、遥控式机器人由于程序固定、响应时间长等问题，在环境迅速改变时难以有效应对。随着传感技术、仿生与生物模型技术、生机电信息处理与识别技术不断进步，特种机器人已逐步实现“感知—决策—行为—反馈”的闭环工作流程，具备了初步的自主智能，与此同时，仿生新材料与刚柔耦合结构也进一步打破了传统的机械模式，增强了特种机器人的环境适应性。

现在特种机器人替代人类在更多特殊环境中从事危险劳动。目前特种机器人通过机器视觉传感器、压力传感器、距离传感器等，结合深度学习算法，已能完成定位、导航、物体识别跟踪、行为预测等。例如，波士顿动力公司制造的Handle机器人，实现了在快速滑行的同时对跳跃的稳定控制。随着特种机器人的智能性和对环境的适应性不断增强，其在安防监测、军事、消防、采掘、交通运输、空间探索、防爆、管道建设等众多领域都具有十分广阔的应用前景。

2. 机器人产业的发展

人工智能是人类社会未来的发展趋势，也是现代科学技术发展的走向。技术和科学领域的人工智能化将会更加有利于人类文明的发展与改善，也会让人类的生产生活更加便利。未来的机器人将在具备更高智能的基础上，向微型化、模块化、协调化和网络化等方向发展。

首先，未来将会有更多的微型机器人，微型机器人应用在医疗及其他领域具有重要意义，将会极大地方便人们的生活。其次，机器人模块化、标准化有利于机器人的应用商业化，提高经济效益。再次，群体机器人协调化，有些复杂的工作任务使用单个机器人难以完成，需要群体机器人协调工作。最后，机器人将与网络技术深度融合，方便机器人故障在线诊断、系统升级、安全维护等，使机器人的使用更加便捷。未来，伴随着机械学、材料学、传感器硬件、智能算法的发展，机器人技术将会与之碰撞出更多的火花，焕发无尽活力。

【思政引领】

机器人是衡量一个国家科技创新能力和高端制造水平的重要标志之一，被誉为“制造业皇冠顶端的明珠”。在未来，机器人将进一步解放生产力，发展生产力，帮助我国人民逐步实现社会主义现代化。机器人必将极大地丰富社会的物质财富，帮助人们逐步实现共同富裕。我们有幸生于这个伟大的时代，希望同学们投身于中华民族伟大复兴历史任务中，把握时代发展的脉搏，紧跟国家发展战略，提高自身综合素质，立身报国，不负少年时光。

【未来展望】

工业机器人产业链的上游是核心零部件，包括控制器、伺服系统和减速器三种部件，这三种部件是工业机器人的核心技术。工业机器人产业链的中游是机器人本体的制造，发那科、ABB、库卡、安川四大机器人厂家具有明显优势，占据了全球工业机器人市场份额的 40%，而国内工业机器人行业起步较晚，还处在追赶阶段。工业机器人产业链的下游是系统集成，目前主要集中在汽车制造和 3C 电子行业，二者几乎占据了整个工业机器人下游应用的半壁江山。

整体来看，我国机器人行业的产业链较为成熟，一方面，我国成熟的电子制造业为机器人行业提供了供应链基础；另一方面，人工智能等新兴机器人交互技术在国内的发展渐趋成熟，受技术商业化需求的驱动，越来越多的企业加入商用机器人行业，成为重要技术和解决方案提供商。

全产业链模式是当下机器人企业的发展趋势，也是当前具有较高盈利水平的商业模式。目前国内外较为成功的企业都采用了"重要零部件生产+本体生产+系统集成"的全产业链模式。

1.2 典型的机器人系统

机器人系统是由机器人和作业对象及环境共同构成的，包括机械系统、驱动系统、感知系统、控制系统和通信系统五部分，如图 1-6 所示。

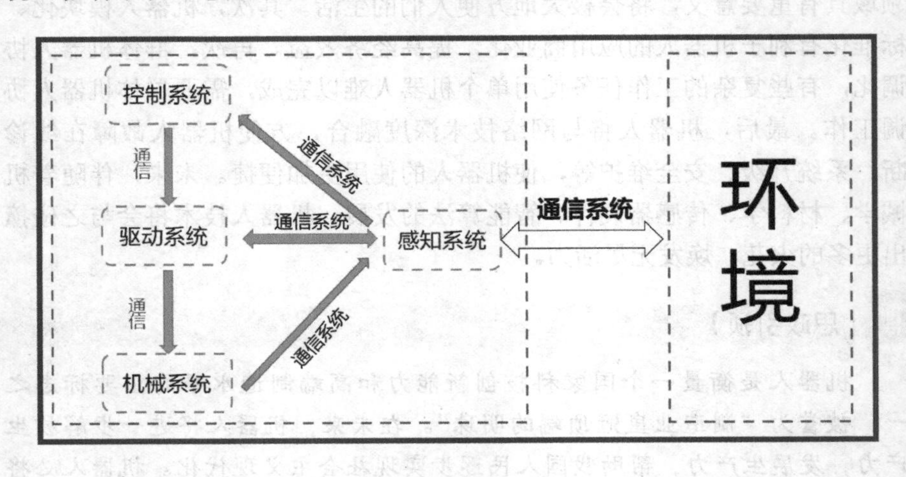

图 1-6 机器人系统

1.2.1 机械系统

机械系统包括机身、臂部、手腕、末端操作器和行走机构等部分，如

图 1-7 所示，每一部分都有若干自由度，从而构成一个多自由度的机械系统。类比于人类，机械系统相当于人类的骨骼与四肢。

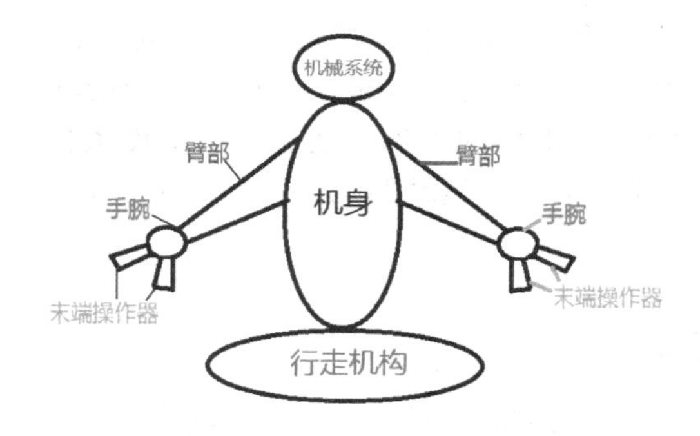

图 1-7 多自由度的机械系统的构成

行走机构并不是机器人必备的机构，若机器人含有行走机构，则构成移动机器人。常见的行走机构的结构形式有轮式、足式和履带式等。机器人若不具备行走机构，则是固定机器人，如工业中常见的机械臂。末端操作器是直接装在机器人手腕上的一个重要部件，它可以是有两个手指或多个手指的手爪，也可以是其他作业工具。

1.2.2 驱动系统

驱动系统主要是指驱动机械系统动作的装置。驱动系统的作用相当于人的肌肉。根据驱动源的不同，将驱动系统划分为电气驱动系统、液压驱动系统和气压驱动系统及把它们结合起来的混合系统。

电气驱动机器人的应用较普遍，其驱动系统常用的电动机有直流伺服电动机、交流伺服电动机和步进电动机三种。电气驱动系统所用能源简单，机构速度变化范围大，效率高，速度和位置精度都很高，且具有使用方便、噪声低、控制灵活等特点。液压驱动系统运动平稳缓慢，驱动功率大并且易于实现过载保护。液压驱动机器人常用于重载搬运、施工救援。但液压驱动系统存在管道复杂、清洁困难等缺点。气压驱动系统的能源、结构都比较简单，但与液压驱动系统相比，同体积条件下功率较小，而且速度不易控制，所以多用于对精度要求不高的点位控制系统。

1.2.3 感知系统

感知系统由内部传感器和外部传感器共同组成，其作用是获取机器人内部和外部环境信息，并把这些信息反馈给控制系统。类比于人体五官与皮肤，感知系统可划分为视觉、听觉、嗅觉、味觉和触觉。

内部传感器常用于检测机器人在自身坐标系中的姿态位置、各关节速度和机体温度等机器人的机体信息，是完成机器人运动所必需的传感器。常用的内部传感器有温度传感器、速度传感器、加速度传感器等。

外部传感器用于检测机器人与周围环境之间的一些状态变量。常用的外部传感器有视觉传感器、触觉传感器、听觉传感器、距离传感器等。外部传感器可使机器人以灵活的方式对它所处的环境做出反应，赋予机器人一定的智能。常用的外部传感器——深度摄像头，可以测量景深，对物体进行识别、分类、运动跟踪等。外部传感器常用于安防、地图构建等领域。

1.2.4 控制系统

控制系统是机器人的大脑，是决定机器人功能和性能的重要因素。控制系统的任务是根据机器人的作业指令程序及从传感器反馈回来的信号控制机器人的执行机构，使其完成规定的运动和功能。对于单机器人的控制，控制系统的任务主要集中在位置的控制、姿态的控制、轨迹的控制、动作时序的控制等；对多机器人的控制，还要涉及机器人之间的交互协作等更复杂的控制任务。

机器人控制系统的控制方式可分为三类：集中控制、主从控制和分散控制。

集中控制方式：用一台计算机实现全部控制功能，这种控制方式结构简单、成本低，但实时性差，难以扩展。

主从控制方式：采用主、从两级处理器实现系统的全部控制功能。主CPU实现管理、坐标变换、轨迹生成与系统自诊断等；从CPU实现所有关节的动作控制。采用这种控制方式的控制系统实时性较好，易于实现高精度、高速度控制，但其扩展性较差，维修困难。

分散控制方式：按系统的性质将系统分成几个模块，每个模块各有不同的控制任务与控制策略，各模块之间可以是主从关系，也可以是平等关系。这种控制方式实时性好，易于实现高速、高精度控制，易于扩展，可实现智能控制，是目前流行的控制方式。

1.2.5 通信系统

机器人的通信，既包括机器人内部各模块之间的通信，又包括与外部进行的信息交流。通过通信系统，机器人可以传递外部或内部信息，借助自身搭载的微型计算机强大的处理能力，完成诸如传感器信息处理、运动控制、路径规划等功能，还可以实现多个机器人之间的信息交互。机器人内部各模块之间的通信主要包括：传感器的控制模块与机器人的微型计算机之间的串口通信，运动系统中电动机的控制器与机器人的微型计算机之间的串口通信等。机器人的外部通信方式有有线和无线两种。有线通信模块通常由机器人上安装的有线以太网接口组成，通过有线以太网接口可以将机器人与 Internet 连接起来进行远程控制或访问。

【思政引领】

我国是制造业大国，制造业增加值已连续多年位居世界第一，并且是全球唯一拥有联合国产业分类中所列全部工业门类 41 个工业大类、207 个中类、666 个小类的国家，具有世界上最为健全的工业体系。正是得益于此，我国工业机器人发展迅速，约占据了全球市场份额的四成。

但是我国制造业也好，工业机器人也罢，都面对大而不强等诸多挑战，如核心技术难以突破，受制于供应链，企业盈利能力不足，研发资金、人才短缺，以及用工成本增加、原材料价格上涨、客户需求多样化、产品周期缩短等客观问题，都在阻碍机器人产业的进一步发展。

综上所述，对于工业机器人发展的预期，在市场规模上，我国工业机器人发展的速度会比预期快，未来几年会继续保持高速增长；在技术积累上，门槛较低、浅层次的技术的发展也会比预期快，深层次的、需要产学研合作攻克的核心技术的发展则会面临一定的挑战。

在这种情况下，想要工业机器人产业长久健康发展，必须加大研发投入，突破技术壁垒，提高盈利能力，缓和产业链发展不平衡的矛盾，坚定走“技工贸”的路线，开发新技术、新产品，以获得高利润，从而带动整个工业机器人产业的正向循环发展。

目前我们应着力提升产业链及供应链的韧性和安全水平，建设现代化产业体系，坚持把发展经济的着力点放在实体经济上，推进新型工业化，加快建设制造强国、质量强国、航天强国、交通强国、网络强国、数字中国。而要实现这一目标，需要不断地进行产业升级，加快智能制造的步伐，加快不同类型机器人的研发并投入实际生产。希望同学们能够努力提升自己的专业技能，为建设社会主义现代化强国贡献自己的一份力量。

习题 1

一、填空题

1．在机器人发展的过程中，人们对于它的定义逐渐清晰起来，________、________、________等组织对机器人进行了不同的定义。

2．机器人定义多在________、具有智力、感觉与识别能力、________、可进行编程，实现功能变化等功能之间取舍变化。

3．机器人按应用领域可分为________、________、________。

4．人工智能是人类社会未来的发展趋势，也是现代科学技术发展的走向。未来的机器人将在具备更高智能的基础上，向________、________、协调化和________等方向发展。

5．机械系统包括机身、________、________、末端操作器和行走机构等部分，每一部分都有若干________，从而构成一个多自由度的机械系统。

6．根据驱动源的不同，将驱动系统划分为________、________和气压驱动系统及把它们结合起来的混合系统。

7．机器人的通信，既包括机器人________之间的通信，又包括与外部进行的信息交流。通过通信系统，机器人可以传递________或________信息。

二、判断题（正确的在括号内打“√”，错误的打“×”）

1．国际标准化组织定义机器人是一种自动的、位置可控的、具有编程能力的多功能机械手。（ ）

2．机器人不得伤害人，也不得见人受到伤害而袖手旁观，自身的安全可置身事外。（ ）

3．早稻田大学制造了第一个拟人机器人 Wabot-1。它可以自行导航和自由移动，Wabot-1 被认为是机器人革命的开始。（ ）

4．生产劳动型机器人目前主要应用在农林畜牧业方面，在汽车制造业、机电制造业、建筑业、加工铸造业及其他重工业和轻工业部门应用得较少。（ ）

5．机器人系统是由机器人和作业对象及环境共同构成的，包括机械系统、驱动系统、感知系统、控制系统和通信系统五部分。（ ）

6．机器人控制系统的控制方式可分为集中控制、主从控制和分散控制三类。（ ）

7．机器人的通信主要是指机器人与外部的信息交流。（ ）

三、论述题

1．试述机器人技术的发展趋势。

2．试述机器人学的主要研究内容。

第2章

智能机器人系统基础

本章主要介绍智能机械臂结构、智能机器人行走机构及智能机器人驱动技术。

通过对本章内容的学习，读者应了解智能机械臂的分类、作用和设计；熟悉常见的机器人行走机构，理解机器人驱动控制的原理。

2.1 智能机械臂结构

机械臂是支承手部和腕部，并改变手部空间位置的机构，是现代机器人的主要部件之一。机械臂主要是仿照人类手臂的运动原理来设计制造，并按已有的固定程序实现特定动作的自动化操作装置。

机械臂用于执行特定的作业任务，不同的机械臂具有不同的结构。下面对机械臂做详细的介绍。

【任务】

通过网络课堂学习，写出不同机械臂的特点。

1. 直角坐标系型：

2. 圆柱坐标系型：

3. 球面坐标系型：

4. 关节式球面坐标系型：

2.1.1 机械臂的分类与作用

机械臂的机械配置样式多种多样，难以形成统一的分类标准，从不同的角度分析机械臂，将会有不同的分类方法。机械臂的分类方法有很多，本书首先介绍两种分类方法，即按照机械臂空间几何运动形式和机械臂驱动方式来分类。

1. 按照机械臂空间几何运动形式分类

在机械臂中最常见的结构形式是用其坐标特性来描述的。这些坐标结构包括直角坐标系型、圆柱坐标系型、极坐标系型、球面坐标系型及关节式球面坐标系型等。这里主要介绍直角坐标系型、圆柱坐标系型、球面坐标系型和关节式球面坐标系型四种常见的结构。

1）直角坐标系型

空间直角坐标系也称为笛卡尔坐标系，空间直角坐标系由三个互相垂直的轴组成，如图 2-1 所示。在此坐标系中，空间中任意一点 P 的位置可用(x,y,z)表示。直角坐标系型机械臂（PPP，P 指代的是平动）的运动形式为“移动—伸缩—升降”，即在空间坐标系上实现 X 方向的移动、Y 方向的伸缩和 Z 方向的升降，直角坐标系型机械臂也称为笛卡尔坐标机械臂。它的工作空间是一个长方体，其主要特征是结构简单、易于操控、稳定性高、工作时间长、维修成本低、运动不灵活。其主要应用于喷涂、分拣、包装、搬卸、装配等常见的工业生产领域。直角坐标系型机械臂模型如图 2-2 所示。

2）圆柱坐标系型

圆柱坐标系也由三个互相垂直的轴组成，与直角坐标系不同的是，空间中任意一点 P 的位置用(ρ,θ,μ)表示，其中，ρ 是点 P 与 Z 轴的垂直距离，θ 是点 P 在 XOY 平面上的投影与原点的连线和 X 轴的夹角，μ 是点 P 到 XOY 面的距离，如图 2-3 所示。圆柱坐标系型机械臂（RPP，R 指代的是转动）的运动形式为“旋转—伸缩—升降”，即在空间坐标系上实现 X 方向的旋转、Y 方向的伸缩和 Z 方向的升降。它的工作空间是一个圆柱体，其主要特征是直观性好，结构简单，位置精度高，所占空间小且运动范围大，常用于搬运作业。圆柱坐标系型机械臂模型如图 2-4 所示。

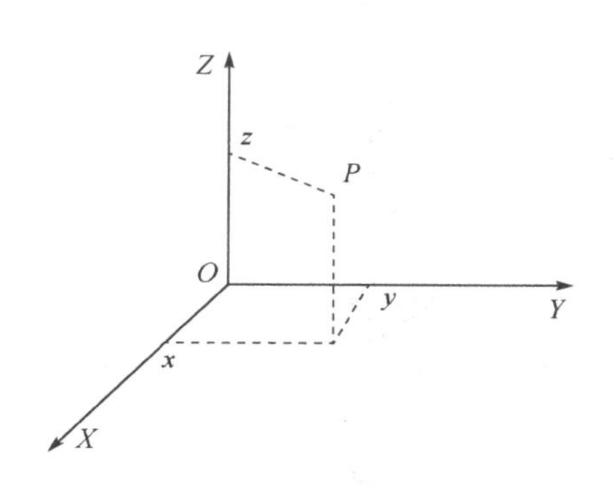

图 2-1 空间直角坐标系

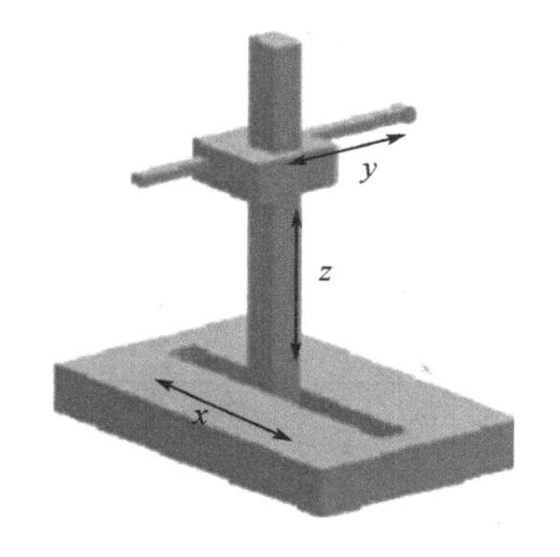

图 2-2 直角坐标系型机械臂模型

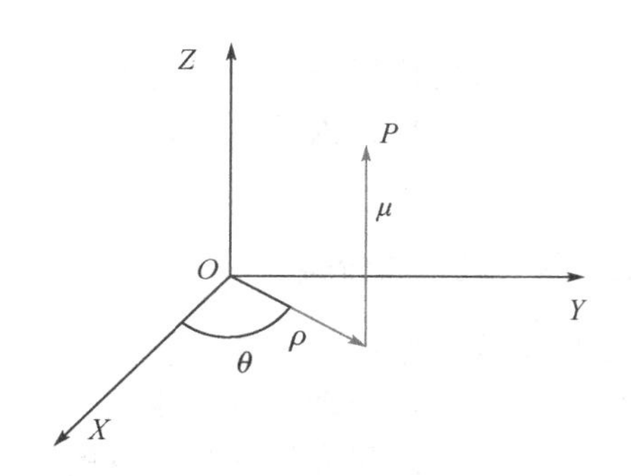

图 2-3 圆柱坐标系

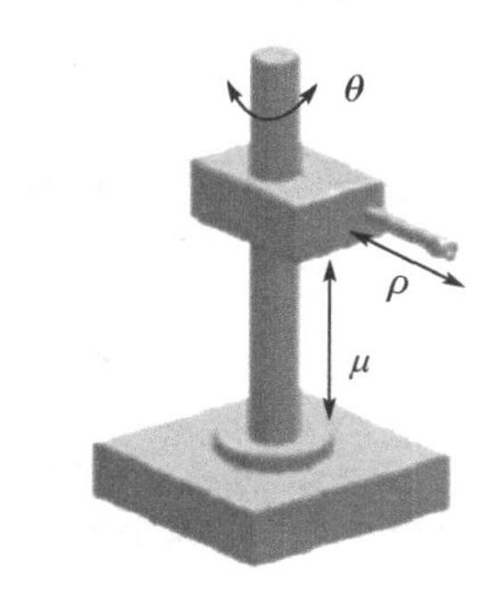

图 2-4 圆柱坐标系型机械臂模型

3）球面坐标系型

球面坐标系由两个旋转轴和一个移动轴组成，如图 2-5 所示。在此坐标系中，空间中任意一点 P 的位置用(ρ,φ,ω)表示，其中，ρ 表示原点到点 P 的距离，φ 表示点 P 与原点的连线和 Z 轴正半轴的夹角，ω 表示点 P 在 XOY 平面上的投影与原点的连线和 X 轴正半轴的夹角。球面坐标系型机械臂（RRP）的运动形式为“旋转—旋转—伸缩”，即在空间坐标系上实现 X 方向的旋转、Z 方向的仰俯（通过旋转完成）和 Y 方向的伸缩。它的工作空间是一个球体，其主要特征是结构复杂且紧凑，灵活性高，运动范围大，位置精度低，常用于搬运作业。球面坐标系型机械臂模型如图 2-6 所示。

4）关节式球面坐标系型

关节式球面坐标系由三个旋转轴组成，关节式球面坐标系型机械臂（简称关节式机械臂）（RRR）的运动形式为“旋转—旋转—旋转”，即在空间坐标系上实现 X 方向、Y 方向、Z 方向的仰俯动作。关节式机械臂的工作空间为球体，其主要特征是结构复杂，运动灵活，直观性差。关节式机械臂能够抓取地面上和距离机身近的作业对象，比球面坐标系型机械臂更灵活，应用范围更广。关节式机械臂模型如图 2-7 所示。

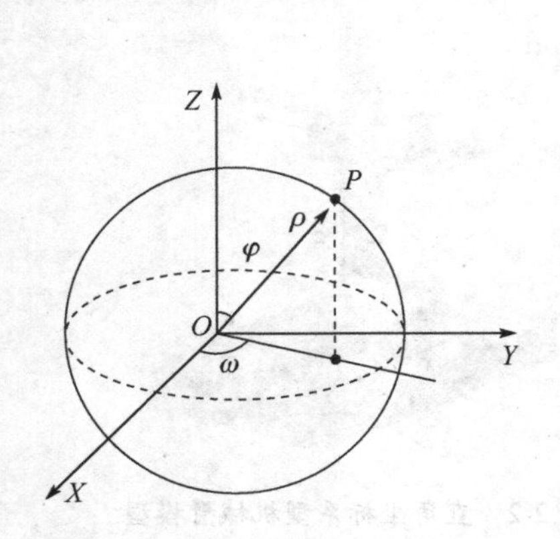

图 2-5　球面坐标系

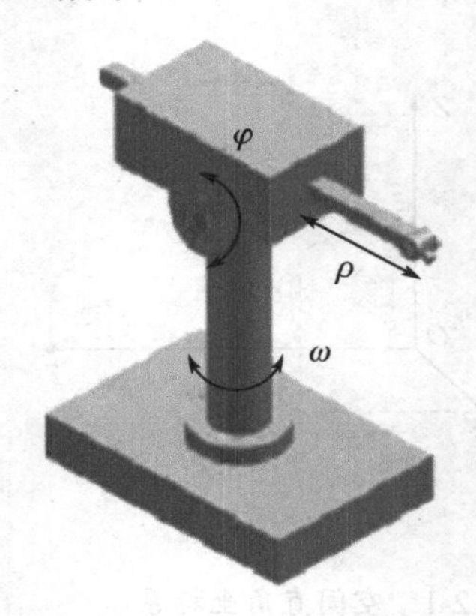

图 2-6　球面坐标系型机械臂模型

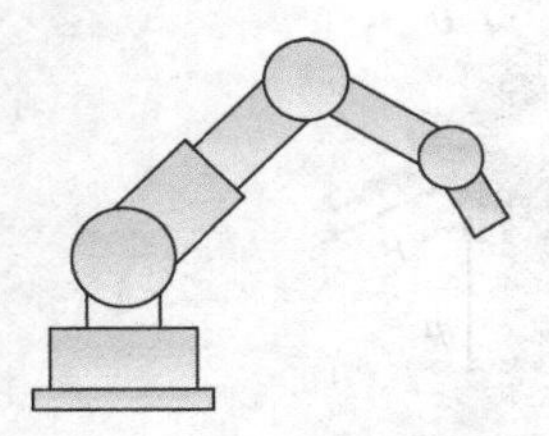
图 2-7　关节式机械臂模型

上面介绍的机械臂的位置表示和运动形式，正是机器人控制的基础，机器人控制的精度与这些基础知识联系紧密。

2. 按照机械臂驱动方式分类

驱动系统是驱动执行系统的装置。根据驱动源不同，驱动方式分为液压驱动、气压驱动、电动机驱动和混合驱动等。这里介绍三种常规的驱动方式——液压驱动、气压驱动和电动机驱动应用在机械臂上有何特点。

（1）液压驱动机械臂。液压驱动以液压油为工作介质，靠液压油的压强来传递能量，液压可达 7MPa。液压驱动的优点在于传动平稳，可实现大功率、大转矩输出；液压驱动的速度和转矩可以调节，能够防止过载导致的危险事故发生。但液压驱动对液压油的密封性要求较高，管道复杂。液压驱动机械臂如图 2-8 所示。

【任务】
找出机械臂的其他分类方式及其特点。

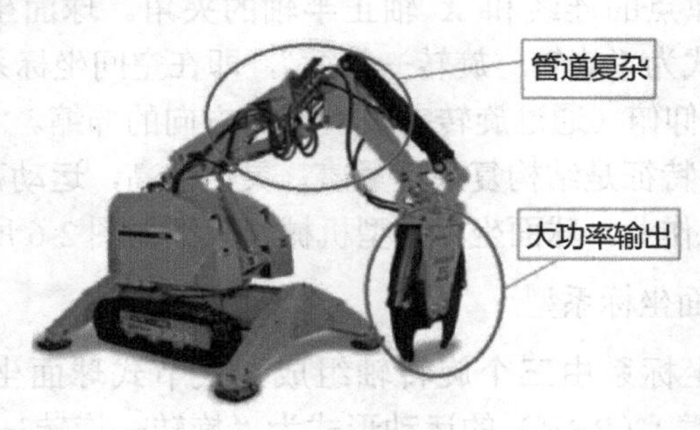

图 2-8　液压驱动机械臂

（2）气压驱动机械臂。气压驱动的原理与液压驱动类似，不同之处在于气压驱动的工作介质是空气，利用气体承受的压强传递能量，气压一般为 0.7MPa。气压驱动的优点在于气源的收集容易，成本较低，后期处理方便。气压驱动机械臂结构简单，因气体具有可压缩性，所以这种机械臂动作速度较慢，稳定性差，抓取力小。气压驱动机械臂如图 2-9 所示。

（3）电动机驱动机械臂。电动机驱动是目前机器人用得比较多的一种驱动方式，电动机驱动机械臂早期大多采用步进电动机（Stepper Motor，SM）驱动，后来发展为采用直流伺服电动机（Direct Current Servo Motor，DCSM）驱动，现在交流伺服电动机（Alternating Current Servo Motor，ACSM）也开始广泛应用。

电动机驱动机械臂虽然整体构造比较简单，但仍能实现复杂的运动。电动机驱动的优点在于传输力和力矩较大，输出功率大，控制方式的精密化使电动机驱动效率高、响应快。在能源利用方面，与液压驱动相比较，电动机驱动可以多次利用电能把部分无用功转化为有用功，降低成本，节约能源。其缺点在于运动过程中惯性较大，变换方向较慢，容易受到振动、温湿度和外界载荷的影响。电动机驱动机械臂如图 2-10 所示。

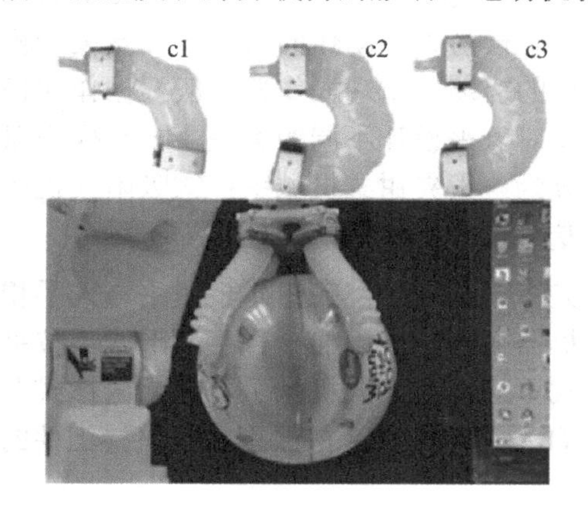

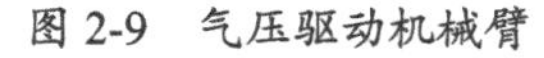
图 2-9　气压驱动机械臂

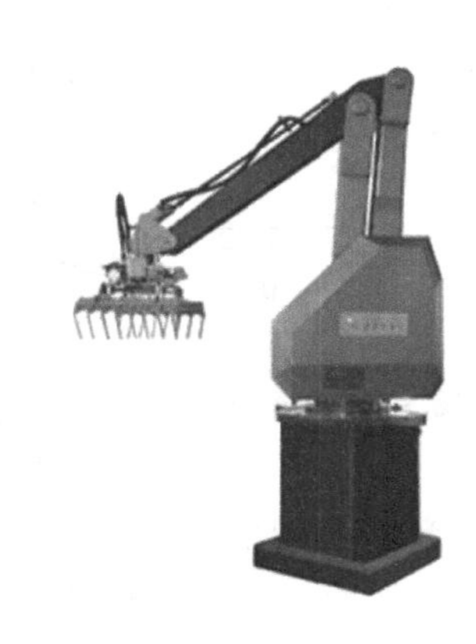
图 2-10　电动机驱动机械臂

除上述三种机械臂外，还存在将三种常规的驱动方式结合使用的机器人，以及存在使用新型驱动方式的机器人，如磁致伸缩驱动、形状记忆合金驱动、静电驱动和超声波电动机驱动等。

【思考】
机械臂的优势及应用场景。

通过以上对机械臂的介绍，下面总结机械臂的作用。

（1）机械臂可以改善工作条件，保护人身安全。在高温、高压、低温、低压或在有灰尘、噪声及放射性污染的工作场合中，机械臂可以代替人来完成存在安全隐患的工作。

（2）机械臂可以减轻劳动强度，提高生产效率。机械臂可以代替人完成各种复杂、重复的工作，减轻劳动强度，减少工作失误造成的损失，节约生产制造成本，提高了作业效率及工厂的核心竞争力。

（3）机械臂可以实现人手不能完成的工作。在一些特殊领域，如医疗手术、芯片雕刻等高精尖领域，机械臂可以高精度、低误差地完成作业任务。

【未来展望】

由于国内机械臂产业链薄弱、人才稀缺、产学研脱钩等现状，目前国内厂商主要集中于中低端领域。若实现技术突破，国产机械臂逐步“占据”国外品牌的市场份额，可创造大量的工作岗位及完整的产业链。

2.1.2 机械臂机构设计

机械臂一般可以分为五大部分：末端操作器、腕部（手腕）、臂部、机身和机座，如图 2-11 所示。

【任务】
找到常用机械臂的实物，并标注其结构组成。

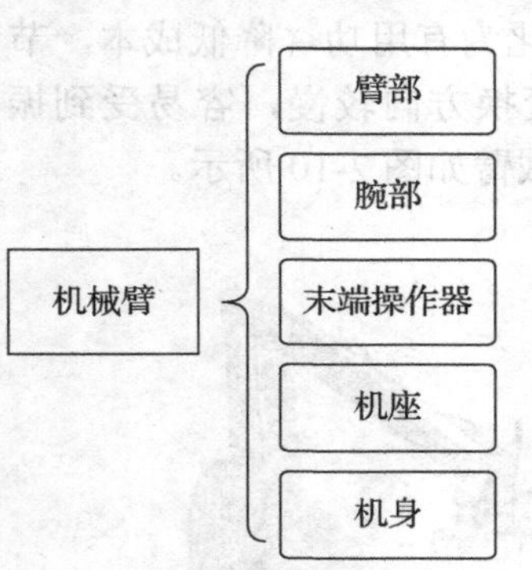

图 2-11 机械臂的结构组成

（1）机械臂末端操作器。机械臂末端操作器也称为夹持器，即机器人的手。它是机器人用于抓取和握紧专业工具，并进行操作的部件。它具有模仿人手动作的功能，并安装于机器人手臂的前端。末端操作器一般根据作业任务和操作对象来设计不同的类型。末端操作器大致可分为：①夹钳式机械手；②吸附式机械手；③专用操作器；④仿生多指灵巧手。

①夹钳式机械手。夹钳式机械手与人手相似，是机器人广泛采用的一种手部形式。按夹取的方式不同，夹钳式机械手可分为内撑式和外夹式两种，分别如图 2-12（a）、（b）所示，两者的区别在于夹持工件的部位不同，手爪动作的方向相反。

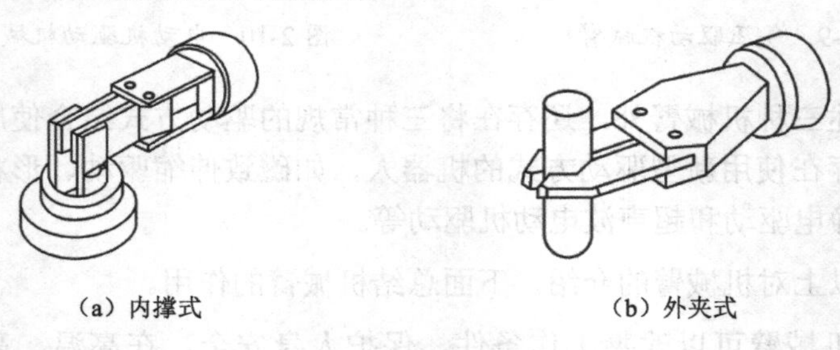

（a）内撑式　　（b）外夹式

图 2-12 夹钳式机械手按夹取方式分类

②吸附式机械手。根据吸附力的种类不同，吸附式机械手可分为磁吸式和气吸式两种。磁吸式机械手是利用永磁铁或电磁铁通电后产生磁力来吸取铁磁性材料工件的装置，设计时应具有足够的吸力，应根据被吸附工

件的形状、大小来确定电磁吸盘的形状和大小。气吸式机械手是利用橡胶碗或软塑料碗中形成的负压把工件吸住的装置，设计时吸力大小应考虑吸盘的直径大小、吸盘内的真空度及吸盘的吸附面积，还应根据被吸附工件的要求确定吸盘的形状。吸附式机械手如图 2-13 所示。

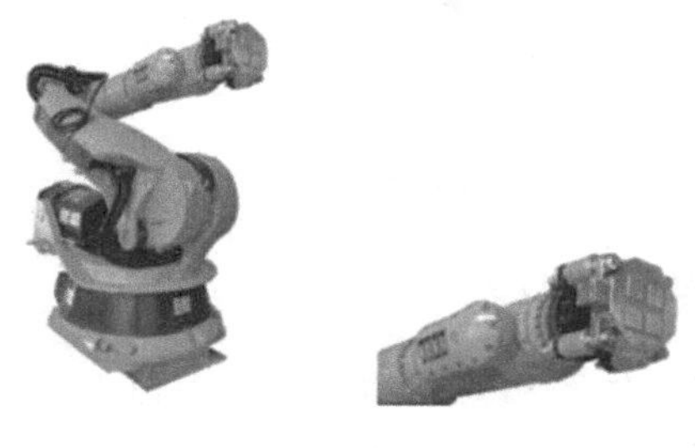

（a）磁吸式

（b）气吸式

图 2-13 吸附式机械手

③专用操作器。机器人是一种通用性很强的自动化设备，根据作业要求，配上各种专用操作器，就可以完成各种动作。如在通用机器人上安装焊枪就成为一个焊接机器人，安装拧螺母机则成为一个装配机器人。目前常用的专用操作器如图 2-14 所示。

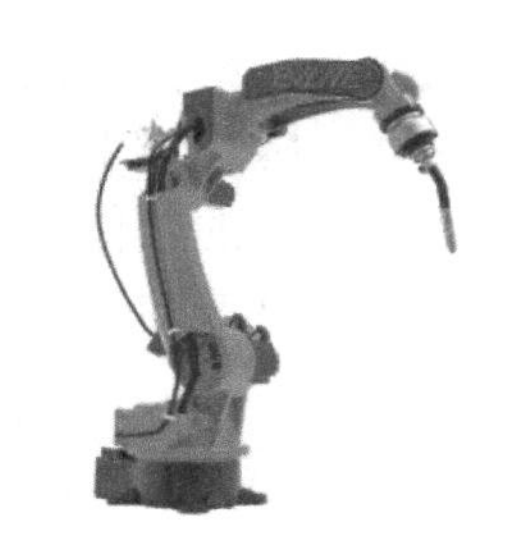

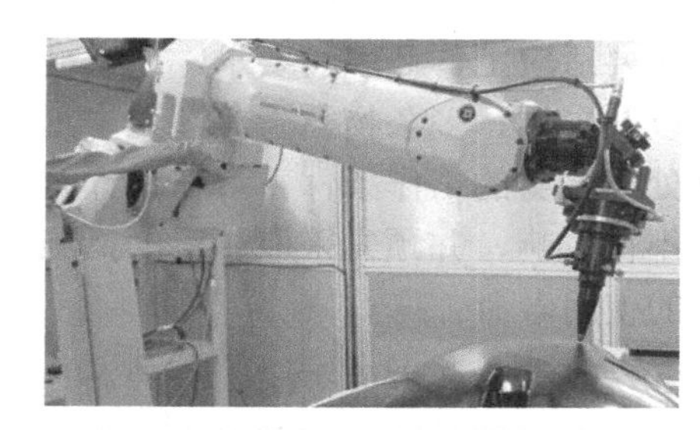

图 2-14 专用操作器

④仿生多指灵巧手。夹钳式机械手不能适应物体外形的变化，不能使物体表面承受比较均匀的夹持力。为了提高机械臂的操作能力、灵活性和反应力，使机械手能像人手那样进行各种复杂的作业，就必须有一个动作灵活的仿生多指灵巧手。两种仿生多指灵巧手如图 2-15 所示。

【任务】
查找更多不同的机械臂末端操作器。

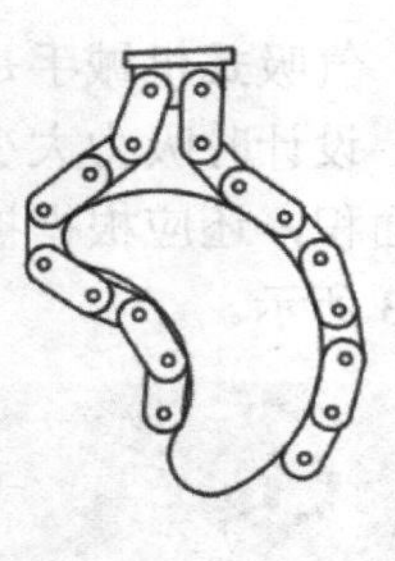

（a）多关节

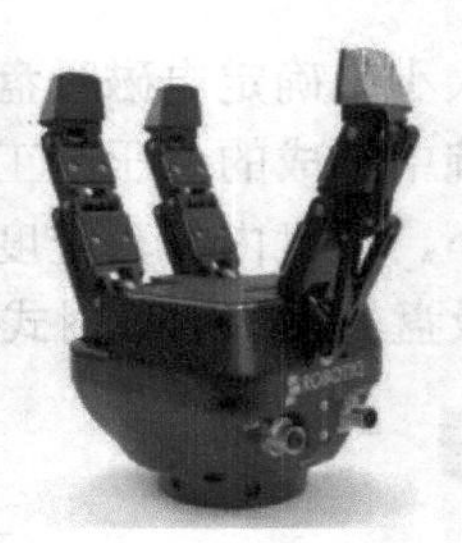

（b）多指

图 2-15　两种仿生多指灵巧手

（2）机械臂腕部。腕部是连接末端操作器和臂部的部件，可以调节或改变工件的方位。它具有独立的自由度，可以使机械臂的末端操作器适应更加复杂的动作要求。机械臂腕部设计时应注意：

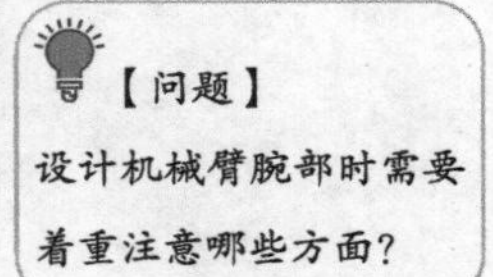

①结构应尽量紧凑、质量轻。因为腕部处于手臂的端部，并连接手部，所以机械臂在携带工具进行作业或搬运过程中所受动、静载荷，以及被夹工件和手部、腕部等机构的质量，均作用在腕部上。显然，腕部直接影响着臂部的结构尺寸和性能，所以在设计腕部时，尽可能使结构紧凑及质量轻，不要盲目追求腕部具有较多的自由度。

②要适应工作环境的要求。当机械臂用于高温作业，或在腐蚀性介质中，以及多尘、多杂物黏附等环境中工作时，机械臂的腕部与手部等机构经常处于恶劣的工作条件下，在设计时必须充分考虑恶劣的工作条件对腕部的不良影响，并预先采取相应的措施，以保证腕部有良好的工作性能和较长的使用寿命。

③综合考虑各方面需求，合理布局。腕部除应满足动力和运动性能的要求，具有足够的刚度和强度，动作灵活准确及较好地适应工作条件外，在结构设计中还应全面地考虑所采用的元器件和机构的特点、作业和控制要求，进行合理布局。

（3）机械臂臂部。机械臂臂部是支承手部和腕部，并可以通过伸缩、回转、仰俯和升降等运动改变手部空间位置的机构，是机器人的主要部件之一。设计臂部时应注意：

①臂部应具有足够的承载能力和刚度。臂部的刚度直接影响到臂部在工作中允许承受的载荷、运动的平稳性、运动速度和定位精度。

②导向性要好。为了在直线移动过程中不致发生相对转动，以保证手部的正确方向，臂部应设置导向装置。导向装置的具体结构形式，一般应根据负载大小、臂部长度、行程及臂部的安装形式等来确定。

③运动要平稳、定位精度高，应注意减轻质量和减小运动惯量。要使运动平稳、定位精度高，应注意减小偏重力矩，尽量减轻臂部运动部分的

质量，使臂部的重心与立柱中心尽量靠近。此外，还可以采取“配重”的方法来减小和消除偏重力矩。

（4）机械臂机身。机身又称立柱，是连接、支承臂部及机座的部件。可以通过机身来实现臂部的升降、旋转、仰俯等动作，臂部的动作越多，则机身的结构和受力就越复杂。按结构不同，机身可分为以下几种。

①升降回转型机身。顾名思义，机身有垂直方向和水平方向回转两个自由度，可以采用摆动液压缸驱动，或用链条链轮传动，把直线运动变为链轮的回转运动。升降回转型机身如图 2-16 所示。

【任务】
查找出更多不同的机械臂机身，分析其差别。

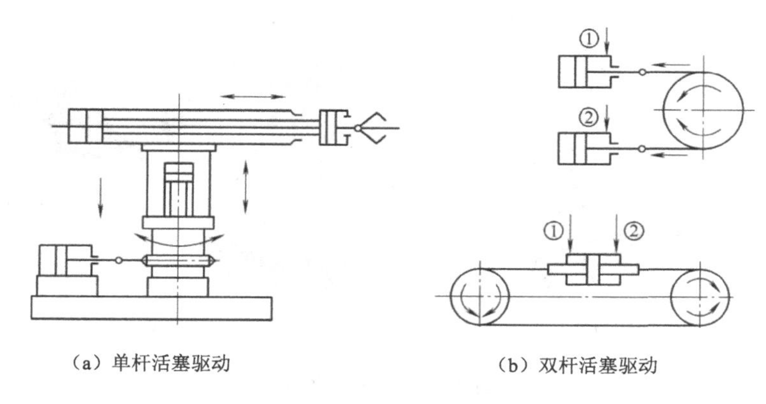

（a）单杆活塞驱动　　（b）双杆活塞驱动

图 2-16　升降回转型机身

②回转仰俯型机身。机械臂臂部的俯仰运动一般采用活塞缸与连杆机构实现。臂部俯仰运动的活塞缸位于臂部下方，活塞缸和臂部用铰链连接，缸体采用尾部耳环或中部销轴等方式与机身连接。此外，有时也采用无杆活塞缸驱动齿条齿轮或四连杆机构实现臂部俯仰运动。回转仰俯型机身如图 2-17 所示。

③直移型机身。直移型机身通常设计成横梁式，用于悬挂臂部，这类机器人的运动形式大多为移动式。它具有占地面积小、结构简单等优点。直移型机身可设计成固定型或行走型，一般直移型机身安装在厂房原有建筑的梁柱或有关设备上，也可以从地面架设。直移型机身如图 2-18 所示。

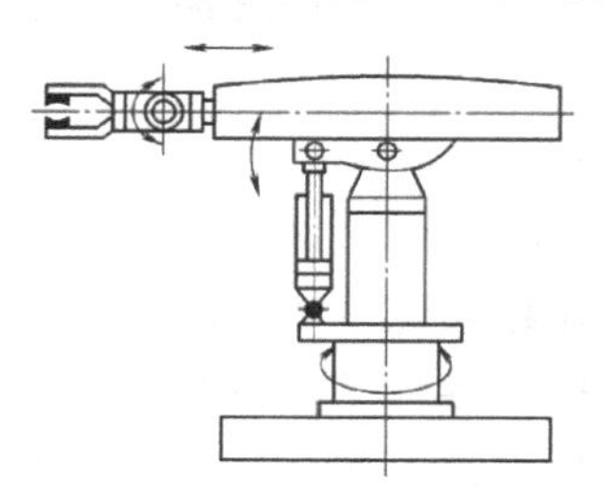
图 2-17　回转仰俯型机身

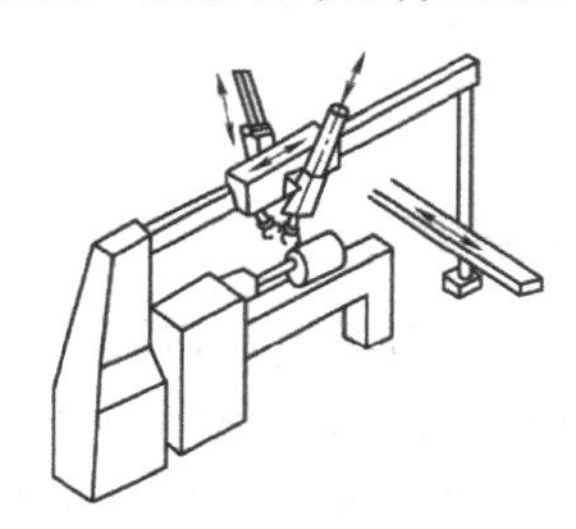
图 2-18　直移型机身

（5）机械臂机座。机身下面是机座，机座是机械臂的基础部分，起到固定和支撑的作用。根据作业形式和环境的不同，机座分为移动式和固定式两种，与此对应，机械臂也有移动式和固定式之分。机械臂大多是固定式的，还有一部分是移动式的。随着科学技术的发展及需求的变化，具有一定智能的可移动的机器人将是今后机器人发展的方向之一，并将得到广泛的应用。

移动式机座下设行走机构，使机器人具有移动能力，可从事移动作业。固定式机座将机械臂固定在一个地方从事作业。移动式机座、固定式机座如图 2-19 所示。

（a）移动式

（b）固定式

图 2-19　机械臂机座

基于以上对机械臂组成部分的介绍，下面对机械臂的整体设计思路进行总结。机械臂的总体设计一般分为系统分析和技术设计两大部分，从整体出发研究系统内部各组成部分之间，以及外部环境与系统之间的关系。

（1）系统分析。首先根据机械臂的使用场合，明确机械臂的作业目的和任务。其次要分析机械臂所在系统的工作环境，包括机械臂与已有设备的兼容性。最后认真分析系统的工作要求，从而确定机械臂的基本功能和设计方案。

（2）技术设计。在系统分析的基础上，首先确定机械臂的自由度数目、工作范围、承载能力、运动速度及定位精度等基本参数；然后根据主要的运动参数选择机械臂的运动形式；最后选择合适的传感器，并绘制检测传感系统框图。

【思政引领】

经过几十年的发展，国内工业机器人已在越来越多的领域中得到了应用。在制造业中，尤其是在汽车产业中，机械臂得到了广泛应用，并逐步取代了人工作业。目前，针对空间站的搭建和维护工作，科研人员开始了中国空间站远程机械臂系统的研制。中国空间站远程机械臂系统由核心舱机械臂和实验舱机械臂组成。核心舱机械臂和实验舱机械臂可以独立工作，也可以协同工作，共同完成我国空间站的维护工作。由此可以看出，无论是在中高端领域还是在对精度要求极高的航天领域，我国都可以完成机械臂的自主研发。我国工业机器人的发展，需要我们共同努力。

2.2　智能机器人行走机构

移动机器人的行走机构搭载并保护机器人的核心控制部件和功能设备，受控于控制部件，可以在规定的工作路面上行走，是机器人最基本和最关键的环节。

移动机器人的底盘要有一定的承载能力和规定的运动性能。移动机器人按行走方式来分，可分为轮式、履带式、足式和复合式等几种。

行走机构的设计对于移动机器人的工作效率有着至关重要的作用，选择适当、精巧的行走机构，往往可以大大提高机器人的动作效率。这就需要我们熟悉和了解不同机器人行走机构的特点。这里介绍常用的三种行走机构：轮式行走机构、履带式行走机构和足式行走机构。

【任务】

通过网络课堂学习，写出不同行走机构的特点。

1. 轮式行走机构：

2. 履带式行走机构：

3. 足式行走机构：

2.2.1　轮式行走机构

在相对平坦的路面上，轮式行走机构具有运动平稳、能耗小、移动速度和方向可控等优点。轮子的形状和结构取决于地面的性质和机器人的承载能力，例如在轨道上采用实心钢轮，在室内路面行驶时多采用充气轮胎。

轮式行走机构根据车轮的数量分为一轮、二轮、三轮、四轮和多轮等几种。不同的轮子数量使底盘的结构及移动配置有很大的不同。轮子数量较少的底盘稳定性较差，但灵活性更强，体型会更小。在实际应用中，轮式行走机构多采用三轮和四轮的，如图 2-20 所示。

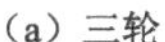

（a）三轮

（b）四轮

图 2-20　轮式行走机构

物体在平面上的移动包括前后、左右和旋转三个自由度的运动。根据移动的特性，可将轮式机器人分为非全向和全向两种。

（1）若具有的自由度少于三个，则称为非全向移动机器人。

（2）若具有完全的三个自由度，则称为全向移动机器人。全向移动机器人十分适合工作在空间狭小、对机器人的机动性要求高的场合，其轮系常采用全向轮和 Mecanum 轮。

在实际工作情况下，我们常用的运动轮系是差动轮系。差动轮系是指具有两个或两个以上自由度的轮系，即具有两个或两个以上的原动件的轮系，原动件可以由齿轮或系杆组成。常用的差动轮系有两轮差动轮系、三轮差动轮系和四轮差动轮系。

（1）两轮差动轮系。其工作原理是当两个驱动轮具有相同的速度时，机器人做直线运动。当一个驱动轮的速度大于另一个驱动轮的速度时，机器人就会做圆弧运动。当两个驱动轮速度的大小相等而方向相反时，机器人以左右轮圆心为中心做原地旋转运动。两轮差动轮系的驱动状态如图 2-21 所示。

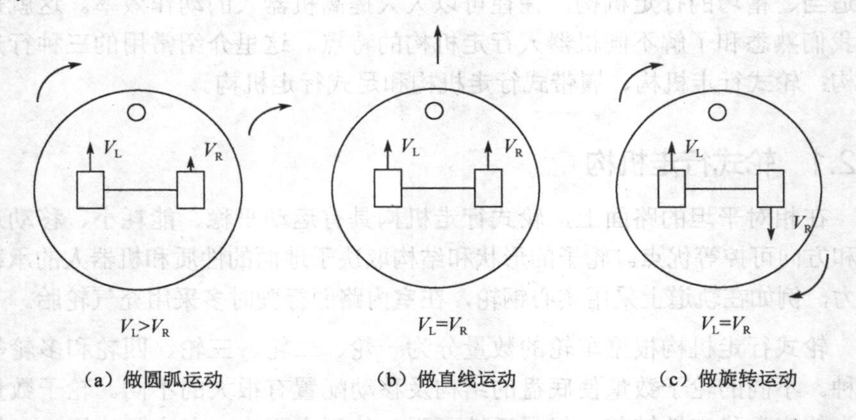

（a）做圆弧运动　（b）做直线运动　（c）做旋转运动

图 2-21　两轮差动轮系的驱动状态

（2）三轮差动轮系。三轮差动轮系是在两轮的基础上增加一个前轮形成的。三轮差动轮系的驱动状态如图 2-22 所示。

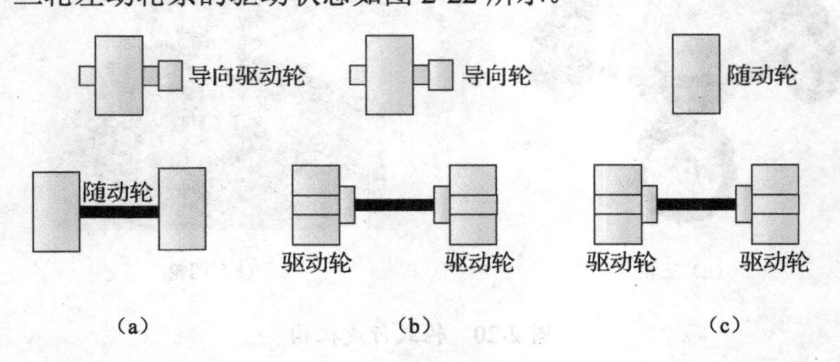

图 2-22　三轮差动轮系的驱动状态

如图 2-22（a）所示，操舵机构和驱动机构均在前轮（导向驱动轮），方向控制和速度控制均由前轮完成，结构相对复杂，虽然机构的旋转半径可以从零到无限大任意设定，但由于前轮与地面之间存在滑动，绝对的零半径很难实现。

如图 2-22（b）所示，前轮为导向轮，两后轮由差动齿轮装置进行驱动，差动齿轮装置负责变速控制，该方法在机器人的行走机构中使用不多。

如图 2-22（c）所示，前轮为万向轮，仅起支承作用，也称为随动轮，后两轮由两个电动机独立驱动，该机构结构简单，旋转半径可以从零到无限大任意设定，其旋转中心在连接两驱动轮的直线上。

（3）四轮差动轮系。四轮行走机构是由两轮差动轮系根据设计需要衍生出来的一种运动机构。四轮差动轮系的驱动状态如图 2-23 所示。

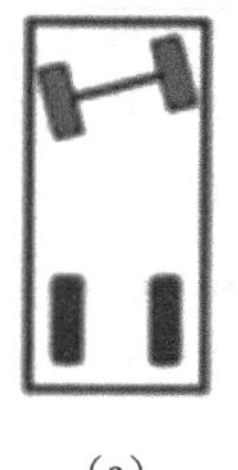

（a）

（b）

图 2-23 四轮差动轮系的驱动状态

如图 2-23（a）所示，前轮既是操舵轮又是驱动轮，这种结构事实上是汽车底盘的运动模型。

如图 2-23（b）所示，此轮系由四个可操纵动力轮组成，这种模型是日常生活中常见的四驱汽车运动底盘的模型。

【思政引领】

轮式行走机构作为巡检机器人常用的底盘之一，目前已在教育、医疗、防疫等领域得到了广泛的应用。在新型冠状病毒感染防控中，消毒机器人、问诊机器人、配送机器人等发挥了极其重要的作用，不但节约了大量的人力、物力，而且在很大程度上降低了工作人员长时间在病区工作导致感染的风险。

2.2.2 履带式行走机构

履带式移动机器人相对于轮式移动机器人，结构更稳定，在不平整的路面上，仍然能够相对平稳地前进。这是由于履带式行走机构的特征是将圆环状的履带卷绕在多个轮子上，使轮子不直接与地面接触，利用履带缓和地面的凹凸不平。但履带式行走机构结构复杂、质量大、能量消耗大、减震性能差、零件易损坏。

【问题】
为什么履带式行走机构能在高速移动的状态下保证履带不发生脱轨？

履带式移动机器人如图 2-24 所示。

图 2-24 履带式移动机器人

常用的履带式行走机构通常为长方形或倒梯形，如图 2-25 所示。履带式行走机构主要由履带板、主动轮、从动轮、支承轮、托带轮和伺服驱动电动机组成。如图 2-25（a）所示，长方形履带的驱动轮和导向轮兼作支承轮，增大了与地面之间的接触面积，稳定性好。如图 2-25（b）所示，倒梯形履带的驱动轮和导向轮高于地面，同长方形履带相比具有更强的障碍穿越能力。

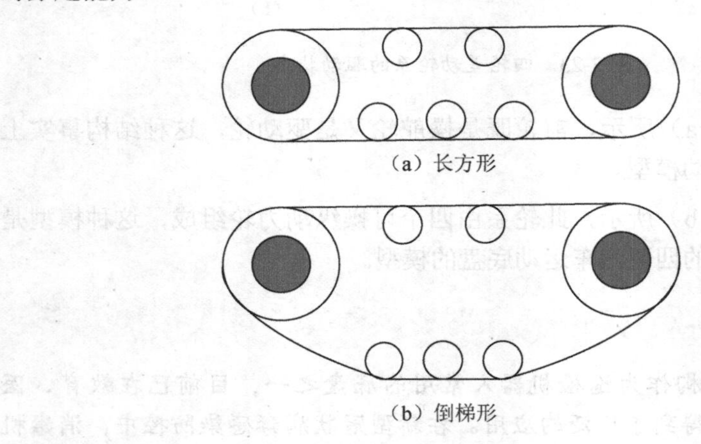

图 2-25 履带式行走机构

【任务】
找出不同履带对应的实物，理解其工作原理。

履带常见的类型有同步履带、活节履带和一体式履带。

（1）同步履带。同步履带也称齿形履带，同步履带传动是靠履带与带轮之间的啮合传递运动和动力的，故履带与带轮之间无相对滑动，能保证准确的传动比。但其制造和安装精度要求较高，中心距要求严格，所以同步履带广泛应用于要求传动比准确的中、小功率传动中。同步履带和带轮如图 2-26 所示。

（2）活节履带。将履带分解为单独的履块，通过轴对各个履块进行连接，这样的履带称为活节履带。自行车链条便是活节履带的一种形式。活节履带中单独的履块结构简单，可以用注塑成型的方法制造，可以以单节履块为单位任意增减，因此具有较好的灵活性，且单节履块上可以装配各种类型的履带齿，以适应不同的地形，但因履块之间靠连杆连接，故连杆处受力较大，承载能力弱于同步履带。一种典型的活节履带如图 2-27 所示。

（a）

（b）

图 2-26　同步履带和带轮

图 2-27　活节履带

（3）一体式履带。同步履带的缺点在于缺乏侧向定位功能，带轮上需要附加挡边来防止履带脱出。一体式履带的基本结构采用同步履带的形式，但具备侧向定位功能，因此很好地弥补了同步履带的缺点。

一体式履带效率高，履带内部通过编织钢丝网或尼龙丝网得到较高的拉伸强度，一体式柔性结构也使得运动较为平稳，但一体式履带设计复杂，成本较高，多用于大型机器人。

2.2.3　足式行走机构

类似人和动物，利用脚部关节机构，用步行方式实现移动的机械，称为足式行走机构。足式行走机构的特征是不但能够在凹凸不平的地面上行走、跨越沟壑、上下台阶，而且具有广泛的适应性，但在控制上具有一定的难度。足式行走机构按足的数量分为两足、三足、四足、六足和八足等几种。这里介绍三种常见的足式行走机构：两足行走机构、四足行走机构和六足行走机构。

（1）两足行走机构。两足步行机器人具有良好的环境适应性，其运动结构最接近人类，故也称为“类人双足行走机器人”。两足行走机构是多自由度的系统，结构简单，但其稳定性和高速运动性能都很差。如图 2-28 所示，两足行走机构是一个空间连杆机构。在行走过程中，行走机构始终满足静力学的静平衡条件，也就是机器人的重心始终落在支撑地面的一只脚上。

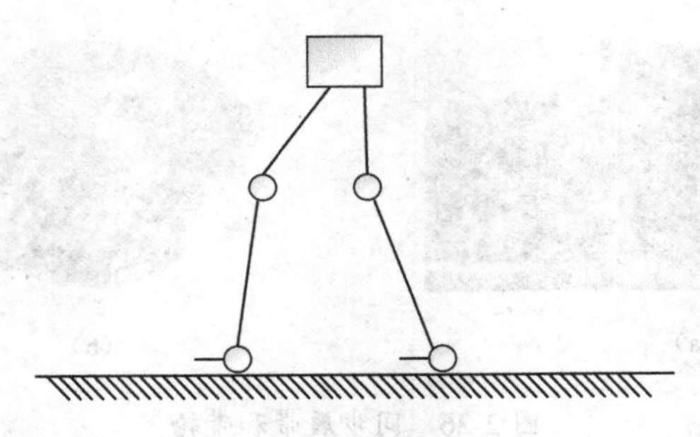

图 2-28　两足行走机构

（2）四足行走机构。四足行走机构的静止状态是稳定的。四足步行机器人比两足步行机器人的承载能力强、稳定性好，同时比六足步行机器人的结构简单。因此，四足步行机器人应用得更加广泛。

四足行走机构在步行中，当一只脚抬起，三只脚支承自重时，有必要移动身体，让重心移动到三只脚着地点所组成的三角形内。各只脚相对其支点提起、向前伸出、接地、水平向后返回，像这样一连串动作均可由连杆机构来完成，不需要特别的控制。然而为了适应凹凸不平的地面，每只脚至少要有 2 个自由度。四足行走机构如图 2-29 所示。

（3）六足行走机构。与两足步行机器人和四足步行机器人相比，六足步行机器人具有独特的非连续支撑行走方式，即在某条腿失稳的情况下机器人仍具有良好的运动稳定性，同时具有不同的步态以应对不同的地形，六足行走机构如图 2-30 所示。

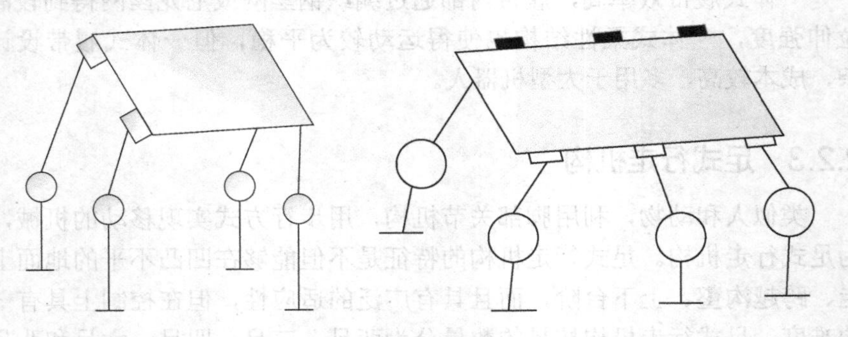

图 2-29　四足行走机构　　　　图 2-30　六足行走机构

六足步行机器人的步态是多样的，其中三角步态是六足步行机器人实现步行的典型步态。六条腿分为三组，处于对角的两条腿为一组。在摆动的过程中，同一时间只会有一组腿处于摆动相，其他腿都处于支撑相，从而构成了四边形支撑，扩大了支撑区域，所以三角步态兼顾了稳定性和灵活性两方面的优点，虽然速度有所下降，但是稳定性有很大提高，能够在复杂环境中快速行进，摆腿的顺序为 15-26-34-15，如图 2-31 所示。

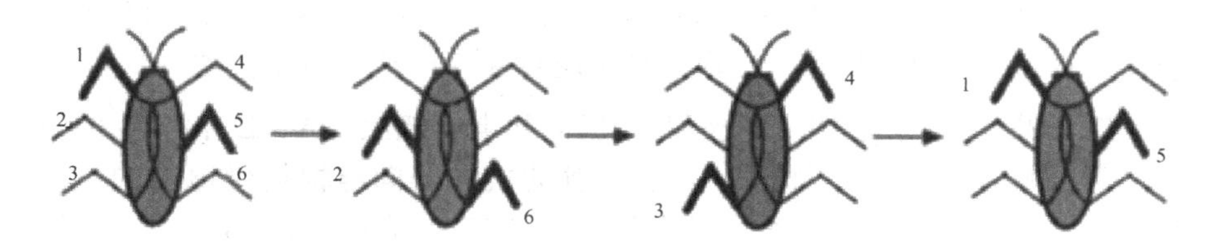

图 2-31　三角步态运动

轮式行走机构、履带式行走机构和足式行走机构的优缺点比较如表 2-1 所示。

表 2-1　三种行走机构的优缺点比较

行走机构的类型	优点	缺点
轮式行走机构	高速移动，转弯快	容易打滑，不平稳
履带式行走机构	与地面接触面积大，运动平稳	体积大，不易转弯
足式行走机构	可越障，适应性强	速度慢，控制复杂

2.3　智能机器人驱动技术

机器人的驱动系统是提供机器人各部位、各关节动作原动力及驱动策略，直接或间接地驱动机器人本体运动的执行机构。本节主要介绍机器人常用的驱动电动机及驱动控制策略。

2.3.1　驱动电动机

在机器人技术领域中始终存在这样一个基本问题，即选用什么样的电动机来驱动一个机器人最为合适。

下面主要讲述几种常见电动机的区别，以及它们分别适用于什么样的场合。首先给出各种类型电动机的简单介绍，然后详细地讨论它们的运行原理。

（1）直流电动机。直流电动机是机器人平台的标准电动机，有着极宽的功率调节范围，适用性好，具有极高的性价比，是一种最为通用的电动机。

①有刷直流电动机。在此电动机的机壳中有两块磁铁提供磁场，电枢在磁场中转动。电枢位于电动机中央，内置奇数对电极，每一对电极对应

【任务】
通过网络课堂学习，写出不同驱动电动机的特点。
1. 直流电动机：
2. 伺服电动机：
3. 步进电动机：

一个绕组。这些绕组都与电枢轴上被称为换向器的金属片连接。当一个绕组受离它最近的一块永磁体排斥时，另一个绕组则被另外一块永磁体吸引，在这一物理过程中，与电动机正负极相连接的电刷将向绕组提供电能。电枢转动时，电刷会不断地改变磁场中绕组的极性。由于电枢总具有奇数对绕组，因此永远不会出现所有绕组与机壳内的两块永磁体相对于一条直线对称的情况。显然，出现这种情况意味着电动机停止转动。

图 2-32 给出永磁体（N 极和 S 极）和电枢绕组（A、B 和 C）的位置，可以解释电刷是怎样通过与之接触的换向器向电枢提供电能的。附着在电枢中心轴上的三块金属片分别连接着三个绕组（A、B、C）。电刷精确地轮流向每个绕组提供电能，确保电枢所受的磁场力永远达不到平衡状态。这便是电动机转动的原理。电流越大，通过电枢的磁场越强，电枢就转得越快。

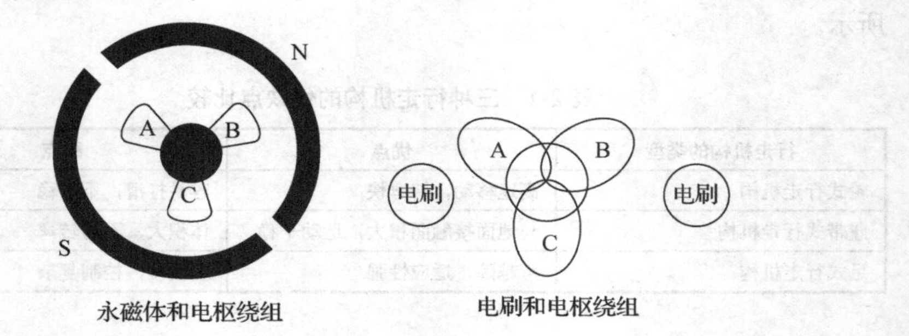

图 2-32 有刷直流电动机转动的原理

②无刷直流电动机。无刷直流电动机采用电子换向技术，即以线圈不动，磁极旋转的方式工作。无刷直流电动机使用一套电子设备，通过霍尔元件感知永磁体磁极的位置，根据这种感知，使用电子线路适时切换线圈中电流的方向，保证产生方向正确的磁力，来驱动电动机。无刷直流电动机弥补了有刷直流电动机可靠性差、运行维护工作量大和使用寿命短的不足。无刷直流电动机工作原理如图 2-33 所示。

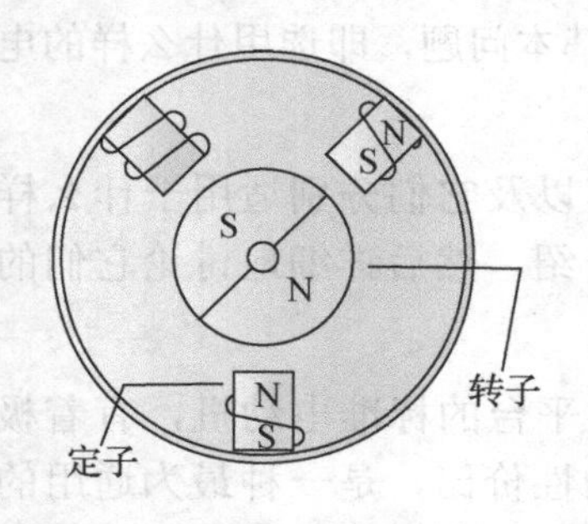

图 2-33 无刷直流电动机工作原理

（2）伺服电动机。伺服电动机能够把所接收到的电信号转换成电动机轴上的角位移或角速度输出，图 2-34 为其结构示意图。伺服电动机根据电流的不同分为直流（Direct Current，DC）伺服电动机和交流（Alternating Current，AC）伺服电动机两大类。伺服电动机的主要特点是，当电压信号为零时无自转现象，转速随着转矩的增加而匀速下降。

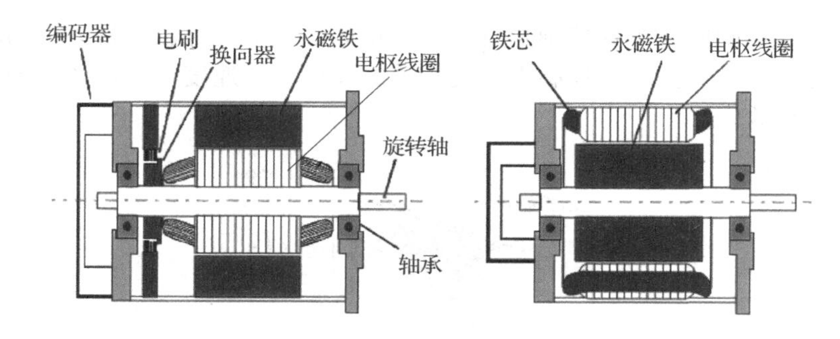

图 2-34　伺服电动机结构示意图

①直流伺服电动机。直流伺服电动机的基本结构与普通直流电动机并无本质的区别，直流伺服电动机分为直流有刷伺服电动机和直流无刷伺服电动机。

直流无刷伺服电动机的转动惯量小、启动电压低、空载电流小。其放弃了接触式换向系统，在很大程度上提高了电动机的转速，其最高转速达 100000r/min。直流无刷伺服电动机在执行伺服控制时，无须编码器也可实现速度、位置、转矩等的控制，并且不存在电刷磨损情况。因此，直流无刷伺服电动机除转速高之外，还具有寿命长、噪声低、无电磁干扰等特点。

直流有刷伺服电动机具有体积小、反应快、过载能力大、调速范围宽、低速力矩大、波动小、运行平稳、变压范围大、频率可调、低噪声、高效率等优点。

②交流伺服电动机。交流伺服电动机是无刷电动机，分为同步式和异步式两种，目前运动控制中一般都用同步式交流伺服电动机，它的功率范围大，可以输出很大的功率，惯量大，最高转速低且随着功率增大而快速降低，因而适用于低速平稳运行场合。

伺服电动机内部的转子是永磁铁（永磁体），驱动器控制的 U/V/W 三相电形成电磁场，转子在此电磁场的作用下转动，同时电动机自带的编码器反馈信号给驱动器，驱动器将反馈值与目标值进行比较，调整转子转动的角度。伺服电动机的精度取决于编码器的精度（线数）。

交流伺服电动机和直流伺服电动机在功能上的区别：交流伺服电动机的功能要好一些，因为是由正弦波控制的，转矩脉动小；直流伺服电动机是由梯形波控制的，结构比较简单且价格便宜。

（3）步进电动机。步进电动机是一种把开关激励的变化变换成精确的转子位置增量运动的执行机构，它将电脉冲转化为角位移。其结构如图 2-35 所示。当步进电动机接收到一个脉冲信号时，它就按设定的方向转动一个固定的角度（称为步距角），它的旋转是以固定的角度一步一步进行的，

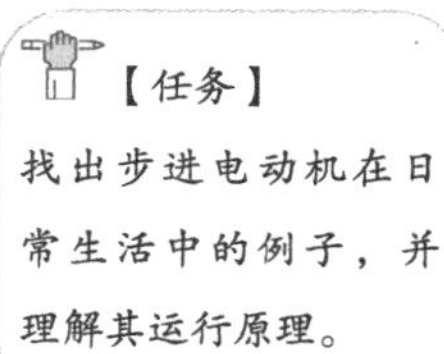

可以通过控制脉冲个数控制角位移量，从而达到准确定位的目的；同时可以通过控制脉冲频率来控制电动机转动的速度和加速度，从而达到调速和定位的目的。

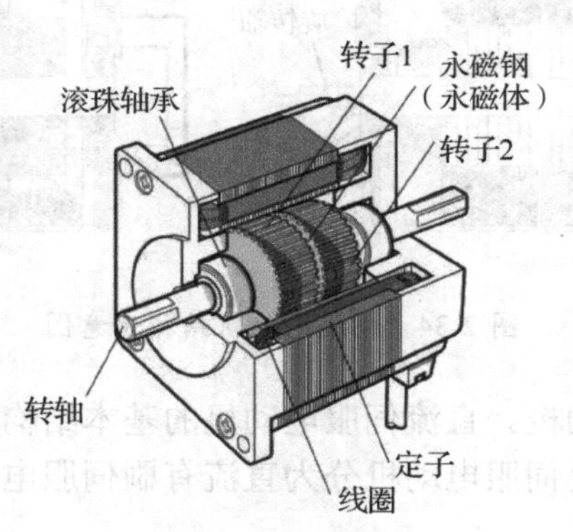

图 2-35 步进电动机的结构

步进电动机具有惯量小、定位精度高、无累计误差、控制简单等特点。步进电动机是低速大转矩设备，传输距离更短，有更高的可靠性、更高的效率、更小的间隙和更低的成本。因为大多数机器人运动要求短距离内以高加速度加速并减速，所以步进电动机是理想的机器人驱动器。

步进电动机按结构分类，可分为反应式步进电动机（Reactive Stepper Motor，RSM）、永磁式步进电动机（Permanent Magnet Stepper Motor，PMSM）、混合式步进电动机（Hybrid Stepper Motor，HSM）等。

①反应式步进电动机：反应式步进电动机也称感应式步进电动机、磁滞式步进电动机或磁阻式步进电动机。其定子和转子均由软磁材料制成，定子上均匀分布的大磁极上装有多相励磁绕组，定子、转子周边均匀分布小齿和槽，通电后利用磁导的变化产生转矩；一般为三相、四相、五相、六相；可实现大转矩输出（消耗功率较大，电流最高可达 20A，驱动电压较高）；电动机内阻尼较小，单步运行（指脉冲频率很低时）振荡时间较长；启动和运行频率较高。

②永磁式步进电动机：永磁式步进电动机的转子通常由永磁材料制成，永磁材料制成的定子上有多相励磁绕组，定子、转子周边没有小齿和槽，通电后利用永磁体与定子电流磁场相互作用产生转矩；一般为两相或四相；启动和运行频率较低。

③混合式步进电动机：混合式步进电动机也称永磁反应式步进电动机、永磁感应式步进电动机，结合了永磁式步进电动机和反应式步进电动机的优点。其定子和四相反应式步进电动机的定子没有区别（但同相的两个磁极相对，且两个磁极上的绕组产生的 N、S 极性必须相同），转子结构较为复杂（转子内部为圆柱形永磁铁，两端外套软磁材料，周边有小齿和

槽），一般为两相或四相；须供给正负脉冲信号；输出转矩较永磁式步进电动机大（消耗功率相对较小）；步距角较永磁式步进电动机小（一般为1.8°）；断电时无定位转矩；启动和运行频率较高，是发展较快的一种步进电动机。

【未来展望】

作为自动化的共性关键技术，驱动电动机的研究不仅可提高机器人等机电一体化产品的性能，还涉及能源、资源、环境等多种深层次社会问题，它必将越来越引起人们的重视，随着科学技术的进步，在不久的将来，可在高速、高精度、小型化、集成化、网络化方面得到更大的发展。

2.3.2 驱动控制

机器人的驱动控制包括三大部分：驱动控制任务、底层控制任务和驱动控制策略。下面具体介绍驱动控制的各部分情况。

（1）驱动控制任务。移动机器人的行走机构无论是轮式、足式还是履带式的，它的工作平面都为二维平面，在二维平面上移动机器人主要有三种控制任务，即姿态稳定控制、路径跟踪控制和轨迹跟踪控制。

①姿态稳定控制。机器人从初始姿态自由运动到最终姿态的过程是姿态稳定控制的过程，机器人在此过程中没有预定轨迹限制，也不考虑障碍物的存在。从对机器人制导和控制的要求出发，姿态稳定控制需要准确、快速、稳定地控制机器人运动姿态，对外界干扰具有较好的抑制能力。

【思考】
为什么驱动控制任务分为这三种？

②路径跟踪控制。路径跟踪控制是指控制机器人以恒定的前向速度跟踪给定的几何路径，并不存在时间约束的条件。因此，路径跟踪控制忽略了对运动时间的要求而偏重对跟踪精度的要求。对路径跟踪控制的研究可以验证部分针对机器人的运动控制算法，因而具有较好的理论研究价值。但因路径跟踪控制没有时间约束而不易预测机器人在某一时刻的位置，所以相对于轨迹跟踪控制使用较少。

③轨迹跟踪控制。相较于路径跟踪控制，轨迹跟踪控制要求在跟踪给定几何路径的公式中加入时间约束。机器人在运动时需要及时躲避障碍物，因此机器人需要事先规划出一条无障碍物的运动轨迹。从当前位置出发，让机器人跟踪这条轨迹来躲避障碍物。因此，轨迹跟踪控制对于移动机器人运动控制来说是一项重要任务。

（2）底层控制任务。机器人的行走机构可分为足式、轮式和履带式等，每一种行走机构都有其侧重的控制方式，但不论机器人采用何种行走机构，其底层控制通常分为速度控制、位置控制和航向角控制。

①速度控制。机器人的速度和电动机的转矩有关，但为了简化问题，

通常将机器人近似看作恒转矩负载，因此机器人的速度控制可以转化为带负载的直流电动机的转速控制。机器人的速度控制结构如图 2-36 所示。

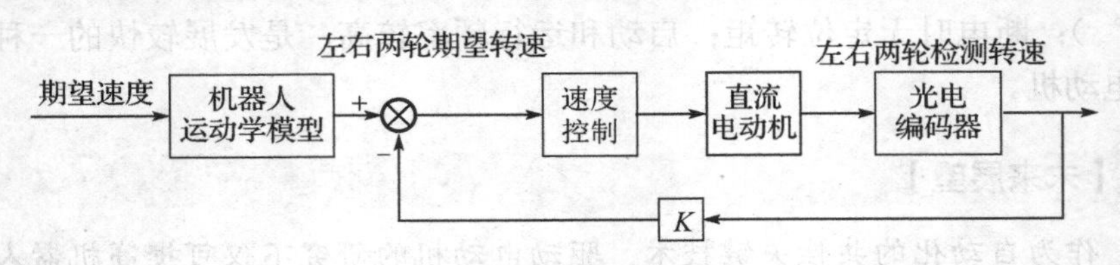

图 2-36 机器人的速度控制结构

【任务】
根据底层控制任务，查找资料，找到每种控制的具体控制方法。

②位置控制。机器人的位置控制也称为位姿控制或轨迹控制。其主要实现两大功能，即点到点的控制和连续路径控制。将期望位置和实际位置的偏差作为输入，通过位置控制器和一个位置前馈环节转化成速度给定信号，借助速度内环将位置控制问题转化为电动机的转速控制问题，进而实现移动机器人的位置控制。

③航向角控制。航向角控制是路径跟踪控制的基础，为了简化问题，机器人的位置偏差和航向角偏差的控制最终都转化为转速偏差的控制，这就需要根据机器人当前状态来规划航向角控制。航向角控制借助两轮之间的位移差来实现。

（3）驱动控制策略。针对不同的控制任务，相应地有不同的控制策略，主要分为底层控制策略和上层控制策略。其中底层控制策略主要包括 PID 控制、变结构控制、自适应控制等。第 6 章将具体介绍机器人的一些底层控制策略和上层控制策略。

底层控制系统主要完成两个任务：接收命令和执行命令，以实现机器人的运动控制。此外，为了维持机器人的正常运作，还必须完成异常状态的预防和处理等。

2.3.3 驱动电源

机器人的能源有多种，有的利用电能作为能源，有的利用化学能作为能源，有的利用机械能作为能源，有的利用太阳能作为能源，有的利用风能作为能源……传统的机器人大多利用机械能和电能这两种能源；近代的机器人则多使用化学能和电能，或者直接使用电池，或者通过连接着电源的电线，或者通过燃烧化学燃料的方式，将化学能转化为电能，提供给机器人使用。随着技术水平的提高，现代的机器人有了更多的选择，可以选择更加清洁的能源。

【问题】
设计机器人驱动电源时需注意哪些方面？

机器人的驱动电源可从内、外两方面为机器人提供动力。机器人通过有形或者无形的连接线与外部供能系统相连。这根线既要牢固，又要保证机器人能自由移动。电能或光能可以通过这种连接线为机器人提供动力源。光学系统利用光纤传递光能，再转化为机器人所需的电能。若不使用有形的连接线，外部供能系统也可以考虑利用微波、超声波及磁场为机器人提供能量。

内部供能系统是指驱动电源装置在机器人内部，一般选择电池进行供能，这样大大提高了机器人的灵活性，并且电池的续航能力需要根据不同工作情况进行选择。由于机器人自身条件的限制，往往要求其电池体积小、质量轻且能量密度大，并且在安全可靠的基础上能抗机械振动。本节主要介绍当今常见的电池技术。

电池是指能将化学能、内能、光能、核能等直接转化为电能的装置。18 世纪 90 年代，意大利物理学家伏特制成了世界上第一个电池——伏特电池。它使人们第一次获得了比较稳定推送的电源，具有划时代的意义。

根据电源种类的不同，电池可分为不同的类型，电池的分类如图 2-37 所示。

本节主要对化学电源电池做重点介绍。如图 2-37 中的虚线框所示，化学电源电池可分为一次电池、二次电池和燃料电池。

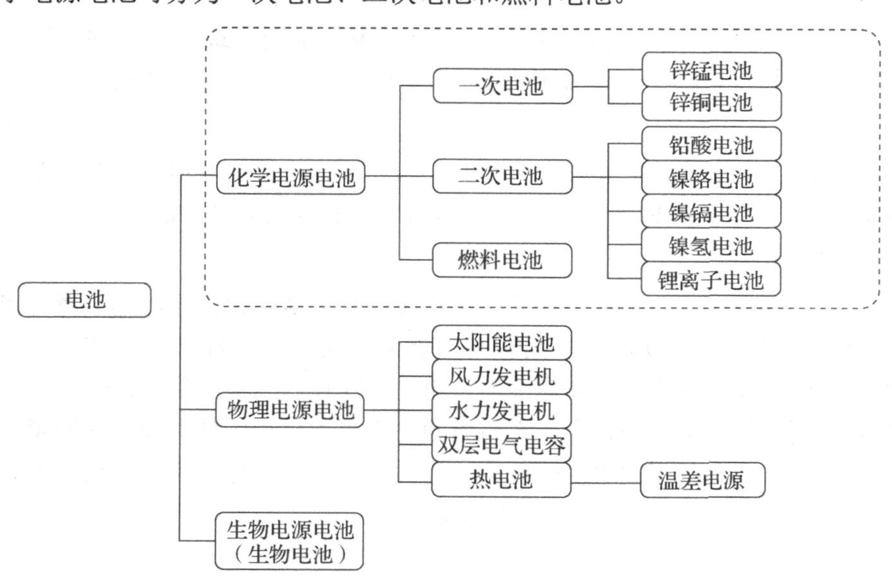

图 2-37 电池的分类

（1）一次电池。一次电池也称干电池，是原电池或化学电源的一种。它的电化学反应不能逆转，即只能将化学能转换为电能，不能靠充电重新存储电能。一次电池的应用范围十分广泛，不但在生活中适用于手电筒、遥控器、玩具等，而且在国防、科研、医学等领域都有应用。但一次电池成本较高、内阻较大，因此负载较大时其电压下降很快，无法实现大电流连续工作，故一次电池不是机器人系统理想的电源。常见的一次电池有锌锰电池、锌铜电池等。

（2）二次电池。二次电池也称为蓄电池，是利用氧化还原反应的可逆性组建成的可逆电池，即当利用一个化学反应将化学能转化为电能之后，还可以用电能使化学体系修复，再利用化学反应转化为电能。二次电池可实现化学能和电能之间的多次相互转换。常见的二次电池有铅酸电池、镍铬电池、镍镉电池、镍氢电池和锂离子电池等。下面介绍铅酸电池、镍镉电池和锂离子电池。

①铅酸电池。铅酸电池自发明以来，因价格低廉、可靠性高的特点，在化学电源电池中一直占有绝对优势。近几十年，铅酸电池经历了许多重大的改进，能量密度、循环寿命、高倍率放电等性能得到了大幅提高。尽管铅酸电池价格不贵，但质量很大，这限制了其在机器人上的应用。

②镍镉电池。这种电池已经使用了很多年，比铅酸电池具有更高的性能，且本身无毒，可以进行100%的深度放电，不会对电池造成损坏。

③锂离子电池。锂离子电池具有极大的性能优势，是未来动力蓄电池发展的必然方向。相对于传统的铅酸电池、镍镉电池而言，锂离子电池的历史很短。锂离子电池是所有蓄电池中能量密度最高的一种，因此它的体积很小，这种紧凑结构使得锂离子电池可以方便地集成到汽车及机器人内。

普通锂离子单体电池的工作电压高达3.7V，是镍氢电池的3倍，是铅酸电池的2倍。锂离子电池体积小，但能量高、材料稳定性差，故容易出现安全问题。

（3）燃料电池。燃料电池是一种直接将化学能转化为电能的装置，可以让产品设计自由度提高，具有高的能量转化率、无环境污染和噪声污染、安全可靠的优点。燃料电池与传统电池在使用上最大的不同是只需补充燃料而无须充电。理论上，燃料电池可无限次使用，然而使用次数增加后，由于电极上触媒的电催化能力会衰减，而影响发电效率，因此，燃料电池的使用寿命将视触媒劣化速度而定。

【思政引领】

随着机器人在人类社会中的应用越来越多，智能化程度也越来越高，生产厂家对上游组件的要求也越来越高。机器人所使用的组件类型决定了机器人的性能。在设计机器人系统时，为提升机器人续航能力及各单元通信的可靠性，电源是不可或缺的。电动机电源决定了机器人的优劣，在国家政策和人工智能的双重助力下，国内的机器人电源得到了飞速的发展，为机器人控制的发展注入了强劲的“源”动力。

习题 2

一、填空题

1．机械臂的分类方法包括：________、________、________、________。

2．直角坐标系型机械臂的运动形式为________；圆柱坐标系型机械臂的运动形式为________；球面坐标系型机械臂的运动形式为________。

3．机械臂一般可以分为五大部分：________、腕部、________、机身和________。

4．机械臂的总体设计一般分为系统分析和技术设计两大部分，具体为________之间，以及________之间的关系。

5．轮式行走机构根据轮子的数量分为一轮、________、三轮、________和多轮结构，轮子数量较少的底盘________，但________更强，体型会更小。

6．履带式机器人相对于普通的轮式机器人，其结构________，但履带式行走机构结构复杂、________、能量消耗大、________和零件易损坏。

7．常用的履带式行走机构通常为长方形或倒梯形，履带式行走机构主要由履带板、________、________、________、________和________组成。

8．足式行走机构的特征是不但能够在凹凸不平的地面上行走、跨越沟壑、上下台阶，而且具有广泛的________。

9．与两足步行机器人和四足步行机器人相比，六足步行机器人具有独特的________行走方式，________是六足步行机器人实现步行的典型步态。

10．机器人领域中常见的驱动电动机有________、________、________。

11．交流伺服电动机由________控制，转矩脉动小。而直流伺服电动机由________控制，结构比较简单且价格便宜。

12．机器人的驱动控制包括三大部分：________、底层控制任务和________。

13．底层控制系统主要完成________和________两个任务，以实现机器人的________。此外，为了维持机器人的正常运作，还必须完成异常状态的________和________。

14．机器人的能源有多种，有的利用________作为能源，有的利用

________作为能源，有的利用________作为能源，有的利用________作为能源。

15．内部供能系统是指驱动电源装置在机器人内部，一般选择________进行供能。由于机器人自身条件的限制，往往要求其________、________且能量密度大。

二、判断题（正确的在括号内打“√”，错误的打“×”）

1．机械臂是支承手部和腕部，并改变手部空间位置的机构，是机器人的主要部件之一。（　）

2．关节式机械臂由三个旋转轴组成，它的运动形式为“旋转—伸缩—旋转”，且其工作空间为球体。（　）

3．移动机器人的行走机构搭载并保护机器人核心控制部件和功能设备，受控于控制部件，是机器人最基本和最关键的环节。（　）

4．足式机器人的接地面积大，运动平稳。（　）

5．机器人的驱动系统是提供机器人各部位、各关节动作原动力及驱动策略，直接或间接地驱动机器人本体运动的执行机构。（　）

6．交流伺服电动机由梯形波控制。（　）

7．永磁式步进电动机的定子、转子周边分布着小齿和槽，通电后利用磁导的变化产生转矩。（　）

8．机器人的驱动电源可从内、外两方面为机器人提供动力。机器人通过有形的连接线与外部供能系统相连；内部供能系统通过无形的连接线与内部相连。（　）

第3章

智能机器人感知系统

智能机器人感知系统把机器人的各种内部状态信息和环境信息从信号转变为机器人自身或机器人之间能够理解和应用的数据、信息，除了需要感知与自身工作状态相关的机械量，如位移、速度、加速度、力和力矩等，视觉感知也是智能机器人感知的一个重要方面。

3.1 智能感知系统构成

【任务】

通过网络课堂学习，了解机器人传感器及感知系统的构成。

1. 机器人传感器有哪些种类：

2. 机器人感知系统的组成有哪些：

3. 传感器按照功能的分类：

4. 内部传感器按照检测内容的分类：

人类因有眼睛、鼻子、耳朵等感觉器官，而获得了视觉、嗅觉、听觉、味觉等不同的外部感觉，机器人也因有传感器而看见、听见这个世界。不同于人类的是，这些“感觉”都是靠传感器来采集的。而机器人感知系统本质上是一个由众多传感器组成的系统，如图 3-1 所示。

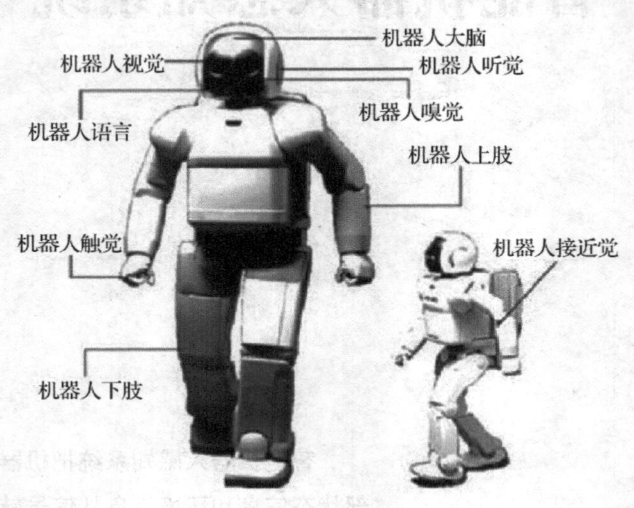

图 3-1 机器人感知系统

传感器是一种能够将具有某种物理表现形式的信息变换为机器人可以处理的信息的器件，是将被测非电量信号转换为与之相应的电量输出的器件或装置，是机器人感知自身运行状态和周围环境的主要手段。传感器的丰富程度及其性能优劣直接影响到机器人的智能性和自主性，了解并掌握各种传感器的工作原理和特点对于机器人的高级行为开发和任务设计具有至关重要的意义。

【思政引领】

近年来，国家在政策层面给予传感器行业一系列支持，推动行业技术水平的提升及在重点应用领域的拓展，以逐步实现进口替代。2021 年，工业和信息化部发布《基础电子元器件产业发展行动计划（2021—2023）》提出，重点发展小型化、低功耗、集成化、高灵敏度的敏感元件，以及温度、气体、位移、速度、光电、生化等类别的高端传感器，为国产传感器带来良好的发展机遇。

3.1.1　感知系统的组成

1. 视觉

机器人视觉主要指的是，机器人在运行过程中所具有的视觉感知功能系统。它是整个机器人系统的重要组成部分。机器人视觉，能够自动通过传感器获取周围的二维图像，生成动态化运行环境，并自动将图像传输到视觉处理器中，对周围的物质形态进行全面分析，将得到的数据内容转换为计算机符号，从而实现机器人识别物体的功能，并且能够有效判断物体所处的位置。机器人视觉从某种角度来看，可以称为机器视觉。

视觉传感器是机器人视觉的核心装置。视觉传感器包括图像获取模块、图像处理模块、图像显示模块，具有强大的像素计算能力，能够进行一整幅图像的光线动态捕捉，保证图像的清晰度，提高系统数据的分辨率，并通过像素数量表现出来。视觉传感器能够在一定程度上无视距离，自动生成清晰的目标图像。实现图像动态捕捉后，视觉传感器将得到的图像与储存的基本图像进行对比，了解物体的主要形态。视觉传感器及图像传感器分别如图 3-2 和图 3-3 所示。

图 3-2　视觉传感器

图 3-3　图像传感器

2. 触觉

力觉和触觉是机器人仅次于视觉的重要信息来源。触觉的主要任务是为获取对象与环境信息和为完成某种作业任务而对机器人与对象、环境相互作用时的一系列物理特征量进行检测或感知。机器人触觉与视觉一样都是模拟人的感觉。广义地说，它包括接触觉、压觉、力觉、滑觉、冷热觉、痛觉等与接触有关的感觉。狭义地说，它是机械臂与对象接触面上的力感觉。触觉感知包含的信息量很大，它不仅反映了机器人与环境的交互情况，还反映了所接触目标的各种物理属性，如位置、形状、刚度、柔软度、纹理、导热性、黏滞性等。

常用的触觉传感器从原理上可以分为以下几类：压阻式、电容式、电感式、压电式、光电式等。

3. 听觉

机器人听觉是一种自然、方便、有效地实现机器人与外界系统交互的系统。由于声音信号的衍射性，听觉具有全向性。相较于视觉、激光等其他的传感信号，听觉不需要直线视野，在有遮蔽视野的障碍物的情况下依然可以有效地工作。一般来讲，机器人听觉的主要任务是声源信号的定位与分离、自动语音识别、说话人识别等。图 3-4 所示为声音传感器。

图 3-4　声音传感器

4. 嗅觉

嗅觉对所有动物而言都是一种极其重要的生理感觉。随着嗅觉传导机理研究的不断深入，人们模仿这一机理，利用嗅觉相关生物活性组分，如嗅觉器官、嗅觉神经元及嗅觉受体等为敏感元件，并结合诸如压电传感器、场效应管、微电极、表面等离子体共振技术及光可寻址电位传感器等，构建了多种仿生嗅觉传感器。

5. 味觉

味觉是人类相当重要的生理感觉，一般分为酸、甜、苦、咸和鲜。而机器人的味觉是由数个具有交叉灵敏度的味觉传感器组合而成的传感器阵列，结合模式识别技术构成的味觉识别系统。机器人的味觉可用来检测和分析各种液体成分。常见的味觉检测仪有鉴别水果品质时使用的糖度检测仪，如图 3-5 所示。

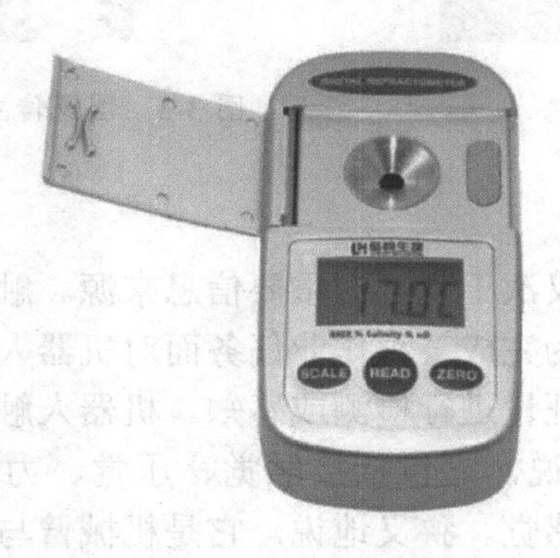

图 3-5　糖度检测仪

3.1.2　感知系统的分布

根据检测对象的不同，机器人用传感器可分为内部传感器和外部传感器。内部传感器主要用来检测机器人内部系统的状况，如各关节的位置、速度、加速度、温度、电动机速度、电动机载荷、电池电压等，并将所测得的信息作为反馈信息送至控制器，形成闭环控制。外部传感器用来获取有关机器人的作业对象及外界环境等方面的信息，比如距离、声音、光线等，是机器人与周围环境交互的信息通道，如视觉传感器、接近觉传感器、触觉传感器、力觉传感器等。

1. 内部传感器

机器人内部传感器通常用来确定机器人在其自身坐标系内的姿态位置，它是完成移动机器人运动所必需的传感器，常用来检测机器人的速度、温度和倾斜程度等。

内部传感器以自己的坐标系统确定位置。内部传感器一般安装在机器人的机械手上，而不是安装在周围环境中。机器人的内部传感器包括位移（位置）传感器、速度传感器、加速度传感器、力传感器及应力传感器等。

2. 外部传感器

外部传感器用于机器人定位或机器人作业环境的检测。它主要负责检测距离、接近程度及接触程度之类的变量，便于机器人进行运动处理和目标的识别。按照机器人作业的内容，外部传感器通常安装在机器人的头部、肩部、腕部、臀部、腿部和足部等。

3. 传感器的种类及常用传感器

传感器的分类方法，通常有以下4种。

（1）根据输入物理量分为位移传感器、压力传感器、速度传感器、温度传感器及气体传感器等。

（2）根据工作原理分为电阻式传感器、电感式传感器、电容式传感器及电势式传感器等。

（3）根据输出信号的性质分为模拟式传感器和数字式传感器。

（4）根据能量转换原理分为有源传感器和无源传感器。有源传感器将非电量转换为电量，如电动势传感器、电荷式传感器等；无源传感器不起能量转换作用，只是将被测非电量转换为电量，如电阻式传感器、电感式传感器。

通常根据传感器的基本感知功能，将传感器分为热敏传感器、光敏传感器、气体传感器、力敏传感器、磁敏传感器、湿敏传感器、声敏传感器、放射线传感器、视觉传感器和味敏传感器十大类。传感器的种类及介绍如表3-1所示。

表 3-1 传感器的种类及介绍

传感器的种类	介绍
热敏传感器	热敏传感器是将温度转换成电信号的转换器件，可分为有源和无源两大类。前者的工作原理是热释电效应、热电效应、半导体结效应。后者的工作原理是电阻的热敏特性，后者约占热敏传感器的55%
光敏传感器	光敏传感器是最常见的传感器之一，它的种类繁多，主要有光电管、光电倍增管、光敏电阻、光敏三极管、太阳能电池、红外线传感器、紫外线传感器、光纤式光电传感器、色彩传感器、CCD 传感器和 CMOS 传感器等。光敏传感器是产量较多、应用较广的传感器之一，它在自动控制和非电量电测技术中占有非常重要的地位
气体传感器	气体传感器是用来检测气体浓度和成分的传感器，它在环境保护和安全监督方面起着极重要的作用。对气体传感器有下列要求：能够检测报警气体的允许浓度和其他标准数值的气体浓度，能长期稳定工作，重复性好，响应速度快，对共存物质产生的影响小等
力敏传感器	力敏传感器是将应力、压力等力学量转换成电信号的转换器件。力敏传感器有电阻式、电容式、电感式、压电式和电流式等多种形式，其广泛应用于各种工业自动控制环境
磁敏传感器	霍尔传感器，也称磁敏传感器，是根据霍尔效应制作的一种磁场传感器，广泛地应用于工业自动化技术、检测技术及信息处理等方面
湿敏传感器	湿敏传感器是能够感受外界湿度变化，并通过器件材料的物理或化学性质变化，将湿度转化成有用信号的器件
声敏传感器	声敏传感器是一种用于流量检测的传感器，该传感器通过提供外部电源，可独立于控制设备，独自进行工作。声敏传感器主要应用于固体流量探测。同时，该设备可用于水泵气蚀和液体泄漏的检测，能产生足够的声音报警
放射线传感器	添加某些特殊成分制成的光纤（掺锗光纤）受到放射线作用后，其折射率发生变化，使接收的光强度发生变化，可制成光纤放射线传感器
视觉传感器	视觉传感器能够从一整幅图像中捕获数以千计的像素。图像的清晰和细腻程度通常用分辨率来衡量，以像素数量表示。视觉传感器的低成本和易用性已吸引机器设计师和工艺工程师将其集成入各类曾经依赖人工的光电传感器。视觉传感器的工业应用包括检验、计量、测量、定向、瑕疵检测和分拣
味敏传感器（电子舌）	电子舌能模拟人的舌头对待测样品进行分析、识别和判断，用多元统计方法对得到的数据进行处理，快速地给出样品整体的质量信息，实现对样品的识别和分类。电子舌主要由味觉传感器阵列、信号采集系统和模式识别系统三部分组成

【未来展望】

在新时代的背景下，机器人技术又重新被人们寄予厚望。在 20 世纪 70 至 80 年代，机器人技术对世界各国的汽车行业和半导体制造行业的生产效率提高起到了极大的推动作用。而在今天，传感器、高性能芯片及人工智能技术的突破又为具有社会服务功能的新一代智能机器人开拓了新的发展方向。在不久的将来，新兴的服务型机器人等智能机器人很有可能成为人们日常生活的一部分，极大地改变人们对当前社交娱乐方式的认知，并带动众多相关产业的发展。

3.2　距离感知

距离感知主要涉及两个问题，一是机器人进行距离感知有什么目的。二是机器人怎样进行距离感知。

以送餐机器人为例，机器人要将食物送到指定餐桌，首先要检测自身所处的空间位置，进行实时自我定位；然后在送餐过程中要时刻与客人或者其他物体保持安全距离，避开障碍，在此过程中，还要不断地测算与指定餐桌的距离，规划路径。

因此，如何获取环境信息是移动机器人研究的关键问题之一。对距离进行测量可为自主移动机器人提供周围环境的二维或三维信息。移动机器人可根据这些信息进行实时定位、导航路径规划和执行特定的任务。下面介绍几种常用的测距方法。

【任务】

通过网络课堂学习，了解机器人的距离感知。

1. 机器人距离感知涉及两个问题：

______

______

______

2. 目前常用的测距方法有：

______

______

______

3. 声呐测距可分为哪两类：

______

______

______

4. 红外测距的原理是：

______

______

______

3.2.1　声呐测距

声呐的主要功能是在测向的同时完成对目标距离的测定。声呐测距可分为主动测距和被动测距。主动测距包括脉冲法测距、调频法测距等。图 3-6 所示便是一种声呐传感器。

图 3-6　声呐传感器

本节简要介绍声呐的主动测距方法，特别是脉冲法测距，由于它简单，测距准确度、分辨率及最小可测距离等均能满足需要，因此在声呐中应用广泛。

1. 脉冲法测距

脉冲法测距就是指利用接收回波脉冲与发射脉冲间的时间差来确定距离。假设声波在水中以固定的速度沿直线传播，由声呐发射装置发射声脉冲，当它在水中传播时遇到目标产生散射，有部分声波（信号）回到接收

器被接收。声波在声呐和目标之间的往返时间为

$$t=\frac{2r}{c} \tag{3-1}$$

式中，r——声呐发射装置与目标之间的距离；

c——声波的传播速度。

显然，只要能测出发射脉冲与接收回波脉冲之间的时间 t，就可以确定目标和声呐之间的距离，但应注意发射脉冲和接收回波脉冲在显示器上显示时，其扫描起点必须与发射脉冲严格同步，这是由于目标距离的测定是根据目标回波脉冲滞后于发射脉冲的时间来进行的，这种同步是不难实现的。

2. 调频法测距

调频法测距一般应用在具有连续发射功率的主动声呐中，其原理可用图 3-7 说明。调频发射器发射等幅正弦信号，信号频率在时间上按一定规律变化。信号发射后碰到前方目标，就有反射信号回到接收器，但这段时间内调频发射器的频率较之回波信号频率已有了一定的变化。若将目标回波信号和调频发射器此时的信号同时加入接收器的混频器内，则在混频器输出端会出现差频电压，再经过放大、限幅，加到频率计上便可读出差频。由于差频电压的频率与目标的距离有关，因此频率计上的刻度可以直接采用距离长度作为单位，我们就可以利用回波信号频率的变化反映目标距离的改变，从而测出回波反射的距离，达到了测距的目的。

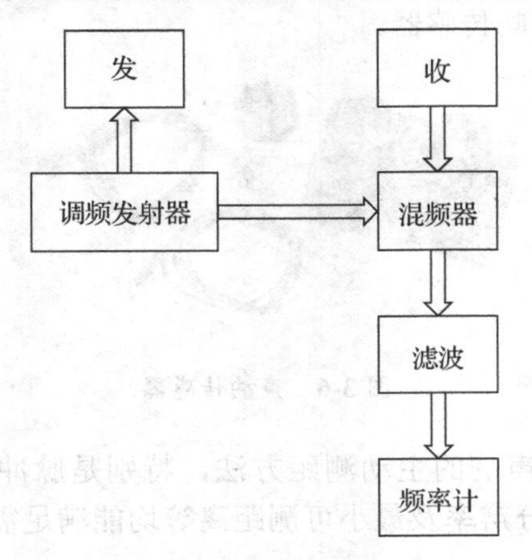

图 3-7 调频法测距原理

在多目标情况下，接收器输入端有一系列目标回波信号，要区分这些信号和分别确定这些目标距离是比较复杂的。因此，目前连续调频声呐适用于测定只有单一目标的情况，如用于盲人引路、深潜救生艇等。

3.2.2　红外测距

红外测距最早出现于 20 世纪 60 年代，是一种以红外线作为传输介质的测量方法。红外测距的研究有着非比寻常的意义，其本身具有其他测距方法没有的特点，技术难度相对不大，系统成本较低、性能良好、使用方便，对机器人行业有着不可或缺的贡献，因而其市场需求量很大，发展空间很广。

红外测距的优点是便宜、方便且安全，缺点是精度低，测量范围小，方向性差。图 3-8 所示为红外传感器。图 3-9 所示为常见的红外测距仪。

图 3-8　红外传感器

图 3-9　红外测距仪

红外线具有传播时发散度小、折射率低的特点，因此很多长距离测量仪采用红外测距。红外测距法可分为脉冲法和相位法两种。在测量距离较短时，红外测距法采用的是三角测量原理，下面就来介绍这种测量原理。

如图 3-10 所示，红外线发射器按照一定角度发射红外线光束，如果在有效的测量范围内测量到障碍物后，光束会按照一定角度反射。反射后的光束经过滤镜后送入 CCD 检测器中，经过处理会得到一个偏移量 L。从图 3-10 中的三角形关系可以看出，当已知红外线光束的发射角 α、中心距 X、滤镜的焦距 f 时，结合 CCD 检测器测量得到的 L，即可计算出 CCD 检测器到障碍物的距离了。应当注意的是，这种测量方法在障碍物距离 CCD 检测器太近时测量精度较低，只有测量距离在一定范围内时才能获得准确的测量值。

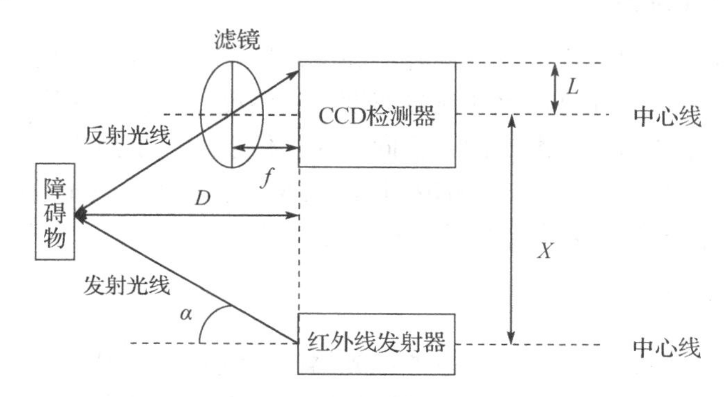

图 3-10　三角测量原理

3.2.3 超声波测距

超声波具有聚束、定向及反射、透射等特性。利用超声波的传播特性及超声波与物质相互作用的各种效应设计的传感器称为超声波传感器。超声波传感器常用于距离的测量，具有检测迅速、方便、计算简单、精度较高等特点。图 3-11 所示为超声波测距模块。

图 3-11 超声波测距模块

超声波传感器根据结构的不同可以分为压电式、电磁式、磁致伸缩式等。其中，压电式超声波传感器最为常见，它是根据压电效应的原理制作而成的，既可以作为发射器也可以作为接收器来使用。压电式超声波传感器由压电晶片、吸收块、保护膜、引线等组成。压电晶片的两面镀有银层，作为导电的极板。吸收块的作用是降低晶片的机械品质，吸收声能量。当在传感器两极外加上一个频率等于压电晶片的固有振荡频率的脉冲信号时，压电晶片将会发生振动，从而产生超声波。如果两电极间没有外加电压，传感器接收到超声波时，压电晶片仍会产生振动并将机械能转换为电信号，这时它就成为超声波接收器了。

由于超声波发送过程中遇到障碍物后会发生反射，如果已知传感器发出声波到返回声波的时间 t，就可以计算出传感器与障碍物之间的距离。传感器与障碍物之间距离的计算公式为

$$d = \frac{340t}{2} \tag{3-2}$$

式中，d——传感器与障碍物之间的距离；

t——传感器发出声波到返回声波的时间。

3.2.4 激光测距

激光具有方向性好、单色性好、亮度高等特点，因此利用激光作为测距的发射源有很多优势，比如测量速度快、精度高、测量距离远等。随着半导体激光器的出现，激光测距正向快速、低功耗、低成本和人眼安全方向发展。图 3-12 所示为激光测距模块。工业上也常使用激光进行远距离的测量。激光测距法主要有脉冲法和相位法两种。

1. 脉冲法测距

脉冲法测距的原理是，用脉冲激光器向测量目标发射一束很窄的光脉冲（脉冲宽度小于 50ns），光脉冲在到达目标表面后发生反射，最后返回

接收器。通过测量光脉冲发射到返回接收器的时间，就可算出测距仪与目标之间的距离。假设所测距离为d，光脉冲往返时间为t，光在空中传播的速度为c，则

$$d = \frac{ct}{2}$$

式中，d——测距仪与目标之间的距离；

c——光在空中传播的速度；

t——光脉冲往返时间。

脉冲激光测距仪能发出很强的激光，测距能力较强，即使对非合作目标，最大测距也能超过 30m。激光测距仪在 10m 的距离内可以达到 1cm 的精度。

2. 相位法测距

相位法测距的原理是首先向目标发射一束经过调制的连续波激光束，光束到达目标表面后被反射，通过测量发射的调制激光束与接收器接收的回波之间的相位差，计算出目标与测距仪之间的距离。与脉冲激光测距仪相比，连续波激光测距仪发射功率较低，因而测距能力相对较差。

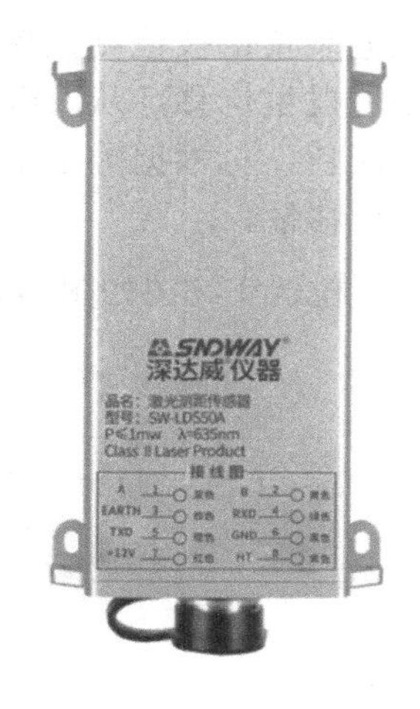

图 3-12　激光测距模块

【思政引领】

距离感知技术涵盖了传感器制造、数据分析、系统集成等多个领域，对整体产业链的推动作用不可忽视。目前，我国已基本形成从机器人零部件到整机，再到机器人应用的全产业链体系，产业链韧性不断增强。总体来看，机器人与实体经济深度融合对改造传统产业、解放生产力、促进新兴产业发展有重要意义，将为经济高质量发展提供支持。

3.3 位姿感知

位姿感知可以帮助移动机器人校正运动姿势，克服复杂的地形和各种障碍，保障机器人的平稳运行。位姿感知可分为旋转位移测量和姿态航向测量两部分。

3.3.1 旋转位移测量

旋转位移测量一般通过电位器和编码器来实现。

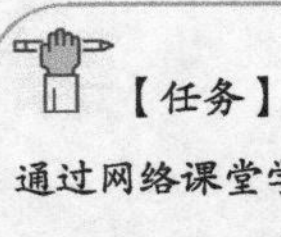

【任务】

通过网络课堂学习，了解机器人的位姿感知。

1. 位姿感知可分为哪两部分：

____

____

____

2. 电位器的测量原理：

____

____

____

3. 旋转型电位器可分为哪两种：

____

____

____

4. 姿态航向测量使用的仪器有哪些：

____

____

____

1. 电位器

电位器是一种常用的机电元件，广泛应用于各种电器和电子设备中。它能把机械的线位移或角位移输入量转换为与它呈一定函数关系的电流或电压输出。

电位器通常由一个线绕电阻和一个滑动触点组成。其中滑动触点通过机械装置由被检测量控制。当被检测的位置量发生变化时，滑动触点先跟着发生位移，从而改变了滑动触点与电位器各端之间的电阻值和输出电压值，再根据输出电压值的变化，就可以检测出机器人各关节的位置和位移量。

电位器实物图如图 3-13 所示。

图 3-13 电位器实物图

电位器按结构，可以分为直线型和旋转型两种。直线型电位器主要用于检测直线位移，其中的线绕电阻常采用直线型螺线管或直线型碳膜电阻，滑动触点也只能沿电阻的轴线方向做直线运动。直线型电位器的工作范围和分辨率受线绕电阻长度的限制。并且线绕电阻和电阻丝本身的不均匀性会造成直线型电位器的输入和输出呈非线性关系。

旋转型电位器中的线绕电阻呈圆弧状，滑动触点只能在线绕电阻上做圆周运动。旋转型电位器有单圈电位器和多圈电位器两种。由于滑动触点的限制，单圈电位器的工作范围只能小于 360° 并且其分辨率也受一定限制，假如需要更高的分辨率和更大的工作范围，可以选用多圈电位器。

电位器结构简单、尺寸小、质量轻、精度高、输出信号大且性能稳定；但电位器要求输入能量大，电刷与线绕电阻之间也容易磨损。

2. 编码器

编码器又称为码盘，通常安装于电动机的输出轴，将连续输入的轴的旋转角度进行离散化和量化后输出。根据检测方法的不同，编码器可分为光电编码器、磁电编码器和感应编码器等，其中最为常用的是光电编码器。利用编码器信息和运动学模型，可以推算出机器人的运动速度和移动距离。

光电编码器是一种通过光电转换将输出轴上的机械几何位移量转换成脉冲或数字量的传感器。其特点是体积小，精度高，同时分辨率可以很高，且无接触、无磨损。光电编码器不仅可以检测角度位移，还可以在机械转换装置的帮助下检测直线位移。光电编码器又可分为绝对型光电编码器和相对型光电编码器。

3.3.2 姿态航向测量

移动机器人在行进的时候可能会遇到各种地形或者障碍。这时即使机器人的驱动装置采用闭环控制，也会由于轮子打滑造成机器人偏离设定的运动轨迹，并且这种偏移是编码器无法测量到的。这时就必须依靠磁罗盘或者角速度陀螺仪来测量这种偏移，并做必要的修正，以保证机器人行走的方向不偏离设定轨迹。

1. 磁罗盘

磁罗盘是根据指南针原理制成的，用以指示方位的仪器，又称磁罗经。磁罗盘常装在船舶和飞机上用来导航。磁罗盘可大体分为机械式磁罗盘和磁通门罗盘。

1）机械式磁罗盘

机械式磁罗盘主要由若干平行排列的磁针、刻度盘和磁误差校正装置组成，磁针固装在刻度盘背面，在地磁影响下，磁针带刻度盘转动，用以指出方向。

2）磁通门罗盘

磁通门罗盘是在磁通门磁力仪的基础上发展起来的，它是一种新型的测向仪器，没有传统罗盘所用的永磁铁和机械部件，所以不存在机械磨损和由此带来的误差。从原理上讲，它具有高准确度。

磁通门罗盘是应用电磁感应原理来测向的，所以它是一种电磁感应式磁罗盘。磁通门或磁通阀的原理早在 20 世纪 30 年代已被人们所认识。但磁通门罗盘，特别是数字式磁通门罗盘是近年来才发展起来的。

2. 角速度陀螺仪

角速度陀螺仪是单自由度陀螺仪的一种，与两自由度陀螺仪相比，它在结构上缺少一个外框架，即转子缺少一个转动自由度。角速度陀螺仪绕输出轴的转动主要受弹性约束，在稳态时用弹性约束力矩平衡陀螺力矩，其输出信号与输入角速度成比例。角速度陀螺仪不仅可以用于测量角速度，还可以用在惯性导航系统中，用于求解姿态信息。根据检测原理，可以将角速度陀螺仪分为陀螺式和垂直振子式等。

1）陀螺式角速度陀螺仪

陀螺式角速度陀螺仪通过利用陀螺仪的角动量守恒定律来测量和跟踪旋转体的角速度。它的工作原理是使陀螺仪转子的自转轴与旋转体的旋转轴相垂直，当旋转体绕其旋转轴旋转时，陀螺仪转子的自转轴会发生偏转，从而测量出旋转体的角速度。陀螺式角速度陀螺仪广泛应用于导航、姿态控制等领域。

陀螺仪是一种基于角动量守恒定律来感测与维持方向的装置。陀螺仪主要由一个位于轴心且可旋转的转子构成。由于转子具有角动量，陀螺仪一旦开始旋转，即有抗拒方向改变的趋向。陀螺仪多用于导航、定位系统等。

陀螺仪的原理是，一个旋转体的旋转轴所指的方向，在不受外力影响时是不会改变的。人们根据这个原理，用陀螺仪来保持方向，然后用多种方法读取轴所指示的方向，并将数据信号传给控制系统。人们利用陀螺的力学性质所制成的各种功能的陀螺装置称为陀螺式传感器。陀螺式传感器大体上有速率陀螺仪、位移陀螺仪、方向陀螺仪等几种，在机器人领域中大都使用速率陀螺仪。根据具体的检测方法，又可以将陀螺仪分为振动型、光纤型等。

（1）振动型陀螺仪。振动型陀螺仪是给振动中的物体施加恒定的转速，利用科氏力作用于物体的现象来检测转速的传感器。

科氏力 f_c 是质量为 m 的质点（同时具有速度 v 和角速度 ω）相对于惯性参考系运动时所产生的惯性力。惯性力作用在质点的两个运动方向的垂直方向上，该方向即为科氏加速度 a_c 的方向，如图 3-14 所示。科氏力 f_c 的大小可表达为

$$f_c = ma_c = 2mv\omega$$

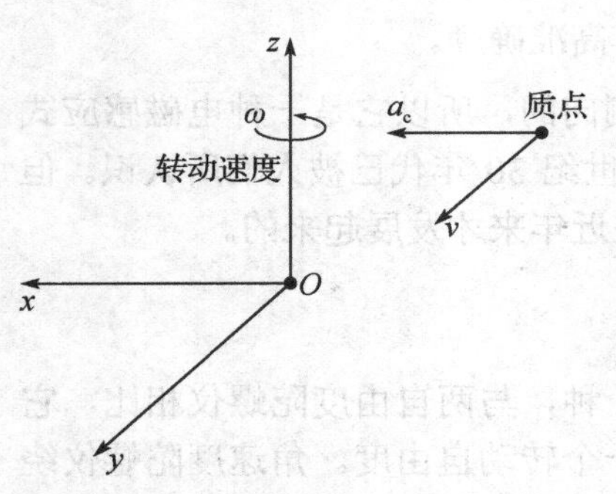

图 3-14 科氏加速度的方向

（2）光纤型陀螺仪。光纤型陀螺仪的工作原理基于 Sagnac 效应，能够实现高精度姿态测量。在环状光路中，来自光源的光经过光束分离器被分成两束，一束向左转动，另一束向右转动进行传播。这时，如果系统整体相对于惯性空间以角速度 ω 转动，显然，光束沿环状光路左转一圈所花费的时间和右转一圈所花费的时间是不同的，这就是所谓的 Sagnac 效应，人们已经利用这个效应开发了测量转速的装置。

2）垂直振子式角速度陀螺仪

垂直振子式角速度陀螺仪通过检测振子是否偏离平衡点，或者检测由偏离角函数（通常是正弦函数）给出的信号，就可以求出输入的倾斜角。该装置的缺点是，如果允许振子自由摆动，由于容器的空间有限，不能进行与倾斜角对应的检测，实际上对其做了改进，把经位移函数输出的电流反馈到可动线圈部分，让振子返回平衡位置，此时由振子质量产生的力矩 M 为

$$M = mg \cdot l \sin\theta$$

转矩 T 为

$$T = K \cdot i$$

在平衡状态下应有 $M = T$，于是得到：

$$\theta = \arcsin \frac{K \cdot i}{mg \cdot l}$$

这样，根据测出的线圈电流 i，即可求出倾斜角 θ，并克服了上述装置测量范围小的缺点。

3. 加速度计

有时在机器人的各个构件上安装加速度计来测量振动加速度，并把它反馈到构件底部的驱动器上。有时把加速度计安装在机器人的手爪部位，先将测得的加速度进行数值积分，然后加到反馈环节中，以改善机器人的性能。

加速度计的工作原理并不复杂。它以 g 为单位测量加速度，并且可以在一个、两个或三个平面上进行测量。当前常用的是三轴加速度计，其由三个加速度计组成，三个加速度计分别沿 X 轴、Y 轴和 Z 轴方向测量加速度。

如果任何平面上的加速度的方向和加速度计指向的方向相反，则加速度计将以负值测量加速度；否则，将以正值测量加速度。如果加速度计不受任何外部加速度的影响，则该设备将仅测量相对地球的加速度，即重力加速度。假设三轴加速度计的放置方式是 X 轴上的加速度计指向左侧，Y 轴上的加速度计向下，Z 轴上的加速度计向前且不受任何力的影响，则加速度计将返回以下值：$X = 0g$，$Y = 1g$，$Z = 0g$。如果将同一加速度计向左偏转，则其读数将显示：$X = 1g$，$Y = 0g$，$Z = 0g$；如果将其向右倾斜，将返回 $X = -1g$。

常见的加速度计有三种：MEMS 电容式加速度计、压阻式加速度计和压电式加速度计。

1）MEMS 电容式加速度计

采用 MEMS 技术的电容式加速度计是市场上最经济、最普通和最小的加速度计。MEMS 电容式加速度计如图 3-15 所示，其工作原理简化为将重物放置于弹簧上。弹簧的一端连接到梳状电容器的表面，另一端则连接至安装的砝码。在作用于加速度计的力的影响下，重物在弹簧上移动，这改变了电容元件与重物之间的距离，从而改变了电容量。

2）压阻式加速度计

压阻式加速度计是利用压阻效应制成的传感器。它的工作原理类似于应变仪，即应变仪传感器。压阻式加速度计配有压阻材料，该材料在外力的作用下会变形，从而引起电阻的变化，然后将电阻的变化转换为与压阻式加速度计集成在一起的接收器接收到的电信号。

图 3-15 MEMS 电容式加速度计

压阻式加速度计具有较大的测量范围，因此能够记录高振幅和高频率的振动，这在各种碰撞测试中非常有用。压阻式加速度计的另一个优点是能够测量慢速变化的信号，故可应用在惯性导航系统中来计算系统组件的速度和位移。压阻式加速度计不耐环境温度的变化，因此需要进行温度补偿。此外，压阻式加速度计在检测微弱信号方面存在问题，并且比 MEMS 电容式加速度计昂贵得多。

3）压电式加速度计

压电式加速度计是用于测量振动水平的常用传感器之一。因此，压电式加速度计通常用在诊断和控制设备中。它的功能类似于压阻系统。但是，在加速度的影响下，其电阻不会改变，而是产生一定值的电压。压电式加速度计具有很高的灵敏度和精度，因此适用于多种应用，从极其先进和精确的地震测量到恶劣条件下的碰撞和破坏性测试。压电式加速度计的输出通常会被放大，并进行温度补偿。它通过将信号传输到积分器输入，可以方便地计算对象的位移。

【思政引领】

目前，自动化和智能化需求的增加，为相关产业带来了新的增长点。传感器制造企业的兴起为整个产业链注入了活力，创造了更多就业机会，促进了产业结构升级。

传感器技术的应用使机器人能够更准确地感知环境和执行任务，提高了生产线的效率和产品的品质。这有助于降低生产成本，增强企业的竞争力，进而促进整体经济的提升。

3.4 力觉感知

触觉信息的获取是机器人对环境信息直接感知的结果。触觉是接触、冲击、压迫等机械刺激感觉的综合，利用触觉可进一步感知物体的形状、软硬等物理特征。

3.4.1 触觉传感器

1. 微动开关

微动开关是一种最简单的触觉传感器，它主要由弹簧和触头构成。触头接触外界物体后离开基板，造成信号通路断开或闭合，从而检测到与外界物体的接触。微动开关的触点间距小、动作行程短、按动力小、通断迅速，具有使用方便、结构简单的优点。其缺点是易产生机械振动，触头易氧化，仅有 0 和 1 两个信号。在实际应用中，通常将微动开关和相应的机械装置（如探头、探针等）结合构成一种触觉传感器。

1）触须式触觉传感器

触须式触觉传感器与昆虫的触须类似，可以安装在移动机器人的四周，用以发现外界环境中的障碍物，比如猫须传感器。该传感器的控制杆采用柔软的弹性物质制成，相当于微动开关的触头，当触及物体时接通输出回路，输出电压信号。

可在机器人脚下安装多个猫须传感器，依照接通的传感器个数及方位来判断机器人的脚在台阶上的具体位置，如图 3-16 所示。

2）接触棒触觉传感器

接触棒触觉传感器由一端伸出的接触棒和内部开关组成。移动过程中接触棒触觉传感器碰到障碍物或接触作业对象时，内部开关接通电路，输出信号。将多个接触棒触觉传感器安装在机器人的手臂或腕部，机器人就可以感知障碍物和物体。

2. 柔性触觉传感器

1）柔性薄层触觉传感器

柔性薄层触觉传感器具有获取物体表面形状二维信息的潜在能力，它是采用柔性聚氨基甲酸酯泡沫材料制成的传感器。柔性薄层触觉传感器如图 3-17 所示，泡沫材料用硅橡胶薄层覆盖。这种传感器的结构与物体的轮廓相吻合，当移去物体时，传感器即恢复到最初形状。导电橡胶应变计连到硅橡胶薄层内表面，拉紧或压缩导电橡胶应变计时，硅橡胶薄层的形变会被记录下来。

2）导电橡胶传感器

导电橡胶传感器以导电橡胶为敏感元件，当触头接触外界物体受压时，会压迫导电橡胶，使它的电阻发生改变，从而使流经导电橡胶的电流

【任务】

通过网络课堂学习，了解机器人的力觉感知。

1. 微动开关的工作原理：

______

______

______

2. 说出两种柔性触觉传感器：

______

______

______

3. 说出力觉传感器的种类：

______

______

______

4. 滑觉传感器按有无滑动方向检测功能可分为哪三类：

______

______

______

发生变化。该传感器为三层结构，中间夹层为压力导电橡胶 S，外边两层分别是传导塑料 A 和 B，相对的两个边缘装有电极。这种传感器的构成材料柔软而富有弹性，在大块表面积上容易形成各种形状，可以实现触压分布区中心位置的测定。这种传感器的缺点是由于导电橡胶的材料配方存在差异，会出现漂移和滞后特性不一致的情况，其优点是具有柔性。

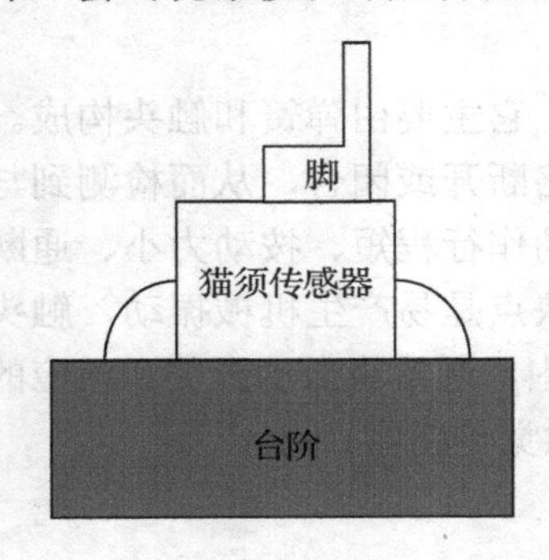

图 3-16　猫须传感器应用实例

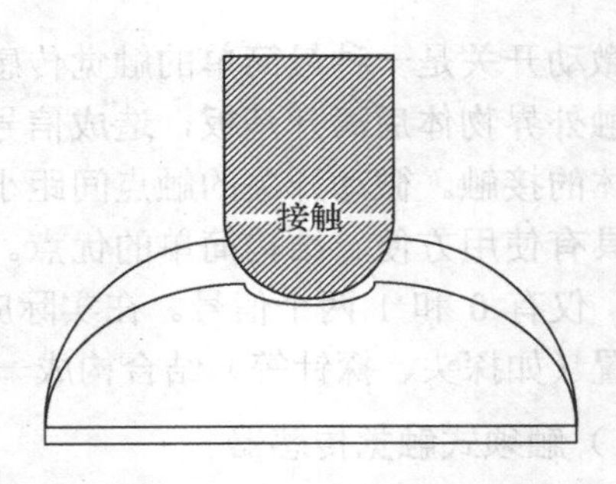

图 3-17　柔性薄层触觉传感器

3.4.2　力觉传感器

所谓力觉，是指机器人作业过程中对来自外部的力的感知，它与压觉力不同，压觉力是垂直于力接触表面的一维力；与滑觉力不同，滑觉力是平行于接触表面的一维力；力觉是对接触表面的三维力和三维力矩的感知。机器人力觉传感器能模仿人类的四肢获得机器人实际操作时的大部分力信息，是机器人主动柔顺控制研究必不可少的工具，它直接影响着机器人的力控制性能。精度高（分辨率、灵敏度和线性度等）、可靠性好和抗干扰能力强是对机器人力觉传感器的主要性能要求。就力觉传感器安装部位和原理而言，力觉传感器可分为腕力传感器、关节力传感器、手指式力觉传感器等。

1）腕力传感器

作用在一点的负载，包含力的 3 个分量和力矩的 3 个分量，能够同时测出这 6 个分量的传感器是 6 轴力觉传感器。机器人的力控制系统主要控制机器人手爪任意方向的负载分量，因此需要 6 轴力觉传感器。6 轴力觉传感器一般安装在机器人的手腕上，因此也称为腕力传感器。

腕力传感器是一种重要的机器人外部传感器。它被安装在机器人手爪与手、臂的连接处，两端分别与机器人腕部和手部相连接，是测量三维力和三维力矩的主动传感系统。当机器人的手爪夹住工件进行操作时，它可以测出机械手与外部环境的接触力，即通过腕力传感器可以输出六维力信息，从而反馈给机器人控制系统，以控制或调节机械手的运动。因此，腕力传感器在机器人完成去毛刺、磨光、焊接、搬运和装配等操作中起着很重要的作用。图 3-18 所示为横梁结构的 Scheinman 六维力/力矩传感器。

2）关节力传感器

国内外研制的关节力传感器种类很多，其中应变型转矩传感器应用最广，如图 3-19 所示。其检测原理是根据粘贴在弹性元件上的应变片的变形大小来判断转矩。弹性元件在机械臂关节处既存在转矩变形，又存在弯矩变形，变形存在耦合。而关节力传感器主要用于测量关节处的转矩，需要减小弯矩对弹性元件变形的影响。

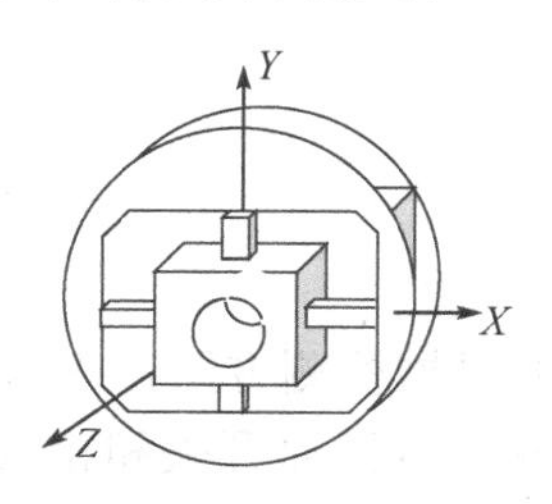

图 3-18 横梁结构的 Scheinman 六维力/力矩传感器

图 3-19 应变型转矩传感器

3）手指式力觉传感器

手指式力觉传感器一般通过应变片来产生多维力信号，常用于小范围作业，如灵巧手抓鸡蛋等实验，精度高、可靠性好，渐渐成为力控制研究的一个重要方向，但多指协调复杂。

总的来说，力觉传感器是用来检测机器人的手臂和手腕所产生的力，或所受到反力的传感器。手臂部分和手腕部分的力觉传感器，可用于控制机器人手所产生的力，在进行费力的工作中及限制性作业、协调作业等方面是有效的，特别是在镶嵌类型的装配工作中，它是一种特别重要的传感器。力觉传感器的元件大多使用半导体应变片，将它安装于弹性结构的被检测处，就可直接地或通过计算检测多维的力和力矩。

3.4.3 滑觉传感器

滑觉传感器用于检测机器人手部夹持物体的滑移量。机器人在抓取不知属性的物体时，其自身应能确定最佳握紧力的值。若握紧力不够，要检测被握物体的滑动速度的大小和方向，利用该检测信号，在不损害物体的前提下，考虑采取最可靠的夹持方法握紧物体。

滑觉传感器按有无滑动方向检测功能可分为无方向性传感器、单方向性传感器和全方向性传感器三类。

无方向性传感器如探针耳机式传感器，它由蓝宝石探针、金属缓冲器、压电罗谢尔盐晶体和橡胶缓冲器组成。滑动时探针产生振动，经压电罗谢尔盐晶体转换为相应的电信号。橡胶缓冲器的作用是减小噪声。

单方向性传感器如滚筒光电式传感器，其原理为，被握物体的滑移使滚筒转动，从而使光敏二极管接收到透过码盘（装在滚筒的圆面上）的光信号，通过滚筒的转角信号测出物体的滑动。

全方向性传感器的主要部分为表面包有绝缘材料（构成沿经、纬向分布的导电与不导电区）的金属球。当全方向性传感器接触物体并产生滑动时，金属球发生转动，使球面上的导电与不导电区交替接触电极，从而产生通断的脉冲信号。脉冲信号的频率反映了滑移速度，其个数对应滑移的距离。这种传感器的制作工艺要求较高。

3.4.4 接近觉传感器

1. 接触式接近觉传感器

接触式接近觉传感器采用最可靠的机械检测方法，来检测接触与确定位置。如图 3-20 所示，机器人通过将接触式防碰开关和相应机械装置结合实现接触检测。

2. 感应式接近觉传感器

电涡流式接近觉传感器（简称电涡流传感器）就是感应式接近觉传感器的一种。

导体在一个不均匀的磁场中运动或处于一个交变磁场中时，其内部就会产生感应电流。这种感应电流称为电涡流，这一现象称为电涡流现象。利用这一原理可以制作电涡流传感器。电涡流传感器通过通有交变电流的线圈向外发射高频变化的电磁场，处于磁场内的被测导电物体就产生了电涡流，如图 3-21 所示。由于电涡流产生的磁场与原磁场方向相反，两个磁场相互叠加削弱了传感器的电感和阻抗。若用电路把传感器的电感和阻抗的变化转换成电压，则能计算出目标物与传感器之间的距离。

电涡流传感器外形尺寸小，价格低廉，可靠性高，抗干扰能力强，检测精度也高，能够检测到 0.02mm 的微量位移。但是该传感器检测距离短，一般只能测到 13mm 以内的目标物，且只能对固态导体进行检测，这是其不足之处。

图 3-20 将接触式防碰开关和相应机械装置结合

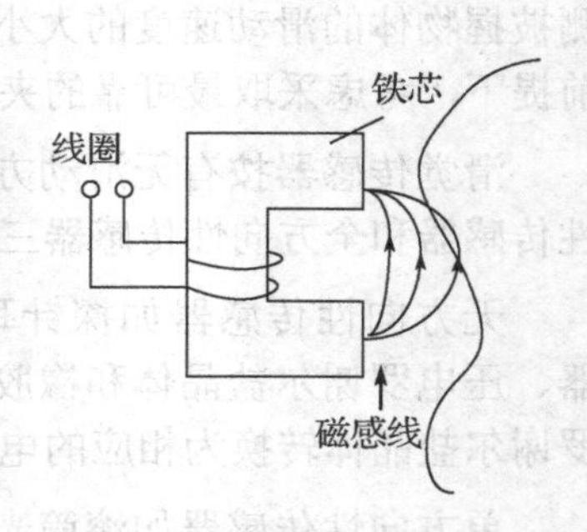

图 3-21 电涡流传感器原理

【思政引领】

机器人感知技术在当今科技发展中扮演着至关重要的角色，但其应用所涉及的伦理、社会和法律问题也不容忽视。在追求技术进步的同时，需要将伦理价值融入技术设计和决策过程中，确保机器人感知技术符合人类的价值观和社会期望。

3.5　视觉感知

3.5.1　图像采集与图像处理

机器人视觉检测分为两个步骤，即图像采集和图像处理，如图 3-22 所示。其中图像采集主要依靠不同功能的视觉传感器来完成。而图像处理的过程就比较复杂。

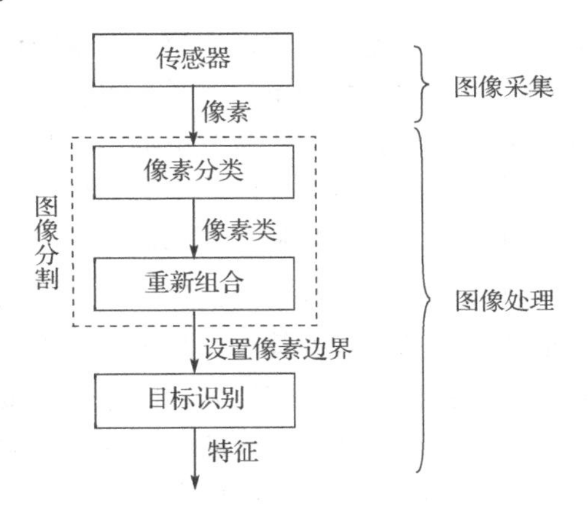

图 3-22　机器人视觉检测的步骤

1. 图像采集

在图像采集环节，需要获取图像信息。

2. 图像处理

图像处理环节主要对图像信息进行数字化以备后续的处理。数字化的第一步是将图像分割成由行、列组成的像素单元阵，每个像素单元都有一个与图像亮度对应的数字，形成图像时再重新组合。然后对数字信号进行分析、定位并识别视场内的物体，可使用不同的方法来实现。根据图像处理过程中的特殊功能，视觉系统可分为低级视觉、中级视觉和高级视觉。

【任务】

通过网络课堂学习，了解机器人的视觉感知。

1. 机器人视觉检测可分为哪两个步骤：

______

______

______

2. 说出图像处理的四个阶段：

______

______

______

3. 说出机器人视觉系统的组成：

______

______

______

4. 谈谈你对机器人视觉特点的认识：

______

______

______

低级视觉处理旨在从输入图像中提取基本的特征信息，这些特征包括：

边缘：边缘是由不同区域之间的灰度值变化形成的。在低级视觉处理中，可以通过检测像素灰度值的变化来检测边缘。

纹理：纹理是由图像中的局部结构组成的，通常由像素的颜色和亮度组成。低级视觉处理中，可以通过计算像素值之间的差异来提取纹理信息。

斑点：斑点是图像中具有不同颜色或亮度的小区域。低级视觉处理中，可以通过检测颜色或亮度的变化来提取斑点。

区域：区域是指具有相似颜色或亮度的像素的集合。低级视觉处理中，可以通过像素聚类算法来检测区域。

在低级视觉处理中，根据每个像素点在图像中的亮度和深度可提取出上述特征。低级视觉处理的结果只由传感数据决定，适用于视觉平层功能的建模。

中级视觉根据低级视觉中提取的特征来建立三维影像。中级视觉的本质是将各对象联系在一起。举个最简单的例子：将各像素点拼接成线，并得出其函数表达式。类似地，假如低级视觉中输出的是深度图，则中级视觉可进一步提取其边界等特征。但即使最简单的球形特征提取，如利用表面深度函数提取球心和半径，其过程也是较复杂的。

高级视觉基于对物体和物体间联系的认识，主要实现对图像内容的理解。其主要以线特征的提取和拼接为基础。高级视觉需要对各种边界做进一步判定，例如被遮挡的物体和隐藏的信息，同时需要做进一步的拼接，如挑选拼接的线组。为此，高级视觉必须能分辨物体结构的线、表面纹理的线和阴影产生的线。所以，高级视觉是基于物体的，也称为自上而下的。高级视觉通常需要物体的基本知识来理解图像的内容。

图像处理的过程可分为以下四个阶段：图像预处理、图像分割、特征提取和图像识别。

1）图像预处理

在图像采集的过程中，由于外界的干扰和摄像机本身物理条件的影响，难免会出现噪点、成像不均匀等问题。为获取图像中的特征信息，必须进行有效的图像预处理。但由于图像千差万别，还没有一种通用的方案来进行图像预处理，只能根据实际图像的质量来进行调整。图像预处理方法主要有图像平滑法和图像灰度修正法。

2）图像分割

图像分割就是把图像分成各具特征的区域并从中提取出指定目标的技

术。图像分割可粗略地被分为三类：第一类是基于直方图的分割技术；第二类是基于邻域的分割技术，此技术可以对图像进行边缘检测；第三类是利用光照特性和物体的表面特征进行物理分割的技术。

3）特征提取

特征提取就是提取目标的特征参数，它是图像分析的一个重点，一般是对目标的边界、区域、纹理、频率等进行分析提取。目前，人们一般根据所要检测的目标的特性来决定选取的特征，也就是说特征提取工作需要进行大量的试验。常用的图像特征包括线段、区域和特征点。提取的特征点主要是明显点，如角点、圆点等。其中角点是图像的一种重要特征，它决定了图像中目标的形状。

4）图像识别

图像识别是指利用计算机对图像进行分析，从而对各种不同模式下的目标和图像进行识别。该技术主要通过对比图像，依靠图片所体现的不同特征来对图像进行识别。

3.5.2 视觉系统

机器人视觉系统是指通过光学装置和非接触传感器自动地接收和处理真实物体或环境的图像，以获得所需信息或用于控制机器人运动的感知系统。

1. 机器人视觉系统的组成

如图 3-23 所示，移动机器人的视觉系统通常由以下几部分组成：图像感知传感器、感知控制机构、图像采集卡、图像处理单元及面向特定任务的视觉算法（上位机视觉算法）等。

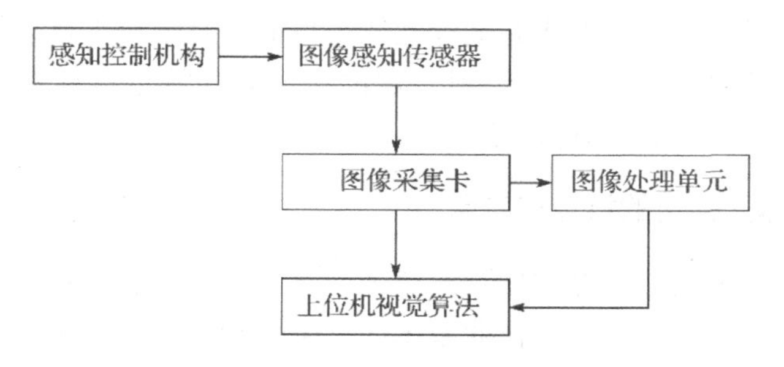

图 3-23 移动机器人视觉系统的组成

1）图像感知传感器

通常情况下，机器人的图像感知传感器就是摄像机，其主要作用是将空间物体反射的光信号转换为电信号，进而转换为计算机或微控制芯片能够处理的数字信号。

2）图像采集卡

图像采集卡是图像采集部分和图像处理部分的接口。它的主要作用：将图像信号采集到计算机中，并以数据文件的形式保存在硬盘上。通过图像采集卡将图像信号送至计算机后，下一步就是进行图像的分析处理，以获得有用的信息。当将图像采集卡采集到的图像信号送至计算机后，首先对数字图像进行灰度处理，以调节图像的清晰度；然后对其进行滤波，去除图像中的噪点；最后根据算法提取出图像的特征，从而进行数据分析。

3）图像处理单元

图像处理单元的主要任务是执行设定的视觉算法，进行环境感知，并指导机器人完成给定任务。由于现有的视觉信息采集装置通常并不具备信息处理功能，因此自主移动机器人视觉系统通常选用 PC 作为视觉系统的图像处理单元，以借助其高速计算能力实现相应的视觉算法。

4）感知控制机构

感知控制机构的主要作用是拓宽视觉系统的感知视野和提高感知性能。感知控制机构的设计及其自由度的选取通常由机器人所要完成的具体任务决定。最简单的感知控制机构为固定支架，其作用仅仅是将图像感知传感器固定在机器人上，通过机器人自身的运动对图像感知传感器的位置进行控制。

5）视觉算法

视觉算法的主要作用是根据图像感知传感器获取的图像信息，提取相应特征，完成目标识别及环境理解等任务，并将处理结果反馈至机器人控制系统，从而使机器人控制系统能够根据环境信息完成任务规划和对各个子系统的控制。视觉算法往往需要根据机器人所要完成的具体任务进行开发，并充分考虑机器人的实时运行性能。目前，对于自主移动机器人视觉算法的研究主要侧重于目标识别、定位与导航、特定目标跟踪、运动估计、视觉伺服、三维环境感知等方面。

2. 机器人视觉的特点和应用

机器人的视觉感知是非接触式感知，它对于观测者和被测对象都不会产生任何损伤，从而提高了作业系统的安全性和可靠性。视觉感知中采用的图像感知传感器一般具有较宽的光谱响应范围，可以扩展人眼的视觉范围。例如在光线较暗的夜间，图像感知传感器可以通过红外成像获得较为清晰的灰度图像。机器视觉还可以代替人类长时间地监测、分析和处理任务，从而提高工作效率，减轻劳动强度。

在生活中处处都有机器人视觉的影子，比如现在流行的人脸验证。在验证时利用摄像头拍摄的人脸与终端服务器中储存的人脸特征进行比对，如果特征一致则验证成功，反之验证失败。又如城市“天眼”系统，它可以整合监控设备采集的信息，利用图像识别和大数据等技术，在短时间内找出目标，提高工作效率。

此外，环保机器人也可以应用视觉系统，提高自身行动的效率。由于带有视觉系统的环保机器人的出现，利用机器人来实现环境的可持续发展很快就会成为现实。如今，我们已经开始利用人工智能、区块链和物联网等技术来应对气候变化，而环保机器人可以支持我们应对气候变化。各种各样的机器人已经被开发出来，它们能够以各种方式帮助我们保护环境，从扑灭野火、管理垃圾，到清洁海洋和其他水体等。

【思政引领】

机器人的视觉系统在工业、农业、国防、交通、医疗、金融甚至体育、娱乐等行业都有广泛的应用，它已经涉及我们的生活和生产的方方面面。

比如在军事领域，无人机上安装的视觉系统可以完成对可疑目标进行锁定、跟踪和精准歼灭的任务。

在工业领域，机器人的视觉系统搭载上优秀的处理系统，可以不受环境因素干扰，在极短的时间内快速且准确地分辨残次品，保证产品良率。

3.6 听觉感知

现在，人们可以跟机器人进行语音交互，通过语音指令使机器人完成相应的任务。而语音信号的采集和识别是人机语音交互的前提和基础，也是机器人听觉感知的重要内容。

例如，教育机器人通过听觉感知，能够跟学生互动，同时，它作为人工智能应用于教育领域的代表，是一种极具潜力的学习工具。它不仅可以用于学习机器人技术知识本身，还可以作为建立学科联系的纽带和载体，与其他学科进行整合以学习 STEM（Science , Technology , Engineering and Mathematics）相关的各类主题。

【任务】

通过网络课堂学习，了解机器人的听觉感知。

1. 语音采集的基本过程：

______

______

______

2. 语音识别核心部分的作用：

______

______

______

3.6.1 语音采集

语音采集主要使用的是拾音器。图 3-24 展示的是市面上常见的拾音器，它主要用来采集现场环境的声音。

图 3-24 拾音器

传声器（麦克风）是一种声电转换器，其主要功能是将收集的声音信号经声电元件转换为相应的模拟音频电信号。但此时采集到的电压较小，一般为几毫伏或者几十毫伏，还不能进行下一步处理，需要利用放大器进行放大，从而得到合适的音频信号。

此时得到的音频信号还不能直接输入计算机中进行识别。因为经拾音器收集到的音频信号是模拟量，还需要进行采样以得到计算机能处理的数字信号。采样就是在时域上，等间隔地抽取模拟信号，得到离散音频序列后，将其转化为数字音频的过程。通常采样频率为 8000Hz 时，机器人就能分辨出说话的内容了。虽然对声音采样的频率越高，声音质量越好，但与此同时所要存储和处理的数据量也越大，所以要根据具体需要选择合适的采样周期进行采样。到此，语音采集算是基本完成。

3.6.2 语音识别

我们需要对语音信号进行预处理，从波形中去掉不相关的信息，提取出能表征波形的特征信息。

语音信号的预处理除分帧加窗外，还包括端点检测。所谓端点检测，就是从一段给定的语音信号中找出语音的起始点和结束点。在语音识别系统中，正确、有效地进行端点检测不仅可以减少计算量和缩短语音的处理时间，还能排除无声段和噪声干扰，提高语音识别的正确率。

完成语音信号的预处理后，下一步要进行特征提取。特征提取是指基于语音的构成和基本参数，提取出反映语音特征的声学参数，除去相对无用的信息。一般将语音信号的特征参数分为两类：一类为时域特征参数，另一类为频域特征参数。常用的时域特征参数有短时平均能量、短时平均幅度、短时平均过零率等，而常用的频域特征参数有线性预测倒谱系数等。

语音识别核心部分的作用是：实现参数化的语音特征矢量到语音文字符号的映射，主要技术是模型训练和模式匹配。模型训练是指按照一定的准则，从大量已知模式中获取表征信息，提高模型的精度。而模式匹配则是按照一定的相似性度量法则，使未知模式与参考模式库中的某一个参考模式实现最佳匹配。

在未来很长一段时间内，基于深度神经网络的语音识别仍是主流；面向不同的应用场景，根据语音信号的特点对现有神经网络的结构进行改进仍是未来研究的重点。

3.7 嗅觉与味觉感知

气体传感器作为人类嗅觉的延伸，是感知空气不可或缺的工具。如今，气体传感器广泛应用于医疗、环保、化工等领域，近几年更是迅速向民用领域普及，尤其是在环保与健康方面，迎来爆发式发展。

随着人们生活水平的提高和环保意识的增强，人们对各种有毒、有害气体的探测，对大气污染、工业废气的监控，以及对食品和人居环境质量的检测都提出了更高的要求。应用于物联网领域的各种智能家居和可穿戴设备，可实现对周围环境空气质量的监测，有利于空气质量的提高。

3.7.1 嗅觉感知

1. 人工嗅觉系统

受动物嗅觉的启发，人们模仿生物嗅觉设计出人工嗅觉系统，它由气体传感器阵列、信号预处理单元和模式识别单元构成。其中气体传感器阵列具有广谱响应特性和较大的交叉灵敏度。工作时气体传感器对所接触的气体能产生响应，它相当于人类鼻子上的嗅觉受体细胞。

信号预处理单元可以对传感器产生的响应进行预处理，补偿气体信号的漂移，完成气体特征提取。而模式识别单元对预处理过的信号做进一步处理，完成对气体信号的定性和定量识别。模式识别单元由数据处理分析器、智能解释器和知识库组成，它相当于人类的大脑。

图3-25为人工嗅觉系统的结构框图。人工嗅觉系统在以下几个方面模拟了生物的嗅觉功能。

（1）阵列检测：将性能彼此重叠的多个气体传感器组成阵列，模拟人鼻子内的大量嗅觉受体细胞，通过精密测试电路，得到对气味瞬时敏感的阵列检测器。

（2）数据处理：气体传感器的响应经滤波、A/D转换后，将对研究对象而言的有用成分和无用成分加以分离，得到多维有用响应信号。

（3）智能解释：利用多元数据统计分析方法、神经网络方法和模糊方法将多维有用响应信号转换为感官评定指标值或组成成分的浓度值，得到

【任务】

通过网络课堂学习，了解机器人的嗅觉感知与味觉感知。

1. 常见的人工嗅觉系统的构成：

____

____

____

2. 人工嗅觉系统在哪几个方面模拟了生物的嗅觉功能：

____

____

____

3. 机器人嗅觉感知的过程：

____

____

____

4. 机器人的味觉系统由哪几部分组成：

____

____

____

被测气味定性分析结果。

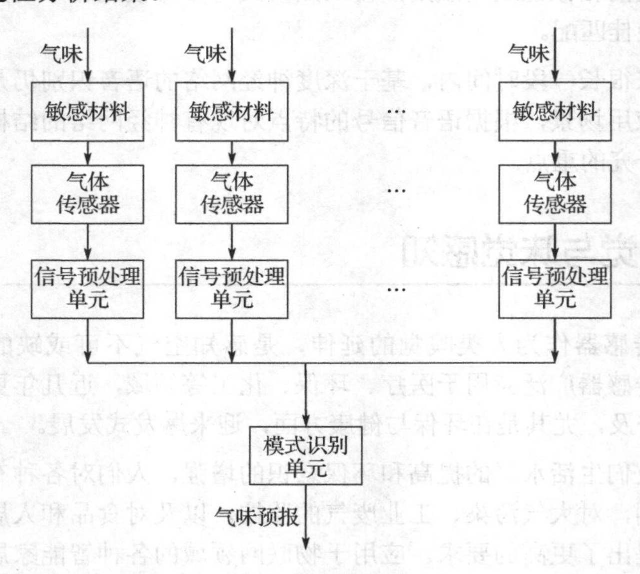

图 3-25 人工嗅觉系统的结构框图

2. 机器人嗅觉感知的过程

机器人嗅觉感知的过程可分为以下三步：气体源搜索、气体源定位和气体源识别。

气体总是以烟羽的形式存在，我们在气体源识别过程中，常常由于外界因素的影响，如风的影响，使气体的烟羽呈现断断续续的形态，或在某一区域断开，或在某一区域聚集；当气体流过障碍物表面时，气流的方向就会不断变化，而且气体浓度的分布也不均匀。因此，我们需要先通过气体传感器初步判断所谓的气体是气体源、非气体源还是障碍物，再结合一定的算法对气体源进行识别。

一旦机器人发现可疑的气体源，机器人便会对气体进行定位，然后循着烟羽的方向，在某个区域内做盘旋运动，这样便可以初步断定气体源的空间位置。当完成气体源的定位后，就可以通过视觉系统和嗅觉系统的协作，迅速地完成气体源的识别。

在现实操作中，由于气体传感器的局限性，机器人在嗅觉方面的表现不尽如人意。所以大多数气体源都是通过视觉系统和嗅觉系统相互配合进行识别的。

3. 气体传感器阵列

气味分子被机器人嗅觉系统中的气体传感器阵列吸附，产生电信号，生成的信号经加工处理与传输，最后由计算机模式识别系统做出判断。阵列中的气体传感器各自对特定气体具有相对较高的敏感性。由一些敏感对象不同的气体传感器构成的阵列可以测得被测样品挥发性成分的整体信息。

常用的气体传感器按材料可分为金属氧化物型半导体传感器、导电聚合物传感器、红外线光电检测装置等。

信号预处理方法应根据实际使用的传感器类型、模式识别方法和识别任务选取。气体传感器阵列对气体的响应灵敏度取决于气体传感器的质量。

4. 机器人嗅觉的应用

嗅觉机器人可协助或代替人类在危险区域工作，有利于提高工作效率，节省人力、物力。机器人嗅觉技术在环境监测、违禁物品检测、救灾抢险和各类设备维护中都有重要的应用。比如厨房中安装的一氧化碳检测仪，可以实时检测一氧化碳的浓度，保障人身财产安全。

3.7.2 味觉感知

人类味觉的反应机理是当口腔中有食物时，舌头表面的味蕾受体与食物中某些物质发生反应后，会引起电位差改变，从而刺激神经系统产生味觉。而味觉是指酸、咸、甜、苦、鲜等人类味觉器官的感觉。

基于上述机理，人们研制了仿生味觉系统，仿生味觉系统主要由味觉传感器阵列、信号预处理单元、模式识别单元三部分组成。这三部分与人工嗅觉系统的三部分功能类似。其中味觉传感器阵列对液体试样做出响应并输出信号，信号由信号预处理单元进行处理，完成信号特征值提取后，再交由模式识别单元根据特征值进行味觉信息匹配，从而得到最终的味觉感知结果。

味觉感知主要应用在液体监测和液体分析中，例如水质检测，可以检测出水的软硬度、水中矿物质的浓度及水中是否含有害物质。味觉传感器的优点是不需要对食物进行任何预处理，就可以很快测出味道，还可以测出时间的变化对味道的影响。

【思政引领】

从国家政策方面来看，2017 年 7 月，国务院印发《新一代人工智能发展规划》，明确了新一代人工智能发展的战略目标：到 2030 年，中国人工智能产业竞争力达到国际领先水平，人工智能核心产业规模超过 1 万亿元，带动相关产业规模超过 10 万亿元。

在公共文化方面，我国的公共文化服务虽逐渐完善，但供需不对等的问题仍然无法彻底解决。应用了人工智能的智能机器人可通过大数据技术获取群众需求数据，基于此数据进行群众需要的文化设施的建设，能够使人民的幸福指数得到极大提高。

3.8 多传感器数据融合

【任务】

通过网络课堂学习，了解多传感器数据融合。

1. 多传感器数据融合的特点有哪些：

2. 数据融合按照其在传感信息处理层次中信息的抽象程度可分为哪几层：

3. 数据融合方法有哪些：

4. 数据融合模式可分为哪两大类：

3.8.1 多传感器数据融合的定义与目的

数据融合的目的是利用多个传感器联合的操作优势，提高传感器系统的有效性，消除单个传感器在应用方面的局限性。

单个传感器只能获取局部的信息，而处在非结构化环境中的智能机器人，需要采用多种传感器来获取不同种类、不同状态的信息。这些信息彼此之间相互独立或耦合，甚至会出现彼此矛盾的情况。数据融合就是指协同使用多种传感器并将各种传感信息有效地结合起来，形成高性能感知系统来获取对环境的一致性描述的过程。

3.8.2 多传感器数据融合的特点

多传感器数据融合有以下4个方面的特点。

（1）提高可靠性。当1个或多个传感器出现故障，或者某个传感器测量值有很大噪声时，经过数据融合，仍可以获取正确的环境信息。

（2）提高处理速度。多传感器数据融合系统使用并行算法，可以提高传感器的处理速度，增强传感器的反应能力。

（3）提高完整描述环境的能力。多种传感器协调使用可获取环境或物体的各种特征信息，通过融合可得到多特征、高层次的描述，即得到任何单一传感器很难获取或无法获取的信息。

（4）降低信息获取成本。使用大量低成本传感器（而不是少量高成本传感器），通过数据融合方法能获取高质量信息，还可降低系统成本。

3.8.3 数据融合的三个层次

多传感器数据融合可以在传感信息处理的不同层次上进行。因此，数据融合按照其在传感信息处理层次中信息的抽象程度，大致分为数据级融合、特征级融合和决策级融合三层。

数据级融合是指对原始的或经过预处理的传感信息进行融合。数据级融合的主要优点是能够提供其他层次融合所不具有的细节信息；主要局限性是要处理的传感信息量很大，处理代价较高，且由于融合是对稳定性较差的原始传感信息进行的，获得稳定、一致的综合描述相当困难。

特征级融合是指从传感器提供的原始传感信息中提取有关目标的特征

信息，如尺寸、轮廓、硬度等，然后对所有传感器提供的所有目标的特征信息进行融合，得到对目标的分类与解释。特征级融合克服了数据级融合的许多缺点，因此得到了较广泛的应用。

决策级融合是指利用来自各种传感器的传感信息对目标属性进行独立的决策，并对各自得到的决策结果进行融合，以得到整体一致的决策。决策级融合具有较好的容错性，即当某个传感器出现错误时，通过适当的融合，系统还能够获得正确的决策结果。另外，决策级融合所使用的融合信息的抽象层次较高，对原始的传感信息没有特殊的要求，因此适合使用该方法的各传感器可以是异质传感器。当然，由于该方法首先要对原始的传感信息进行分别的预处理以获得各自的决策结果，因此预处理的花费较大。

3.8.4 数据融合方法和融合模式

1. 数据融合方法

多传感器系统是数据融合的物质基础。多传感器数据融合要靠各种具体的数据融合方法来实现，目前发展起来的数据融合方法有加权平均法、贝叶斯法、D-S 证据法、模糊逻辑和神经网络法、产生式规则法、卡尔曼滤波法等。在不同的场合，可根据实际情况选用不同的数据融合方法。到目前为止，还没有通用的数据融合方法。

1）加权平均法

加权平均法是指多个传感器首先对目标的同一特征进行测量，得到相同属性的信息，然后根据先验知识对多个相同属性的信息进行加权平均。这种方法简单、直观，一般在数据层上进行测量，获取多种精确的、局部的信息。应用加权平均法必须先对系统和传感器进行详细的分析，以获得正确的权值。

2）D-S 证据法

证据理论的概念是由 Dempster 最先提出的，以后由 Shafer 进一步发展和完善，形成一套关于证据的数学理论，因此证据理论通常称为 D-S 理论。基于证据理论的数据融合方法称为 D-S 证据法。在证据理论中引入了信任函数，用它来表示由不知道所引起的不确定性，当概率值已知时，证据理论就变成概率论，也就是说，概率论是证据理论的一种特例。由于证据理论中肯定与否定并不是简单的真伪，且肯定与否定的合成也不是肯定与否定测度的简单合成，因此，这样的模型更符合人类的推理机制。

3）产生式规则法

产生式规则法采用符号表示目标特征和相应的传感器信息之间的联

系，与每个规则相联系的置信因子表示其不确定程度，当在同一个逻辑推理过程中的两个或多个规则形成一个联合的规则时，可产生融合。产生式规则法存在的问题是每条规则的可信度与系统的其他规则有关，这使得系统的条件改变时，规则修改相对困难。若系统需要引入新的传感器，则需要加入相应的附加规则。

4）模糊逻辑和神经网络法

多传感器系统中，各信息源提供的环境信息都具有一定程度的不确定性，这些不确定性信息的融合过程实质上是一个不确定性推理过程。模糊逻辑是一种多值型逻辑，指定一个从 0 到 1 之间的实数表示其真实度。模糊融合过程直接将不确定性表示在推理过程中。如果采用某种系统的方法对数据融合中的不确定性建模，就可产生一致性模糊推理。神经网络法通过修改网络连接权值，达到数据融合的目的。基于神经网络的数据融合方法优于传统的聚类分析方法，尤其是当输入数据中带有噪声和数据不完整时。

2. 数据融合模式

数据融合模式可以分为两大类：集中融合和多层次数据融合。

集中融合模式如图 3-26 所示，$S_1,S_2,\cdots,S_n$ 表示 n 个传感器获取的信号，对它们进行局部处理后，输入数据融合中心，再采用某种具体的方法进行融合。

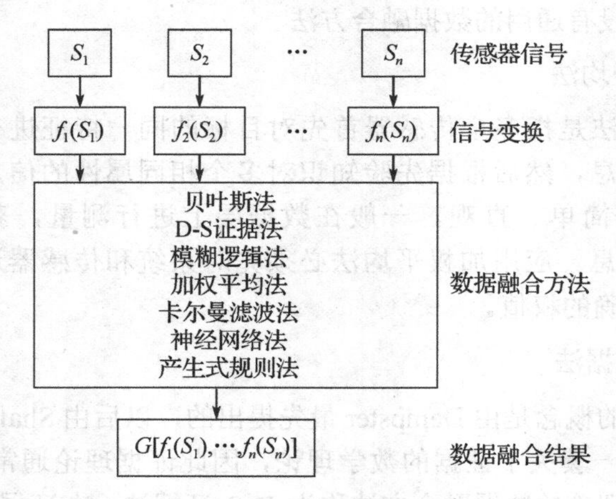

图 3-26 集中融合模式

多层次数据融合模式如图 3-27 所示。首先，对传感器信号 S_1 和 S_2 进行融合，形成第一级融合信息 $S_{(1,2)}$，将 $S_{(1,2)}$ 同 S_3 进行融合形成第二级融合信息 $S_{(1,2,3)}$，用同样的方法，可以得到 n 个传感器的融合信息。图 3-27 中虚线表示系统对各个数据融合点的操作。对图 3-27 做进一步的推广，即第一级融合可以是多个传感器的原始数据融合，也可以是特征级融合；其他各级也可以是多个传感器的原始数据与上一级的融合结果进行融合，形成新的融合结果或多个上级融合结果的融合。

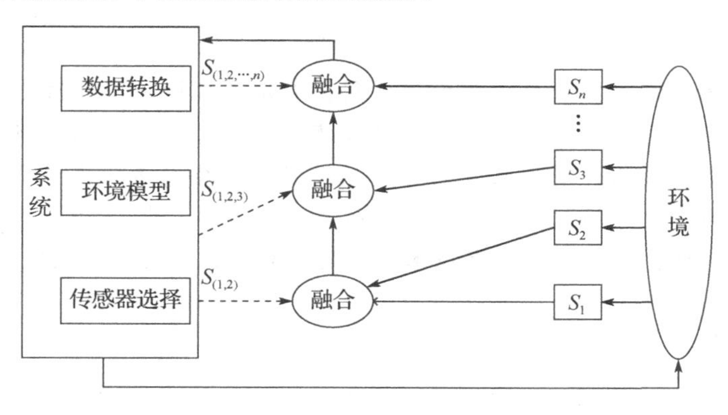

图 3-27　多层次数据融合模式

3.8.5　多传感器数据融合的应用

在多传感器数据融合过程中，不同的融合结构和融合算法都占有重要的地位。随着不同传感器数据融合研究的深入和发展，在处理多传感器的信息时，需要将复杂算法和复杂函数融合应用，从而将实际生产与算法结构紧密联系，用数据反映实际生产的场景，有利于实现多传感器数据融合技术的应用。同时，不同的算法各有利弊，需要进一步在实践运用中加以改良，也需要将不同算法组合起来，扬长避短，从而高效、便捷地实现多传感器数据融合技术的发展。

此外，在多传感器数据融合过程中，还面临一个重要难题，即现实环境的多变性和未知性，这些都对多传感器数据融合方法提出了更高的要求。因此，不仅要采用性能好的融合算法，还要采用结构灵活、便于不同算法融合的运算方式，不断提高多传感器数据融合技术应用的广泛性和深刻性。

在影响机器人发展的几种关键技术，如能跟人产生情感互动的语音识别交互、视觉交互技术，能跟人产生身体接触的机械臂、物理抓取技术，以及帮助机器人行走的自主定位导航技术中，传感器技术尤为重要。要让机器人拥有同人类一样相对灵活的身姿、灵敏智能的动作及交互能力，就离不开传感器。传感器作为机器人认识外界的媒介，赋予了机器人感知外界的能力。这就要求科学家在设计智能机器人时，首先赋予机器人一双“眼睛”，帮助机器人观察并了解世界，构建外部轮廓信息。其次，要将多传感器数据融合技术应用到机器人中，提升机器人的智能化水平。该项技术可以有效处理和融合多传感器收集的信息，增强机器人对不确定信息的抵抗能力，确保机器人利用更多可靠的信息，有助于机器人更为直观地判断周围的环境，做出更智能、更贴近人类的判断。

【未来展望】

多传感器数据融合技术作为现代科技的重要领域，不仅有创新的科研成果，更有着深远的引领意义。发展多传感器融合技术不仅为技术领域带来新的突破和发展，更为社会的可持续发展和人类生活的改善带来积极影响。它将在多个领域发挥关键作用，推动科技与社会的融合进程。在当今这个智能时代，我们相信科学技术的智慧之光将光芒四射、大放异彩。

习题 3

一、填空题

1．机器人感知系统由________、________、________、________、________等组成。

2．常用的触觉传感器从原理上可以分为________、________、________、________、________等五类。

3．声呐测距可分为________、________等两类。

4．超声波传感器根据结构的不同可以分为________、________、________等。

5．位姿感知可分为________、________两部分。

6．滑觉传感器按有无滑动方向检测功能可分为________、________。

7．图像处理的过程可分为________、________、________、________。

8．移动机器人的视觉系统通常由以下几部分组成：________、________、________、________、________。

9．机器人嗅觉感知的过程可分为________、________、________。

10．数据融合按照其在传感信息处理层次中信息的抽象程度，大致分为________、________、________三层。

二、判断题（正确的在括号内打“√”，错误的打“×”）

1．传感器是一种能够将具有某种物理表现形式的信息变换为机器人可以处理的信息的器件。（ ）

2．声呐的主要任务之一是在测向的同时完成对目标距离的测定。（ ）

3．旋转位移的测量仅通过电位器就可以实现。　（　　）

4．力传感器和力矩传感器在机器人中的应用较少。　（　　）

5．低级视觉的结果只由传感数据决定，适用于视觉平层功能的建模。（　　）

6．利用拾音器采集到的声音可以直接使用，不用进行预处理。（　　）

7．数据融合的目的是利用多个传感器联合的操作优势，提高传感器系统的有效性，消除单个传感器在应用方面的局限性。　（　　）

第4章

智能机器人导航技术

本章的主要内容是全局路径规划、局部路径规划和地图构造。通过学习本章内容，读者应掌握全局路径规划与局部路径规划的相关算法及原理，熟悉常用的地图构造方法。

4.1 导航系统的概念

20 世纪 60 年代，世界上第一个工业机器人在美国诞生，开创了工业化的新纪元。机器人技术的发展水平标志着一个国家的高科技水平和工业自动化程度。

机器人基本的功能之一便是导航。简单来说，导航就是机器人基于地图，从起始点前进到目标点的过程，在这个过程中要求不发生碰撞并满足自身动力学模型（如不超过速度、加速度等的限制）；也指将航空器、航天器、火箭和导弹等运动体从一个地方引导到目的地的过程。导航需要解决两个问题：定位和引导，需要指出当前运动体的运动状态信息，并指出到达目的地的方式，即从哪来，到哪去，怎么走。

4.2 导航系统的分类

导航，最初是指对航海的船舶抵达目的地进行的导引过程。这一术语和自主性相结合，已成为智能机器人研究的核心和热点。

Leonard 和 Durrant-Whyte 将移动机器人导航定义为三个子问题：

（1）Where am I?即环境认知与机器人定位。

（2）Where am I going?即目标识别。

（3）How do I get there?即路径规划。

为完成导航，机器人需要依靠自身传感系统对内部姿态和外部环境信息进行感知，通过对环境空间信息的存储、识别、搜索等操作寻找最优或近似最优的无碰撞路径并实现安全运动。

【问题】
移动机器人导航定义为哪几个问题？

对于不同的室内与室外环境、结构化与非结构化环境，机器人完成准确的自身定位后，常用的导航方式主要有磁导航、惯性导航、视觉导航等。

1. 磁导航

磁导航是指在路径上连续埋设多条引导电缆，分别流过不同频率的电流，通过感应线圈对电流的检测来感知路径信息。磁导航技术虽然简单实用，但其成本高，传感器发射和反射装置的安装较复杂，改造和维护相对困难。

2. 惯性导航

惯性导航是指利用陀螺仪和加速度计等惯性传感器测量移动机器人的

方位角和加速度，从而推知移动机器人当前位置和下一步的目的地。由于车轮与地面存在打滑现象，随着机器人航程的增加，任何小的误差经过累积都会无限增大，定位的精度就会下降。

【任务】
通过网络课堂学习，了解机器人的导航系统。
1. 机器人的导航方式：

2. 导航要素归纳：

3. 地图的表示方法：

3. 视觉导航

视觉导航具有信号探测范围广、获取信息完整等优点，近年来广泛应用于移动机器人自主导航。移动机器人先利用装配的摄像机拍摄周围环境的局部图像，再通过图像处理技术（如特征识别、距离估计等）将外部环境信息输入移动机器人内，方便其自身定位和规划下一步的动作，从而使其能自主地规划行进路线，安全到达终点。视觉导航中的图像处理计算量大、实时性差，是一个瓶颈问题。

在视觉导航系统中，视觉传感器可以是摄像头、激光雷达等环境感知传感器，主要完成运行环境中障碍和特征检测及特征辨识等功能。

根据上述介绍，我们可以对导航的任务进行细分，首先机器人在未知环境中需要使用激光传感器（或深度传感器）进行地图构造，然后根据构建的地图进行定位，有了地图和定位的基础，就可以根据目标点及感知的障碍物信息进行路径规划了。我们将导航的要素归纳为图 4-1。

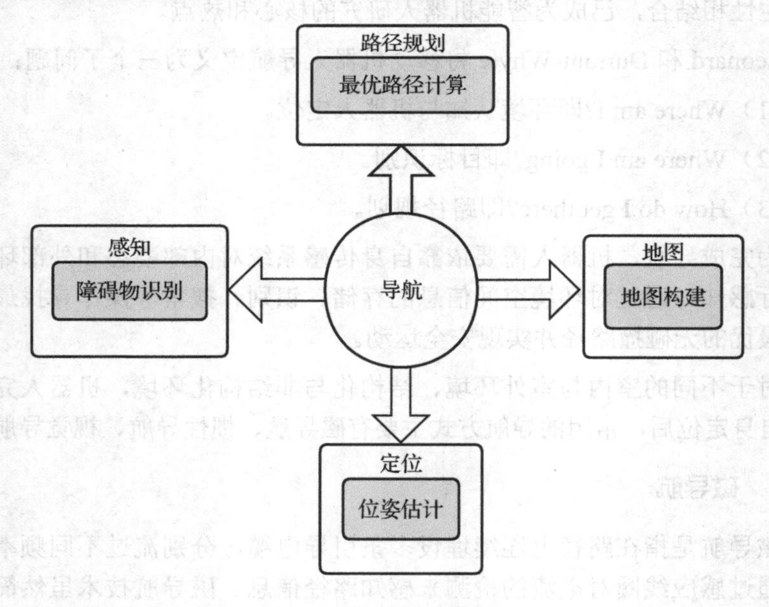

图 4-1 导航要素归纳图

智能机器人的导航系统是一个自主式智能系统，其主要任务是把感知、规划、决策和行动等模块有机地结合起来。图 4-2 给出了一种智能机器人自主导航系统的控制结构。

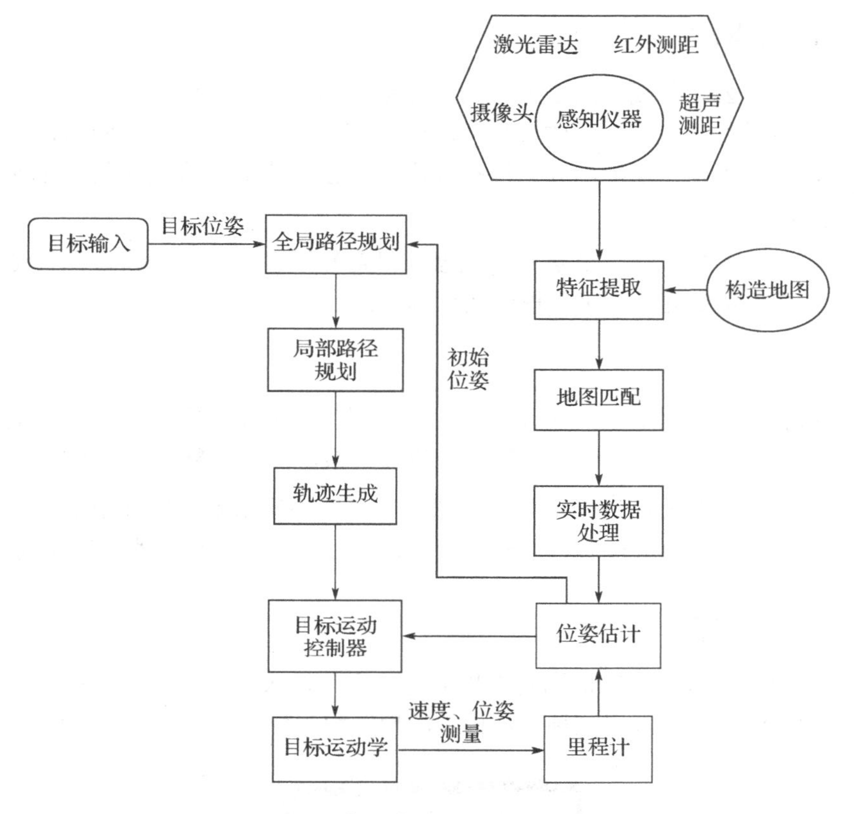

图 4-2　自主导航系统的控制结构

4.3　地图构造

地图用于绝对坐标系下的位姿估计。地图的表示方法通常有 4 种：拓扑图、特征图、网格图及直接表征法。不同的表示方法具有各自的特点和适用范围，其中特征图和网格图应用较为普遍。

4.3.1　拓扑图

拓扑图通常是根据环境结构定义的，由位置节点和连接线组成，如图 4-3 所示。环境的拓扑模型就是一幅连接线图，其中的位置是节点，连接线是边。

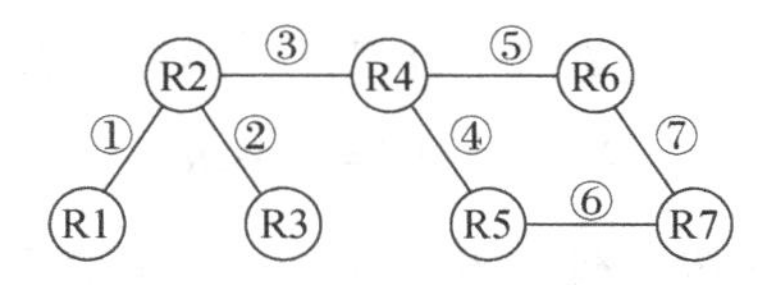

图 4-3　拓扑图

1．基本思想

地铁、公交路线图均是典型的拓扑地图实例，其中停靠站为节点，节点间的通道为边。在一般的办公环境中，拓扑单元有走廊和房间等，而打印机、桌椅等则是功能单元。连接线用于连接对应的位置，如门、楼梯、电梯等。

当机器人离开一个节点时，机器人只需知道它正在哪一条边上行走即可。其具体位置通常应用里程计就可确定。

2．特点

拓扑图的特点：把环境建模为一幅线图，忽略了具体的几何特征信息，不必精确表示不同节点间的地理位置关系，图形抽象，表示方便。

为了应用拓扑图进行定位，机器人必须能识别节点。因此节点要具有明显可区分和识别的标志、信标或特征，并可应用相关传感器进行识别。

4.3.2 特征图

利用环境特征构造地图是常用的方法之一，大多数城市交通图就是采用这种方法绘制的，用这种方法构造的地图称为特征图，如图 4-4 所示。

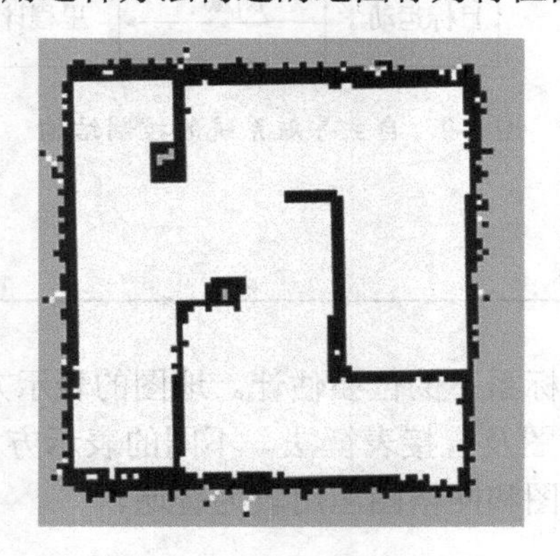

图 4-4 特征图

1．基本思想

在结构化环境中，常见的特征是直线段、角、边等。这些特征可用它们的颜色、长度、宽度、位置等参数表示。

基于特征的地图（特征图）一般用以下特征集合表示：

$$M = \{f_j \mid j = 1, \cdots, n\} \tag{4-1}$$

式中，f_j 是一个特征（边、线、角等）；n 是地图中的特征总数。

机器人所在的位置可以采用激光测距传感器、超声波传感器来确定。

激光雷达能够提取水平直线特征，视觉系统可以提取垂直线段特征，使地图结构更加丰富。

人工标志的定位方法是比较常用的特征定位方法。该方法需要事先在作业环境中设置易于辨别的标识物。当应用自然标信标位时，自然信标的几何特征（如点、线、角等）需要事先给定。

2. 特点

特征图法定位准确，模型易于由计算机描述和表示，参数化特征也适用于路径规划和轨迹控制，但特征图法需要提取特征等预处理过程，对传感器噪声比较敏感，只适于高度结构化环境。

4.3.3 网格图

上面讲到的特征图法的一个缺点是所应用的特征信息必须由精确的模型来描述。除特征图外，还可应用网格图，如图 4-5 所示。

图 4-5　网格图

1. 基本思想

网格图中把机器人的工作空间划分成多个网格，每个网格代表环境的一部分，每个网格都被分配了一个概率值，表示该网格被障碍物占据的可能性大小。

2. 特点

网格图是一种近似描述，易于创建和维护，对某个网格的感知信息可直接与环境中某个区域对应，机器人对所测得的障碍物的具体形状不太敏感，特别适于处理超声测量数据。但在大型环境中或当网格划分比较细时，网格图法计算量迅速增长，需要大量内存单元，使计算机的实时处理变得很困难。

4.3.4 直接表征法

直接表征法是直接应用传感器读入的数据来描述环境的。应用传感器读入的数据本身比特征或网格这一中间表示环节包含了更丰富的环境描述信息。

这种方法记录了来自不同位置及方向的环境外观感知数据，包括某些坐标、几何特征或符号信息，并将这些数据作为在这些位置处的环境特征描述。

直接表征法与拓扑图法在原理上是一样的，差别仅在于该法试图由传感器所获取的数据创建一个函数关系，以便更精确地确定机器人的位姿，如图 4-6 所示。

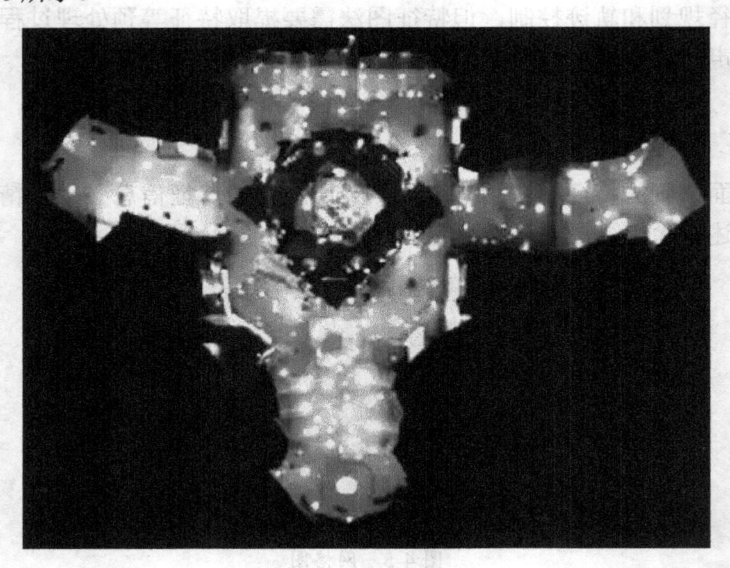

图 4-6 直接表征法

4.3.5 机器人地图构造的意义

【任务】
查找资料，深入理解机器人地图构建的意义。

机器人的发展伴随着我们的生活，激励着我们成长，给人类生活带来了更多的便利。我们应从小热爱科学，相信科学，运用科学，让机器人更好地服务于人类。

机器人的地图构造是机器人系统中必不可缺的内容，这里的地图指的是它所处环境的模型，我们利用一定的算法对所获得的信息进行处理并建立环境模型的过程称为地图构建，如图 4-7 所示。而构造的地图可用于绝对坐标系下的位姿估计。

因此，在机器人定位与地图构造问题中所使用的地图表示方法决定了环境地图的数据结构，也直接影响了定位和地图构造方法。合理的地图表示方法可以提高机器人对环境的理解水平，增强机器人对不同场景的适用性。

图 4-7 地图构造

4.4 定位介绍

定位是指确定机器人在其作业环境中所处的位置。机器人可以通过先验环境地图信息、位姿的当前估计及传感器的观测值等输入信息，进行一定的处理变换，获得更准确的当前位姿。

移动机器人的定位方式有很多种，常用的有采用里程计、摄像机、激光雷达、声呐、加速度计等进行定位。

从方法上来划分，移动机器人定位可分为相对定位和绝对定位两种。

在机器人导航任务中，移动机器人的定位功能可以确定机器人的当前位置，以方便闭环控制或者轨迹规划。一般情况下，定位可以通过 GPS、Wi-Fi 等方式完成。GPS 的定位精度在 3.5m 左右，Wi-Fi 的定位精度则大于 10m。对于机器人、无人汽车而言，这样的精度显然是不可接受的。

激光雷达在 10m 的距离内可以达到 1cm 的精度，双目视觉在 4m 的距离内可以达到 10cm 的精度，与 GPS 相比有一定优势。

【任务】

通过网络课堂学习，了解机器人的定位方式。

1. 从方法上划分，移动机器人定位可分为：

____

____

____

2. 对机器人系统进行定位的意义在于：

____

____

____

4.4.1 相对定位

相对定位又称为局部位置跟踪，要求机器人在已知初始位置的条件下通过测量机器人相对于初始位置的距离和方向来确定当前位置，通常也称航迹推算法。相对定位的优点是结构简单，价格低廉，机器人的位置自我推算，不需要感知外界的信息。其缺点在于漂移误差会随时间积累，不能精确定位。

因此，相对定位只适于短时短距离运动的位姿估计，长时间运动时必须应用其他的传感器配合相关的定位算法进行校正。实现相对定位，主要使用两种方法：里程计法和惯性导航定位法。

1. 里程计法

里程计法是移动机器人定位技术中广泛采用的方法之一。在移动机器人的车轮上安装光电编码器，通过光电编码器记录的车轮转动圈数来计算机器人的位移和偏转角度。

里程计法定位过程中会产生两种误差。

【任务】
查找资料，试分析系统误差和非系统误差的区别。

1）系统误差

系统误差在很长的时间内不会改变，与机器人导航的外界环境没有关系，主要由下列因素引起：

①驱动轮直径不等。

②驱动轮实际直径的均值和名义直径不等。

③驱动轮轴心不重合。

④驱动轮间轮距长度不确定。

⑤有限的光电编码器测量精度。

⑥有限的光电编码器采样频率。

机器人在导航过程中，里程计法的系统误差以常量累积，严重影响了机器人的定位精度，甚至会导致机器人导航任务的失败。

2）非系统误差

非系统误差是在机器人和外界环境接触的过程中，由外界环境不可预料的特性引起的。非系统误差的主要来源如下：

①轮子打滑。

②地面不平。

③地面有无法预料的物体（如石块）。

④外力作用和内力作用。

⑤驱动轮和地板是面接触的而不是点接触的。

对于机器人定位来说，非系统误差是异常严重的问题，因为它无法预测。

非系统误差包括方向误差和位置误差。在考虑机器人的定位误差时，方向误差是主要的误差源。机器人导航过程中小的方向误差会导致严重的位置误差。

轮子打滑和地面不平都能导致严重的方向误差。在室内环境中，轮子打滑对机器人定位精度的影响要比地面不平对机器人定位精度的影响大，因为轮子打滑发生的频率更高。

3）误差补偿

对上述的两种误差，可以利用外界的传感器信息进行补偿。因此，利用外界传感器定位机器人的关键在于提取导航环境的特征并和环境地图进行匹配。在室内环境中，墙壁、走廊、拐角、门等特征被广泛地应用于机器人的定位研究。

广泛应用于机器人定位的外界传感器有陀螺仪、电磁罗盘、超声波传感器、声呐、激光测距仪、视觉系统等。

2. 惯性导航定位法

惯性导航定位法是一种使用惯性导航传感器定位的方法。它通常用陀螺仪来测量机器人的角速度，用加速度计测量机器人的加速度。对测量结果进行一次和二次积分即可得到机器人偏移的角度和位移，进而得出机器人当前的位置和姿态。

用惯性导航定位法进行定位不需要外部环境信息，但是常量误差经积分运算会产生误差的累积，因此，该方法不适用于长时间的精确定位。

4.4.2 绝对定位

绝对定位又称为全局定位，要求机器人在未知初始位置的情况下确定自己的位置。目前主要采用导航信标、主动或被动标识、地图匹配、卫星导航技术或概率方法进行绝对定位，定位精度较高。在这几种方法中，信标或标识牌的建设和维护成本较高，地图匹配技术处理速度慢，GPS 定位只能用于室外，目前精度还很差。绝对定位的位置计算方法包括三视角法、三视距法、模型匹配算法等。

【任务】
查找资料，试分析相对定位与绝对定位的不同。

1. 主动灯塔法

主动灯塔法是指放置在某些地点的信标发送信号以告诉设备它们的位置。设备可以根据这些信标的位置及自身传感器收集到的数据来计算自身位置。主动灯塔法的采样率可以很高，从而产生很高的可靠性。其缺点是安装和维护费用较高。

2. 路标导航定位法

路标导航定位法是指利用环境中的路标，给移动机器人提供位置信息。路标分为人工路标和自然路标。

人工路标是为了实现机器人定位而人为放置于机器人工作环境中的物

体或标志。自然路标是机器人的工作环境中固有的物体或自然特征。两种路标相比较，人工路标的探测与识别比较容易，较易于实现，且人工路标中还可包含其他信息，但需要对环境进行改造；自然路标定位灵活，不需要对机器人的工作环境进行改造。

基于路标的定位精度取决于机器人与路标间的距离和角度。当机器人远离路标时，定位精度较低；当机器人靠近路标时，定位精度较高。另外，不管是人工路标还是自然路标，路标的位置都应是已知的。

3. 地图匹配法

基于地图的定位方法称为地图匹配法。机器人首先运用各种传感器（如超声波传感器、激光测距仪、视觉系统等）探测环境来创建它所处环境的局部地图，然后将此局部地图与存储在机器人中的已知的全局地图进行匹配。如果匹配成功，机器人就计算出自身在该环境中的位置。

4. GPS 定位法

GPS 是适用于室外移动机器人的一种全局定位系统，它是一种以空间卫星为基础的高精度导航与定位系统，是由美国国防部批准研制的，为海、陆、空三军服务的一种新的军用卫星导航系统。该系统由三大部分构成：GPS 卫星星座（空间部分）、地面监控部分（控制部分）和 GPS 信号接收器（用户部分）。GPS 系统能够提供全球性、全天候、实时连续的三维导航定位服务。

现实生活中，GPS 定位主要用于对移动的人、宠物、车及设备进行远程实时定位监控。GPS 追踪器如图 4-8 所示，GPS 定位是结合了 GPS 技术、无线通信技术（GSM/GPRS/CDMA）、图像处理技术及 GIS 技术的定位技术，主要可实现如下功能。

1）跟踪定位

监控中心能 24 小时全天候监控所有被控车辆的实时位置、行驶方向、行驶速度，以便及时地掌握车辆的状况。

2）轨迹回放

监控中心能随时回放近 60 天内的自定义时段车辆历史行程、轨迹记录。（根据情况，可选配轨迹 DVD 刻录服务）

3）报警（报告）

超速报警：当车辆行驶速度超过监控中心预设的速度时，及时上报监控中心。

【任务】
找出 GPS 定位在日常生活中应用的例子，并理解其运行原理。

区域报警（电子围栏）：监控中心设定区域范围，车辆超出或驶入预设的区域会向监控中心报警。

停车报告：监控中心可将车辆的历史停车记录以文字形式生成报表，其中描述了车辆的停车地点、时间和开车时间等信息，并可对其进行打印。

图 4-8 GPS 追踪器（用于汽车、卡车）

GPS 的空间部分由 24 颗 GPS 工作卫星组成，这些 GPS 工作卫星共同组成了 GPS 卫星星座，其中 21 颗为可用于导航的卫星，3 颗为活动的备用卫星。这 24 颗卫星分布在 6 个倾角为 55° 的轨道上绕地球运行。卫星的运行周期约为12恒星时。每颗GPS工作卫星都发出用于导航定位的信号。GPS 用户正是利用这些信号来工作的。

GPS 定位的基本原理是根据高速运动的卫星的瞬间位置作为已知的起算数据，采用空间后方交会的方法，确定待测点的位置。如图 4-9 所示，假设 t 时刻在地面待测点上安置 GPS 接收器，可以测定 GPS 信号到达接收器的时间 Δt，再加上接收器所接收到的卫星星历等其他数据，可以确定以下四个方程。下面四个方程中待测点坐标 x、y、z 和 v_{t_0} 为未知参数，其中 $d_i = c\Delta t_i$（i=1,2,3,4）。

$$[(x_1 - x)^2 + (y_1 - y)^2 + (z_1 - z)^2]^{1/2} + c(v_{t_1} - v_{t_0}) = d_1 \quad (4\text{-}2)$$

$$[(x_2 - x)^2 + (y_2 - y)^2 + (z_2 - z)^2]^{1/2} + c(v_{t_2} - v_{t_0}) = d_2 \quad (4\text{-}3)$$

$$[(x_3 - x)^2 + (y_3 - y)^2 + (z_3 - z)^2]^{1/2} + c(v_{t_3} - v_{t_0}) = d_3 \quad (4\text{-}4)$$

$$[(x_4 - x)^2 + (y_4 - y)^2 + (z_4 - z)^2]^{1/2} + c(v_{t_4} - v_{t_0}) = d_4 \quad (4\text{-}5)$$

d_i（i=1,2,3,4）为卫星 i 到接收器之间的距离。

Δt_i（$i=1,2,3,4$）为卫星 i 的信号到达接收器所经历的时间。

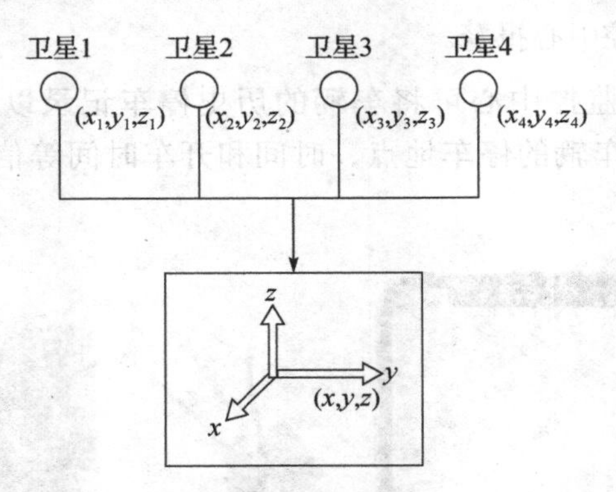

图 4-9　卫星定位示意图

c 为 GPS 信号的传播速度（光速）。

四个方程中各个参数的意义如下：

x、y、z 为待测点的空间直角坐标。

x_i、y_i、z_i（$i=1,2,3,4$）为卫星 i 在 t 时刻的空间直角坐标，可由卫星导航电文求得。

v_{t_i}（$i=1,2,3,4$）为卫星 i 的卫星钟的钟差，由卫星星历提供。

v_{t_0} 为接收器的钟差。由以上四个方程即可解算出待测点的坐标 x、y、z 和接收器的钟差 v_{t_0}。

事实上，接收器往往可以锁住 4 颗以上的卫星，这时，接收器可先按卫星的星座分布分成若干组，每组 4 颗，然后通过算法挑选出误差最小的一组用于定位，从而提高定位精度。

4.4.3　机器人感知

用科技促进社会发展，让智能把生活变得更美好。人工智能的兴起，虚拟世界的创建，无人技术的发展，都在改变着我们的生活。

机器人是通过传感器来感知周围环境的。图 4-10 所示为机器人常用的传感器，从左至右分别是超声波传感器、激光雷达、深度摄像头（与传统摄像头的区别在于加入了深度信息，可以测量像素点与摄像头的距离）。通过这些传感器的数据，就可以对墙壁、路障等障碍物进行感知识别。

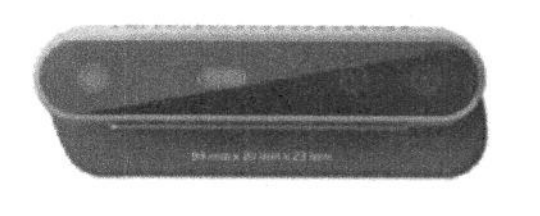

图 4-10 机器人常用的传感器

4.5 机器人定位

自主移动机器人导航过程需要回答三个问题："我在哪里？""我要去哪儿？""我怎样到达那里？"。定位就是要回答第一个问题，确切地，移动机器人定位就是确定机器人在其运动环境中的世界坐标系的坐标。机器人定位可分为相对定位和绝对定位。相对定位又称为局部位置跟踪，机器人是在已知自身初始位置的条件下，通过测量机器人相对于初始位置的距离和方向来确定当前位置的。绝对定位又称为全局定位，要求机器人在初始位置未知的情况下确定自己的位置。

【思考】
查找资料，总结出外部信标定位的优势。

4.5.1 外部信标定位

外部信标定位常用的方法有卫星定位法和环境信标定位法。现在世界上主要的卫星定位系统有美国的 GPS、欧洲的伽利略卫星导航系统、俄罗斯的格洛纳斯卫星导航系统和我国的北斗卫星导航系统。北斗卫星导航系统已经在 2020 年的 6 月 23 日完成了最后一颗组网卫星的发射，这标志着北斗卫星导航系统正式建成。

【小知识】
北斗卫星导航系统

4.5.2 三边定位法

利用信号源到各个监测站的距离，最少通过三个监测站，我们就能确定信号的位置，该方法称为三边定位法（UWB 定位）。如图 4-11 所示，以监测站为中心，距离为半径作圆可以确定信号的位置。

算法推导如下：

（1）建立信标节点与未知节点的距离的方程组：

$$\begin{cases}(x_1-x)^2+(y_1-y)^2=d_1^2\\(x_2-x)^2+(y_2-y)^2=d_2^2\\\quad\vdots\\(x_n-x)^2+(y_n-y)^2=d_n^2\end{cases}\tag{4-6}$$

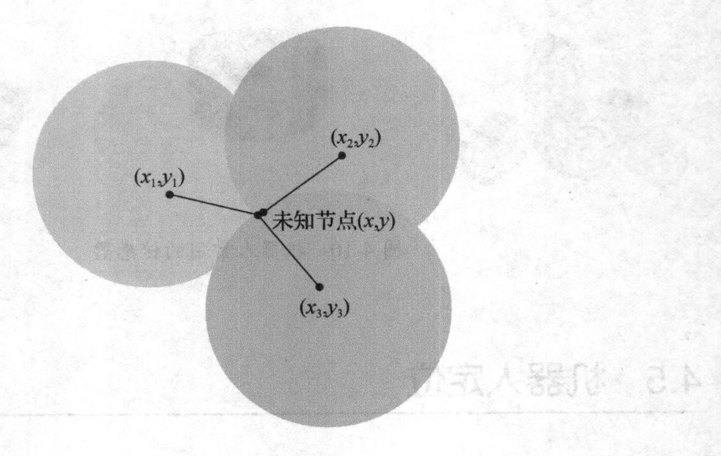

图 4-11 三边定位法

（2）上边的方程组为非线性方程组，用方程组中前 $n-1$ 个方程减去第 n 个方程后，得到线性化的方程：

$$\boldsymbol{AX}=\boldsymbol{b} \tag{4-7}$$

其中

$$\boldsymbol{A}=\begin{bmatrix} 2(x_1-x_n) & 2(y_1-y_n) \\ 2(x_2-x_n) & 2(y_2-y_n) \\ \vdots & \vdots \\ 2(x_{n-1}-x_n) & 2(y_{n-1}-y_n) \end{bmatrix},\quad \boldsymbol{b}=\begin{bmatrix} x_1^2-x_n^2+y_1^2-y_n^2+d_n^2-d_1^2 \\ x_2^2-x_n^2+y_2^2-y_n^2+d_n^2-d_2^2 \\ \vdots \\ x_{n-1}^2-x_n^2+y_{n-1}^2-y_n^2+d_n^2-d_{n-1}^2 \end{bmatrix} \tag{4-8}$$

（3）用最小二乘法求解上边的方程得

$$\boldsymbol{X}=(\boldsymbol{A}^{\mathrm{T}}\boldsymbol{A})^{-1}\boldsymbol{A}^{\mathrm{T}}\boldsymbol{b} \tag{4-9}$$

4.5.3 空间信标定位

为了避免前述航迹推算使定位精度因累计误差而逐步降低，最直观的方法是利用空间中已经布置的参考物进行信标定位。通过观测机器人与这些参照物的相对位置关系即可实现在空间环境中的绝对定位。它的好处是定位误差不会像航迹推算那样持续增加，而是会维持在一个预先定义的误差范围中。

目前行业内典型的信标定位有超宽带（UWB）定位、基于蓝牙的 iBeacon 定位和基于 RFID 标签的定位。以 UWB 定位为例，它的工作原理几乎与 GPS 一致。机器人上安装的信标接收器接收预先布置在环境中的固定信标基站的信号，通过飞行时间（Time of Flight，ToF）法来推测自身与这些基站信标的距离，从而实现空间定位。在典型情况下，UWB 定位可以在室内实现亚米级别的定位精度。图 4-12 为空间信标定位示意图。

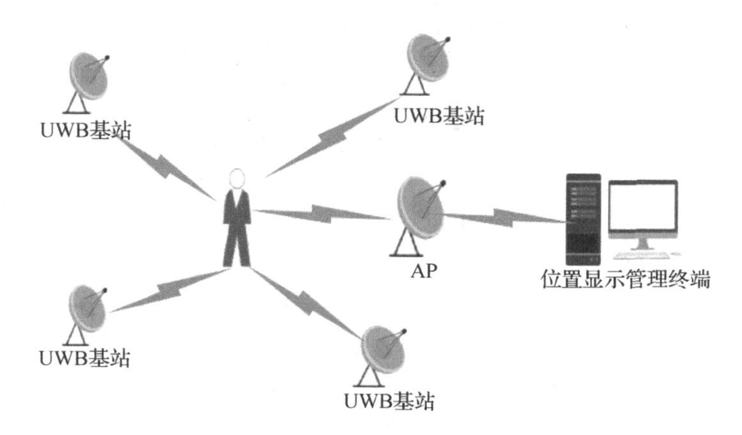

图 4-12 空间信标定位示意图

4.6 自主移动机器人导航定位

目前，应用于自主移动机器人的导航定位技术主要有以下几种。

4.6.1 视觉导航定位

在视觉导航定位系统中，目前国内外应用较多的是基于局部视觉的在机器人中安装车载摄像机的导航方式。

视觉导航定位系统的工作原理，简单来说就是对机器人周边的环境进行光学处理，先用摄像头进行图像信息采集，将采集的信息进行压缩，然后将它反馈到一个由神经网络和统计学方法构成的学习子系统，再由学习子系统将采集到的图像信息和机器人的实际位置联系起来，完成机器人的自主导航定位。

4.6.2 光反射导航定位

典型的光反射导航定位原理：利用激光雷达或红外传感器来测距。激光雷达和红外传感器都是利用光反射技术来进行导航定位的。图 4-13 为激光雷达简图。

激光具有光束窄、平行性好、散射小的优点，激光测距具有方向分辨率高等优点。

典型的红外传感器的工作原理如图 4-14 所示。该传感器包括一个可以发射红外光的固态发光二极管和一个用作接收器的固态光敏二极管。如图 4-14 所示，由红外发光二极管（发送端）发射经过调制的信号，红外光敏二极管（接收端）接收目标物反射的红外调制信号，环境红外光干扰的

【任务】

通过网络课堂学习，了解机器人的自主定位方式。

1. 视觉导航定位系统的工作原理：

______

______

______

2. 光反射在导航中是如何应用的？

______

______

______

消除由信号调制系统和专用红外滤光片保证。

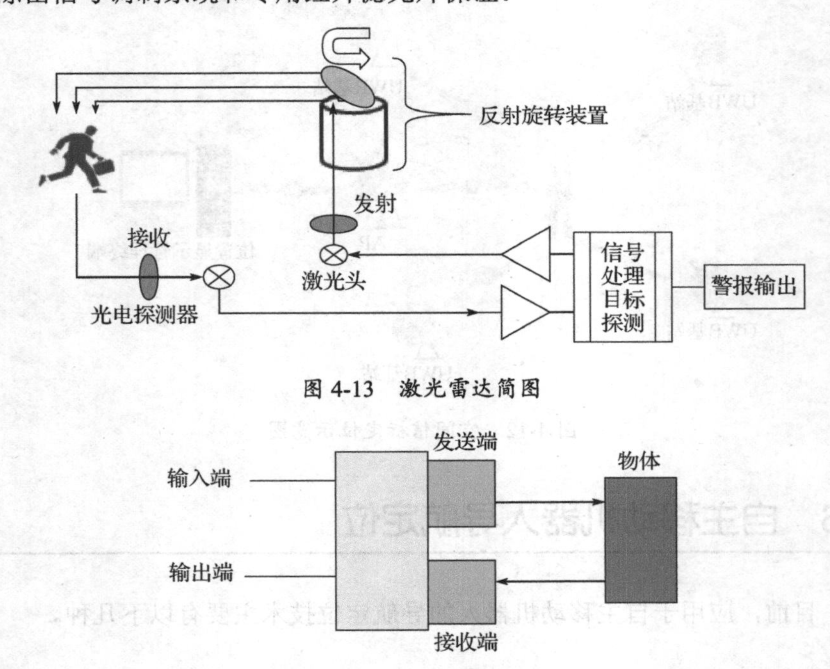

图 4-13 激光雷达简图

图 4-14 典型的红外传感器的工作原理

红外传感定位同样具有灵敏度高、结构简单、成本低等优点。由于其方向分辨率高，而距离分辨率低，因此在移动机器人中，红外传感器常用作接近觉传感器，探测邻近或突发运动障碍，便于机器人紧急停障。

4.6.3 GNSS 定位

GNSS 定位简单来说就是利用空间后方交汇，求解出当前点在坐标系（WGS84）中的绝对位置，前提是用户必须接收到大于或等于 4 颗卫星的信号。经过几十年的发展，基于 RTCM 或 NTRIP 的差分定位得到普遍应用，尤其是 RTK，定位精度可达到厘米级。

优点：无源定位，获取绝对坐标，通过相对定位的方式得到厘米级的定位精度。

缺点：室内无法定位，在室外遮挡情况下，定位精度会显著下降。

4.6.4 超声波导航定位

超声波导航定位的工作原理与光反射导航定位类似，通常由超声波传感器的发射探头发射超声波，超声波在介质中遇到障碍物返回接收装置。通过接收自身发射的超声波反射信号，根据超声波发射及接收的时间差及

传播速度，计算出传播距离 S，就能得到障碍物到机器人的距离，即有

$$S=\frac{T \cdot V}{2} \tag{4-10}$$

式中，T ——超声波发射和接收的时间差；

V ——超声波在介质中传播的速度。

超声波导航定位的优点：成本低廉、信息采集速率快、分辨率高、测距速度快、实时性好；不易受到如天气条件、光照及障碍物阴影、表面粗糙度等外界环境条件的影响。

超声波导航定位的缺点：

①受环境影响大。超声波的传播距离较短，容易受到环境中物体的阻挡和反射，导致定位和导航的精度受到影响。特别是在复杂环境下，如室内或城市中等，可能会出现多径效应和干扰，导致定位和导航的不稳定。

②精度受限。超声波的精度受到多种因素的影响，包括超声波传播的速度，环境的温度、湿度和压力等因素，因此在不同的环境下，超声波的精度会有所不同。此外，超声波的分辨率和精度有限，因此不能够提供非常精确的定位和导航信息。

4.7　路径规划

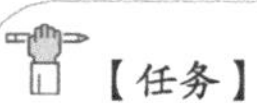

【任务】

结合路径规划相关理论，分析全局路径规划与局部路径规划的主要区别。

工业机器人行业短期的增速放缓并不能改变机器代替人的大趋势。虽然整体上国产品牌相对落后，但在细分领域有望得到突破。从细分领域布局的战略或许是国产机器人企业突破枷锁的正确选择。

路径规划就是按照一定的性能指标（如工作代价最小、行走路线最短、行走时间最短、安全，无碰撞地通过所有的障碍物等），机器人从所处的环境中搜索到一条从初始位置到达目的地的最优或次优路径。

【思考】

为什么机器人系统需要进行路径规划？

4.7.1　工作空间与位形空间

工作空间：移动机器人上的参考点能到达的几何空间，机器人采用位置和姿态描述，并考虑体积。工作空间包括障碍物空间和自由空间。

（1）障碍物空间：不可行的位形集合。在该空间中，机器人会与障碍物发生碰撞。

（2）自由空间：可行的位形集合。在该空间中，机器人将无碰撞地安全移动。

位形空间：机器人成为一个可移动点，不考虑姿态、体积和非完整运动学约束。

4.7.2 路径规划方法

路径规划本身可以分成不同的层次，从不同的方面有不同的划分。根据对环境的掌握情况，机器人的路径规划大致分为以下三种。

1. 基于地图的全局路径规划

基于地图的全局路径规划，是指根据先验环境模型找出从起始点到目标点的符合一定要求的可行路径或最优的路径。

全局路径规划的主要方法有栅格法、可视图法、概率路径图法、拓扑法、神经网络法等。

2. 基于传感器的局部路径规划

基于传感器的局部路径规划，依赖于传感器获得障碍物的尺寸、形状和位置等信息。环境是未知或部分未知的。

局部路径规划算法主要有模糊逻辑算法、遗传算法、人工势场算法等；也可把两类算法结合起来使用，从而有效地实现机器人的路径规划。

在复杂工作环境下进行路径规划时，上述算法会存在一些明显的不足。例如，在足球机器人比赛中，机器人之间不能发生碰撞，因此需要为足球机器人实时规划出一条路径。但上述算法可能存在计算代价过大，有时甚至得不到最优解等问题。

3. 混合型方法

混合型方法试图结合全局路径规划和局部路径规划的优点，将全局路径规划的“粗”路径作为局部路径规划的目标，从而引导机器人最终找到目标点。

现今的路径规划问题具有如下特点。

（1）复杂性。在复杂环境尤其是动态时变环境中，机器人路径规划非常复杂，且需要很大的计算量。

（2）随机性。复杂环境的变化往往存在很多不确定因素。

（3）多约束。机器人的运动存在几何约束和物理约束。几何约束是指受机器人的形状制约，而物理约束是指受机器人的速度和加速度制约。

（4）多目标。机器人在运动过程中对路径性能有多方面的要求，如路径最短、时间最优、安全性能最好、能源消耗最小，但它们之间往往存在冲突。

移动机器人的自动探索，需要对机器人进行路径规划，移动机器人的路径规划问题始于20世纪60年代。路径规划作为机器人导航基本的环节之一，是目前很多技术领域研究的热点，具有广阔的应用前景，而路径规划算法的研究是其中的核心内容。路径规划的主要任务是从一个初始点出发，按照特定的需求，寻找到一系列的动作，在保证无碰撞、安全的情况下，到达任务的目标点。

4.7.3 基于地图的全局路径规划算法

常用的基于地图的全局路径规划算法有Dijkstra算法、A*算法等。

【小知识】

全局路径规划常用算法

1. Dijkstra算法

Dijkstra算法：用来解决单源最短路径问题。给定图 G 和起点 s，通过算法得到 s 到达其他顶点的最短距离。

Dijkstra算法是由贪心思想实现的，首先把起点到所有点的距离存下来找到最短的，然后松弛一次再找出最短的。所谓的松弛操作就是，遍历一次后看以刚刚找到的距离最短的点作为中介点会不会更近，如果更近了就更新距离，这样把所有的点找遍之后就存下了起点到其他所有点的最短距离。

基本思想：对图 $G(V, E)$ 设置集合 S，存放已被访问的顶点，然后每次从集合 V-S 中选择与起点 s 的距离最小的一个顶点（记为 u），访问并加入集合 S。之后，令顶点 u 为中介点，优化起点 s 与所有从 u 能到达的顶点 v 之间的最短距离。这样的操作执行 n 次（n 为顶点个数），直到集合 S 已包含所有顶点为止。

Dijkstra算法案例如图4-15所示。

为了方便理解Dijkstra算法，我们先把所有的有向边全部删掉，从起点开始，灰色表示未被访问的点，白色表示已经被访问的点，设 v_0 到 v_0 的距离为0，v_0 到所有点的距离为无穷大。

如图4-16所示，从 v_0 开始，我们将与 v_0 相连的边全找出来，找到所有边中权值最小的边，并且将与这条边相连的点标记为已经访问，此时，这条边就是 v_0 到 v_1 的最短路径，如图4-17所示（可证明，若这条边不是 v_0 到 v_1 的最短路径，那么一定存在一个中介点使得 v_0 经过中介点到 v_1 的路径最短，那么 v_0 到 v_1 的直接距离一定会比 v_0 到中介点的距离大，这与我们找到的 v_0 到 v_1 是与 v_0 相连路径中的最短路径冲突）。

此时，我们从最新标记已经访问过的点 v_1 出发，找出所有与 v_1 相连的，且以 v_1 为出发点的有向边，并且找到所有有向边中的最短路径，此时我们发现，由 v_0 到 v_3 的直接距离为 4，而 v_0 经过 v_1 为中介点到 v_3 的距离为 3，此时我们更新 v_0 到 v_3 的最短路径，如图 4-18 所示。

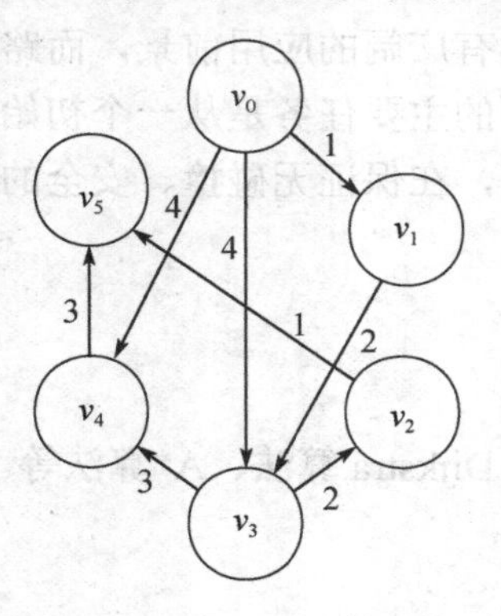

图 4-15　Dijkstra 算法案例

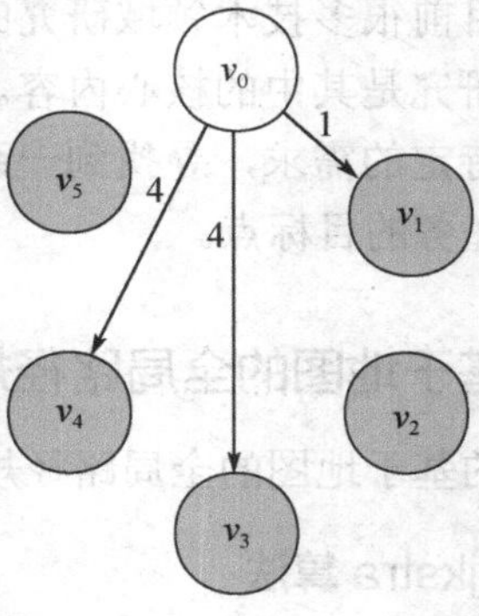

图 4-16　Dijkstra 算法案例第一步

此时，我们发现由 v_0 出发，且与 v_0 距离最短的未被访问的点是 v_3，将 v_3 标记为已经访问。然后，我们将以 v_3 为出发点，将与 v_3 相连的有向边全部找出，如图 4-19 所示。

此时，我们发现由 v_0 直接到 v_4 的路径比 v_0 经过 v_3 到 v_4 的路径要短，因此，我们无须更新 v_0 到 v_4 的最短路径。

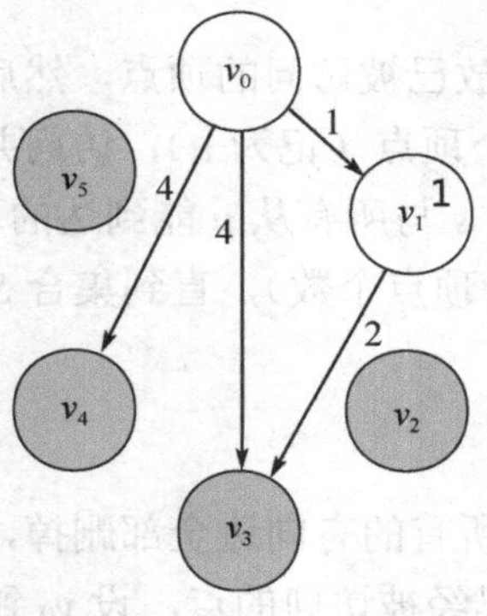

图 4-17　Dijkstra 算法案例第二步

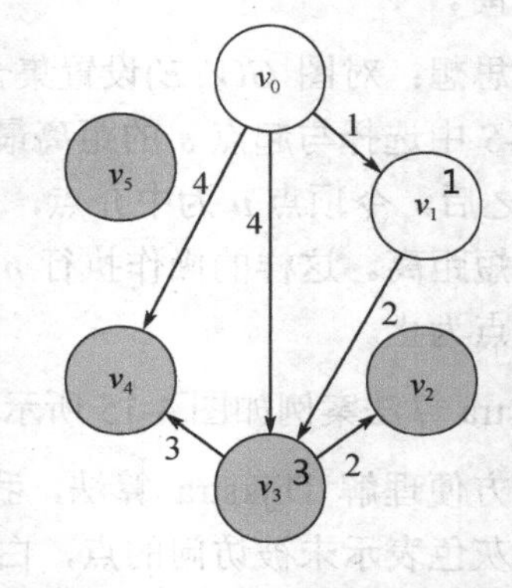

图 4-18　Dijkstra 算法案例第三步

v_0 经过 v_3 到 v_2 的距离由无穷大变为 5，更新 v_0 到 v_2 的最短路径，如图 4-19 所示。

我们发现由 v_0 出发，且与 v_0 距离最短的未被访问的点是 v_4，把 v_4 标记为已经访问，且找出所有以 v_4 为出发点，与 v_4 相连的有向边，我们发现 v_0 经过 v_4 到 v_5 的距离为 7，此时更新 v_0 到 v_5 的最短距离，如图 4-20 所示。

由 v_0 出发到未被访问的点且路径最短，此时找到 v_2，将该点标记为已经访问，且找到以 v_2 为出发点的有向边，此时更新 v_0 到 v_5 的最短距离，如图 4-21 所示。

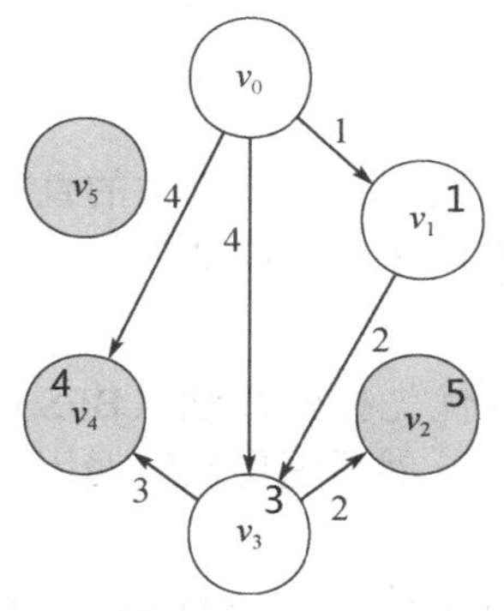

图 4-19 Dijkstra 算法案例第四步

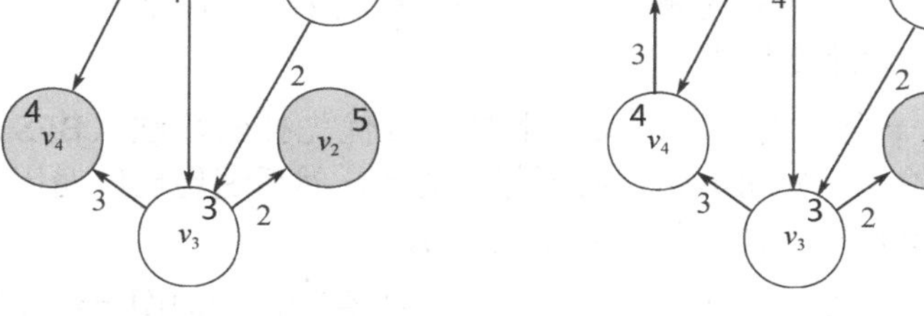

图 4-20 Dijkstra 算法案例第五步

找到未被访问的点，使得 v_0 到该点的路径是所有未被访问点中路径最短的，找到 v_5，标记 v_5 为已经访问，如图 4-22 所示。

【任务】
找出 Dijkstra 算法的一些不足之处。

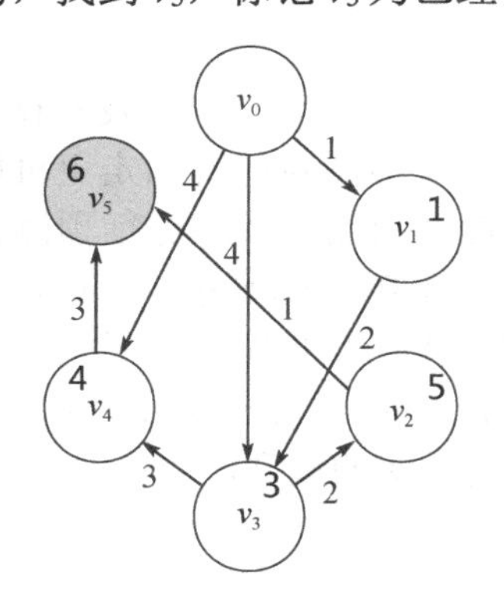

图 4-21 Dijkstra 算法案例第六步

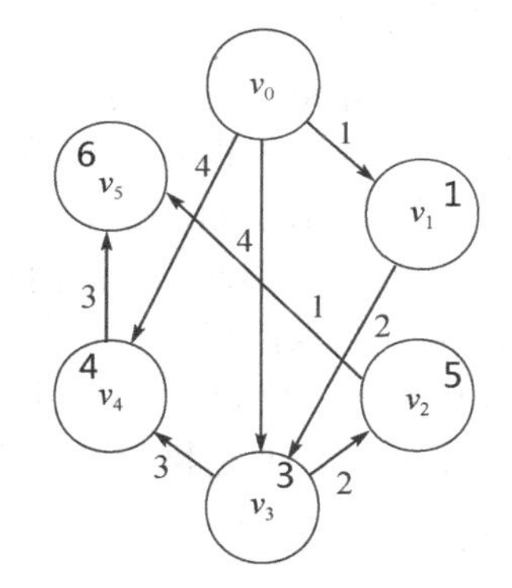

图 4-22 Dijkstra 算法案例第七步

此时 v_0 到其他顶点的最短矩离已经全部更新完成。

Dijkstra 算法的策略：

首先设置集合 S 存放已被访问的顶点，然后执行 n 次下面的两个步骤（n 为顶点个数）：

（1）每次从集合 $V\text{-}S$ 中选择与起点 s 的距离最短的一个顶点（记为 u），访问并加入集合 S。

（2）令顶点 u 为中介点，优化起点 s 与所有从 u 能到达的顶点 v 之间的最短距离。

Dijkstra 算法的具体实现：

（1）集合 S 可以用一个布尔型数组 vis[]来实现，即当 vis[i] == true 时表示顶点 v_i 已被访问，当 vis[i] == false 时表示顶点 v_i 未被访问。

（2）令 int 型数组 d[]表示从起点 s 到达顶点 v_i 的最短距离，初始时除了

起点 s 的 d[s]赋为 0，其余顶点都赋为一个很大的数来表示 inf，即不可达。

2. A*算法

A*（A-Star）算法是一种静态路网中求解最短路径最有效的直接搜索方法，也是解决许多搜索问题的有效算法。算法中的距离估算值与实际值越接近，最终搜索速度越快。

A*算法是一个搜索算法，实质上是广度优先搜索算法（BFS）的优化。从起点开始，首先遍历起点周围邻近的点，然后遍历已经遍历过的点邻近的点，逐步向外扩散，直到找到终点为止。

A*算法的作用是求解最短路径，如在一幅有障碍物的图上移动到目标点，以及八数码问题（从一个状态到另一个状态的最短途径）。

A*算法的思路类似 Dijkstra 算法，采用贪心策略，即“若 A 到 C 的最短路径经过 B，则 A 到 B 的那一段必须取最短”，找出起点到每个可能到达的点的最短路径并记录。

A*算法与 Dijkstra 算法的不同之处在于，A*算法是一个启发式算法，它已经有了一些我们告诉它的先验知识，如“朝着终点的方向走更可能走到”。它不仅关注已走过的路径，还会对未走过的点或状态进行预测。因此，A*算法相较于 Dijkstra 算法而言调整了进行 BFS 的顺序，少搜索了那些不太可能经过的点，可更快地找到到达目标点的最短路径。另外，由于选取的 H（H 值表示预计 A*算法中剩余的代价）不同，A*算法找到的路径可能并不是最短的，但是牺牲准确率带来的是效率的提升。

A*算法的步骤如下。

（1）把开始节点添加到开启列表。

（2）重复如下的工作：

①寻找开启列表中 F 值最小的节点，作为当前节点。

②把它放入关闭列表。

③分析当前节点的所有相邻节点，如果它不可通过或者已经在关闭列表中，则跳过它。反之如下。

【任务】
分析 A*算法在实际应用中可能存在的问题。

如果它不在开启列表中，就把它添加进去，把当前节点作为这一节点的父节点，记录这一节点的 F、G 和 H 值。F 值由 G 值和 H 值组成，其中 G 值表示已经经过的实际代价，H 值表示预计剩余的代价。

如果它已经在开启列表中，以 G 值为参考检查新的路径是否更好。更低的 G 值意味着更好的路径。如果是这样，就把这一节点的父节点改成当前节点，并且重新计算这一节点的 G 和 F 值。如果开启列表始终按 F 值排序，改变之后可能需要重新对开启列表排序。

④停止，通过计算 F 值，可以快速找到从开始节点到目标节点的最短

路径或最小代价路径。

（3）保存路径。从目标节点开始，沿着每一节点的父节点移动直到回到开始节点为止。

3. LPA*算法

2001 年，由斯文·柯尼格（Sven Koenig）和马克西姆·利卡切夫（Maxim Likhachev）共同提出的 Life Planning A*算法（简称 LPA*算法）是一种基于 A*算法的增量启发式搜索算法。

LPA*算法的原理：

搜索起始点为所设起点（正向搜索），以 Key 值的大小作为搜索前进的原则，迭代到目标点为下一搜索点时完成规划；Key 值中包含启发式函数 h 项，它作为启发原则来影响搜索方向；当处于动态环境中时，LPA*算法可以适应环境中障碍物的变化而无须重新计算整个环境，方法是在当前搜索期间二次利用先前搜索得到的 g 值，以便重新规划路径。

其中，Key(n)为一个二维数组：

$$\mathrm{Key}(n)=\begin{bmatrix}k_1(n)\\k_2(n)\end{bmatrix}=\begin{bmatrix}\min(g(n),\mathrm{rhs}(n)+h(n,\mathrm{goal}))\\\min(g(n),\mathrm{rhs}(n))\end{bmatrix} \tag{4-11}$$

式中，$g(n)$ 代表起点到当前点的距离度量；$\mathrm{rhs}(n)$ 为 $\min(g(n')+c(n',n))$，n' 为 n 的父节点；$h(n,\mathrm{goal})$ 为启发项。搜索原则为：优先判断 k_1 大小，若 k_1 小则优先遍历，若 $k_1=k_2$，则选择 k_2 较小的点。

> 【任务】
> 通过对相关内容的学习，写出局部路径规划有关算法的具体特点。
> 1. 动态窗口算法：
> ______
> 2. 时间弹性带算法：
> ______
> 3. 模型预测控制算法：
> ______

4.7.4 基于传感器的局部路径规划

机器人在获得目的地信息后，首先经过全局路径规划得到一条大致可行的路线，然后调用局部路径规划器根据这条路线及 Costmap 的信息规划出机器人在局部时做出具体行动的策略。常用的局部路径规划算法有动态窗口算法（DWA）、时间弹性带（TEB）算法和模型预测控制（MPC）算法等。

1. 动态窗口算法

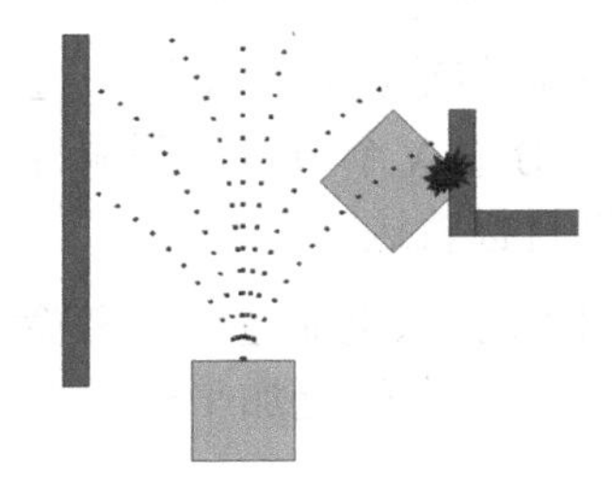

图 4-23 动态窗口算法示意图

动态窗口算法（DWA）在一定程度上采用了粒子滤波的思想，首先在速度空间(v,w)中采样多组速度，然后模拟出这些速度在一定时间内的变化轨迹，并通过评价函数对这些轨迹进行评价，选取最优轨迹对应的速度驱动机器人运动，如图 4-23 所示。

其基本思想包括以下内容。

（1）在机器人的控制空间中离散采样 $(\mathrm{d}x,\mathrm{d}y,\mathrm{d}\theta)$。

（2）对于每个采样速度，从机器人的当前状态执行前向模拟，以预测如果采样速度应用于某个（短）时间段会发生什么。

（3）使用包含以下特征的度量来评估前向模拟产生的每个轨迹：与障碍物的距离、与目标的距离、接近全局路径的程度和速度，排除非法轨迹（与障碍物相撞的轨迹）。

（4）选择得分最高的轨迹并将相关的速度发送到移动基地。

（5）重复执行上述步骤。

2. 时间弹性带算法

时间弹性带（Time Elastic Band，TEB）算法针对全局路径规划器生成的初始轨迹进行后续修正，从而优化机器人的运动轨迹，属于局部路径规划。在全局路径中先以固定的时间间隔插入 N 个状态点，让路径变成一条可以变形的橡皮筋，再给它施加一个约束。每个约束可以看作橡皮筋的外力，给橡皮筋施加力后，橡皮筋会变形，这种变形就源于它内部的优化算法。通过这个优化变形，就会找到满足各种约束的最终可行路径。

在轨迹优化过程中，该算法有多种优化目标，包括但不限于：整体路径长度、轨迹运行时间、与障碍物的距离、通过中间路径点和与机器人动力学、运动学及几何约束的符合性。TEB 算法明确考虑了运动状态下时空方面的动态约束，如机器人的速度和加速度是有限制的。TEB 算法可解决多目标优化问题，大多数目标是局部的，只与一小部分参数相关，因为它们只依赖于几个连续的机器人状态。这种局部结构产生了一个稀疏的系统矩阵，使它可以使用快速、高效的优化技术来解决多目标优化问题。

3. 模型预测控制算法

模型预测控制（Model Predictive Control，MPC）算法与上文提到的 DWA 和 TEB 算法不同，MPC 算法只是一个控制器，在自动驾驶领域，其与 PID 控制器一样，控制器的输入包括车辆下一步的运行轨迹、车辆的当前状态，输出是速度和转角。其与 PID 控制器的不同之处在于，PID 控制器通过实时处理当前车辆轨迹与目标轨迹的差距来调整输出，使车辆轨迹接近目标轨迹，而 MPC 算法先将未来一个时间段 t 分成 N 个节点，预测每个节点的车辆状态，再调整输出使车辆尽可能接近目标轨迹。

相比于 PID 控制器的单输入、单输出特性，MPC 算法更加适用于多输入、多输出的复杂控制系统，通过调整参数，可以使得车辆更加平稳、更接近期望轨迹等。

MPC 算法的原理如下：

1）预测模型

预测模型是 MPC 算法的基础，它能够通过控制系统中被控平台提供的当前系统状态信息，再加上未来的控制输入变量，预测未来的被控平台的状态。预测模型的形式，可以是状态空间方程、传递函数，也可以是阶跃响应模型、脉冲响应模型、模糊模型等。应根据被控对象和需要预测的状态选择合适的预测模型。

2）滚动优化

MPC 算法中的优化与通常的离散最优控制算法不同，它不采用一个不变的全局最优目标，而采用滚动式的有限时域优化策略。在每个采样时刻，根据该时刻的优化性能指标，求解从该时刻起有限时段的最优控制率。计算得到的控制作用序列只有当前值是实际执行的，在下一个采样时刻需要重新求取最优控制率。也就是说，优化过程不是一次离线完成的，而是反复在线进行的，即在每个采样时刻，优化性能指标只涉及从该时刻起到未来有限的时间，而到下一个采样时刻，这一优化时段会同时向前推移。

滚动优化始终在实际的基础上建立新的优化目标，兼顾了对未来有限时域内的理想优化和实际不确定性的影响。这要比建立在理想条件下的传统最优控制更加实际和有效。

3）反馈校正

MPC 算法求解的是一个开环优化问题。在 MPC 算法中，采用预测模型进行过程输出值的预估只是一种理想的方式。对于实际过程，由于存在非线性、时变、模型失配和干扰等不确定因素，基于模型的预测不可能准确地与实际相符。因此，在 MPC 算法中，先通过将输出的测量值与模型的预估值进行比较，可得出模型的预测误差，再利用模型预测误差来校正模型的预测值，从而得到更为准确的将来输出的预测值。

正是这种模型加反馈校正的过程，使 MPC 具有很强的抗干扰能力和克服系统不确定性的能力，可不断根据系统的实际输出对预测输出做修正，使滚动优化既基于模型，又利用反馈信息，从而构成闭环优化控制。

4.8 机器人与无线传感器网络

4.8.1 无线传感器网络基本理论

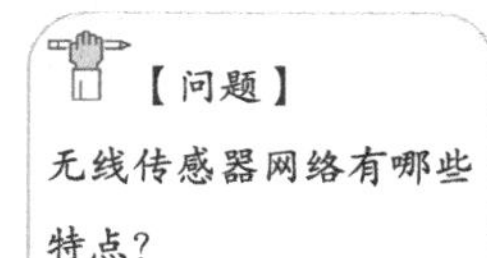

无线传感器网络被认为是继 Internet 之后，对 21 世纪人类生活产生重大影响的 IT 热点技术。无线传感器网络主要由三个部分组成：节点、网关和软件。空间分布的测量节点通过与传感器连接对周围环境进行监控。监

测到的数据通过无线信号发送至网关，网关可以与有线系统相连接，这样就能使用软件对数据进行采集、加工、分析和显示。这些传感器节点能够进行数据收集、数据输送等工作，再通过无线通信构成一个自动化、系统化的组织网络体系。这项技术的优点显著，未来的发展前景十分广阔。

随着微机电系统技术的发展和成熟，传感器节点已经可以做得非常小，微型传感器节点也称为智能尘埃。每个微型传感器节点都集成了传感模块、数据处理模块、通信模块和电源模块，可以按要求对原始数据进行一些简单的计算处理，再发送出去。单个微型传感器节点的能力是微不足道的，但成百上千个微型传感器节点却能带来强大的规模效应，即大量的智能节点通过先进的联网方式，可以灵活、紧密地部署在被测对象的内部或周围，把人类感知的触角延伸到物理世界的每个角落。

一个典型的无线传感器节点由 4 个基本模块组成：传感器模块、处理器模块、无线通信模块和电源模块，其体系结构如图 4-24 所示。

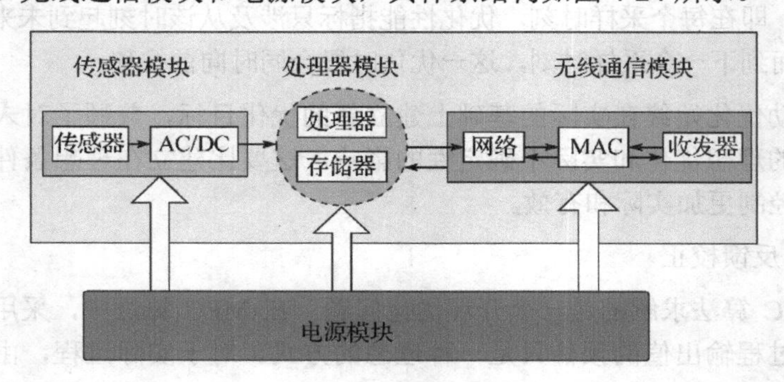

图 4-24 无线传感器节点体系结构

4.8.2 移动机器人在无线传感器网络中的应用

无线传感器网络技术在各个领域都有着广泛的应用，如在军事领域、国防安全领域、环境监测管理领域都发挥着关键性的作用。当今国内外的研究重点是无线传感器节点低功耗平台设计和网络协议等方面，未来无线传感器网络会朝着智能化、微型化发展，从而组建基于无线传感器技术的智能系统，满足低成本、低功耗、易操作、易安装等需求。

在整个实际运用过程中，无线传感器网络的微型传感器节点遍布于工作区域，可通过节点上配置的多种传感器获得位置、光照、温度、振动、电磁等多元化的全局环境信息，这为移动机器人的全局路径规划提供了依据。机器人将无线传感器节点作为路标，根据一定的导航算法选择下一个路标（传感器节点）前往，如此进行迭代，直至到达目标。由于无线传感器网络获得的环境信息是实时的，因此非常有利于机器人在动态变化的环境中，利用实时环境信息进行在线路径规划。

例如，在火灾监控和灭火场合，无线传感器网络可以长时间监控目标区域，一旦发现目标区域出现火情，立刻通知移动机器人赶赴火灾区域，移动机器人在无线传感器网络的支持下，确定火灾的具体位置并扑灭火。Jung 等利用共享的拓扑地图实现多个机器人对多个目标的跟踪。Batalin 等利用网络节点提供的信息实现机器人在大规模室内环境下的导航，是无线传感器网络在机器人领域的典型应用。

一方面，无线传感器网络能够扩展移动机器人的感知空间，提高移动机器人的感知能力，为移动机器人的智能开发、移动机器人之间的合作与协调，以及机器人应用范围的拓展提供了可能；另一方面，由于移动机器人具有机动灵活和自治能力强等优点，可将其作为无线传感器网络的节点，从而很方便地改变无线传感器网络的拓扑结构和改善无线传感器网络的动态性能。

习题4

一、填空题

1．简单来说，导航就是指机器人基于地图，实现________________的过程，这个过程中要求不发生碰撞并满足自身动力学模型（如不超过速度、加速度等限制）。

2．移动机器人导航三个子问题分别为________、________、________。

3．智能机器人的导航系统是一个自主式智能系统，其主要任务是把________、________、________和________等模块有机地结合起来。

4．直接表征法是________________________。

5．从方法上来分，移动机器人定位可分为________和________两种。

6．相对定位又称为局部位置跟踪，要求机器人在已知初始位置的条件下通过________的距离和方向来确定当前位置，通常也称________。

7．非系统误差是________________________________。

8．绝对定位又称为全局定位，要求机器人在________的情况下确定自己的位置。

9．路径规划就是________________________________。

10．利用一定的算法对所获得的信息进行处理并建立环境模型的过程称为________________。

11．地图构造指________________________。

12．移动机器人定位就是________________。

13．典型的光反射导航定位方法主要是利用________或________。

二、判断题（正确的在括号内打“√”，错误的打“×”）

1．磁导航是指在路径上连续埋设多条引导电缆，分别流过不同频率的电流，通过感应线圈对电流的检测来感知路径信息。（　）

2．地图的表示方法通常有3种：拓扑图、特征图、网格图。（　）

3．从方法上来分，移动机器人定位可分为相对定位和绝对定位两种。（　）

4．主动灯塔法是指利用环境中的路标，给移动机器人提供位置信息。（　）

5．路径规划就是按照一定的性能指标，机器人如何从所处的环境中搜索到一条从初始位置开始的实现其自身目的的最优或次优路径。（　）

6．基于传感器的局部路径规划，是指根据先验环境模型找出从起始点到目标点的符合一定要求的可行路径或最优的路径。（　）

7．拓扑地图法用拓扑图中的节点表示环境特征，图中连接节点的弧相当于环境中相邻特征点之间的连接。（　）

8．三边定位法有卫星定位法和环境信标定位法之分。（　）

第5章

智能机器人协作系统

本章主要介绍近年来机器人研究的热点。本章的主要内容是多机器人协作系统，尤其是多机器人的学习能力与协调能力相关知识。

通过学习本章内容，读者应掌握机器人的通信原理、多机器人系统的体系结构和协同机构，熟悉多机器人的通信模型，了解多机器人系统的学习、协调及协同的原则。

5.1 智能机器人通信系统

通信系统是智能机器人个体及群体机器人协调工作中的重要组成部分，通信是机器人之间进行交互、协助和组织的基础。通过通信，多机器人系统中各机器人能了解其他机器人的意图、目标、动作及当前环境状态等信息，进而进行有效的磋商，协作完成任务。

【任务】
通过网络课堂学习，了解机器人通信系统的基本原理。
1. 信道：
____
2. 显式通信：
____
3. 点对点模型：
____

5.1.1 现代通信系统介绍

通信是指利用电子信息技术建立一个信道，通过信道将信息源的信息传输至目的地，此目的地可称为信宿。通俗来讲，通信就是信息的传输与交换，信息可以是语音、文字、图像等。现代通信作为社会的神经系统，严重制约现代社会经济、文化的发展。近些年，随着技术的不断创新与发展，我国的通信技术发展迅速，已经排名世界前列。

传统通信系统的基本模型如图 5-1 所示。

（1）信源：将待传输的消息转换成原始电信号。

（2）发送设备：也称变换器，将信源中发出的原始电信号变换成适合在信道中传输的信号。

（3）信道：传输信息的通道或传输信号的设施，按传输介质的不同，可分为有线信道和无线信道。

（4）接收设备：把从信道上接收的信号变换成信宿可以接收的信号，起着还原信号的作用。

（5）信宿：信息的接收者，可将复原的原始电信号转换成相应的信息。

（6）噪声源：系统内各种干扰的等效集合。

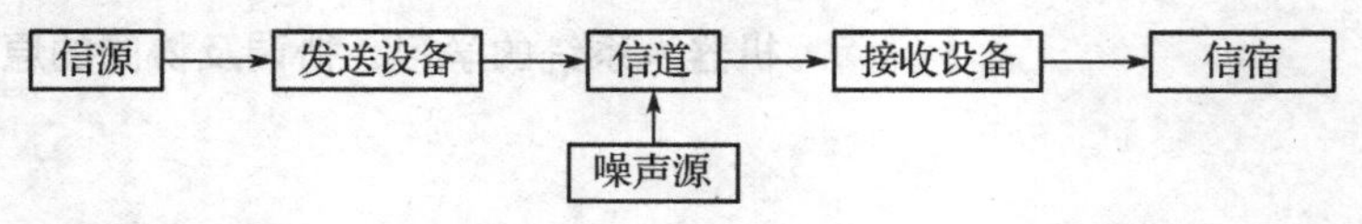

图 5-1 传统通信系统的基本模型

在此模型的基础上，可以将现代通信系统分为以下四大功能模块。

（1）接入功能模块：将语音、图像或数据进行数字化后变换为适合网络传输的信号。

（2）传输功能模块：将接入的信号进行信道编码和调制，变换为适合传输的信号。

（3）控制功能模块：由信令网、交换设备和路由器等部件组成。它的作用是运营计费和数据加密。

（4）应用功能模块：为运营商提供视频、语音、娱乐等业务支持。

5.1.2 机器人通信系统

1. 机器人通信系统概述

机器人通信系统与传统意义上的有线电话网络或者无线蜂窝网络通信系统不同，机器人通信的主体是机器。对于应用在特殊环境的移动机器人的通信系统，需要特别关注以下几方面。

（1）通信系统的稳定性：机器人通信系统需提供较好的通信质量，且能保持较低的网络延迟。

（2）通信系统的能耗：机器人采用自身电池供电，而电池储存的能量有限，所以在设计智能机器人的通信系统时，尽可能采用能量消耗较少的系统设计。

（3）通信模块的体积：为了方便安装和检修，模块的体积应该尽量小。

通信作为机器人之间信息交互的一种重要手段，可使机器人更好地了解其他机器人的意图、动机，并获取更大范围内的环境信息，有利于其做出正确的决策，降低冲突发生的可能性。从广义上来讲，机器人之间的通信一般分为显式通信和隐式通信两类。

显式通信是指多机器人系统利用特定的通信介质，通过某种共有的规则和方式实现信息的传递。显式通信包括直接通信和间接通信两种。直接通信：要求发送者和接收者保持一致，即通信时发送者和接收者需同时在线。因此，直接通信需要一种通信协议。而间接通信不需要发送者与接收者保持一致。例如，广播就是一种间接通信类型，它不要求一定有接收者，也不保证信息能正确地传送给接收者。监听是另一种类型的间接通信，它侧重于信息接收者接收信息的方式。

隐式通信系统通过外界环境和自身传感器来获取所需的信息并实现相互之间的协作，机器人之间不直接进行信息交换。例如蚂蚁觅食（见图 5-2），当蚂蚁感知周围有食物后，会释放相关的信息素通知其他蚂蚁。而其他蚂蚁在环境中搜寻同伴留下的信息素，通过信息素来交互完成协作。

图 5-2 蚂蚁觅食

2. 机器人常用的通信模型

目前，机器人常用的通信模型有客户/服务器模型（Client/Server，下面简称 C/S 模型）和点对点模型（Point-to-Point，下面简称 P2P 模型）。

下面介绍这两种通信模型。

1）C/S 模型

在C/S模型（见图5-3）的通信系统中，各种进程的通信必须通过中心服务器中转，所有客户进程与服务器进程进行双向通信，客户进程间无直接通路，因而不能直接通信。C/S 模型通常适用于需要集中控制的应用场合，中心服务器了解各个客户的实际需求，有利于对客户进程进行管理及实现通信资源的合理分配与实时调度。另外，C/S 模型结构简单、易于实现，便于错误诊断及系统维护。

C/S 模型的缺点在于系统的所有数据都必须经中心服务器中转，导致中心服务器的工作负荷过大，客户进程间的通信效率降低，所以服务器性能和网络带宽有可能成为影响系统性能的瓶颈；另外，中心服务器不能正常工作可能会导致整个系统崩溃，因此，基于C/S模型的通信系统的可靠性较差，难以适应多机器人实时通信的要求。尽管C/S模型在可靠性方面存在缺陷，但在软实时应用或系统可靠性有保障的情况下，C/S 模型仍然是一个不错的选择。在实际应用中，一些基于C/S模型的系统已经开发出来，例如卡内基-梅隆大学的研究者开发了适于机器人多任务处理的进程间通信软件包，其最初版本称为 TCA（Task Control Architecture），该软件包正是基于C/S模型的，它采用TCP（Transmission Control Protocol）开发成功。

2）P2P 模型

出于对 C/S 模型缺点的考虑，人们提出了点对点（P2P）模型，它将通信模型由中心结构变为分布式结构，这样一个通信节点进程的出错将不会影响其他节点的进程，有助于提高系统的可靠性；另外，节点间通信不经过中心服务器转发，而是直接进行通信，提高了通信效率。图5-4为P2P模型的结构示意图。

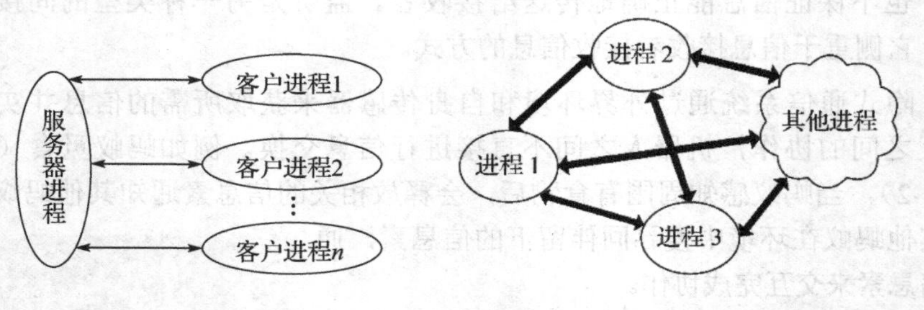

图 5-3 C/S 模型　　　图 5-4 P2P 模型的结构示意图

P2P 模型的结构类似于网络模型中的全互连模型，适用于计算进程完全对等的系统。这种模型的特点是：两两计算进程间存在直接通路，可进行直接通信；系统运行不依赖于模型中的某个节点，因此系统负载较为均衡，可靠性较好。然而，P2P 模型并不适用于包含控制、调度、管理等任务的应用场合。需要说明的是，分布式问题的求解是多机器人系统研究中的重点内容之一，人们通常先将待解决的问题分解为若干子问题，然后分别交给各机器人求解，各机器人之间相互协作以完成最终问题的求解。由于不同的机器人执行任务是按顺序的，而且不同的机器人对资源的要求也不一样，因此人们希望有一种机制能对系统资源进行可预计的统一分配、管理和调度。如果采用 P2P 模型来实现这一机制，由于各机器人的对等特性，每个机器人都要保存自身的状态信息，这无疑增加了本地存储的负担，而且机器人内部状态的任何变化都必须及时通知其他机器人，这样又增加了网络通信的负担。最后，每个机器人都必须处理和调度相关的计算任务，进而增加了系统负担。这样，P2P 模型所具有的优势就丧失殆尽，而且系统的维护和自诊断都存在一定的困难。

5.2　多机器人系统

随着机器人技术的发展及生产实践的需要，人们对机器人的需求不再限于单个机器人，研究人员对由多个机器人组成的系统越发感兴趣。

相较于国外对于多机器人系统的研究，国内在该领域的研究工作起步较晚，但目前相关研究也在逐步增多，例如，中国科学院沈阳自动化研究所是国内研究多机器人系统比较早的、研究内容也比较全面的科研单位，该所的机器人研究实验室建立的多机器人协作装配实验系统（MRCAS）是以多机器人装配为背景的，并且在此实验系统的基础上开展多个机器人协作的实验研究。上海交通大学基于多机器人系统的理论，专门从事微型工厂中多个微小机器人的合作与协调的研究。不过，相比于国外，国内的大部分研究工作仍然停留在仿真和实验室阶段。

5.2.1　多机器人系统的优点

与单个机器人相比，多机器人系统具有许多优点。

【问题】
通过网上相关视频了解多机器人系统。

（1）单个机器人不能完成某些任务，这些任务必须依靠多个机器人才能完成。例如，让移动机器人搬运一个重物，对于这样的任务也许可以设计一个能力特别强的机器人来完成，但从设计的复杂性和成本等方面来考虑，这样的方案不如让多个简单的机器人组成系统来协作搬运。还有一些任务，如执行战术、足球比赛等，必须要由一个机器人团队而非单个机器人来完成。

（2）对于可以分解的任务来说，多个机器人可以分别并行地完成不同的子任务，这比单个机器人完成所有子任务要快得多。也就是说，多机器人系统可以提高工作效率。对未知的区域建立地图、对某些区域进行探索均属于这类任务。

（3）对于多机器人系统来说，可以将其中的成员设计为完成某项任务的“专家”，而不是设计为完成所有任务的“通才”，这样使得机器人的设计有更大的灵活性，完成有限任务的机器人可以设计得更完善。

（4）如果成员之间可以交换信息，多机器人系统可以更有效和更精确地进行定位，这对户外作业的机器人尤其重要。

（5）多机器人系统中的成员相互协作可以增加冗余度，消除失效点，增强解决方案的可靠性。例如，装配有摄像机的多机器人系统要建立某动态区域的基于视觉的地图，则某个机器人的实效不会对全局任务产生很大的影响，因此，这样的系统可靠性更强。

（6）多机器人系统与单个机器人相比，可以提供更多的解决方案。

5.2.2 多机器人系统的研究方向

经过二十几年的发展，多机器人系统的研究虽然在理论和实践方面取得了许多进展。但从总体上来说，多机器人系统的研究还处于初级阶段，距离实用还有一定的差距。以下对多机器人系统的几个研究领域进行分析。

如图 5-5 所示，多机器人系统的研究方向主要分为体系结构、感知、通信和协同规划。

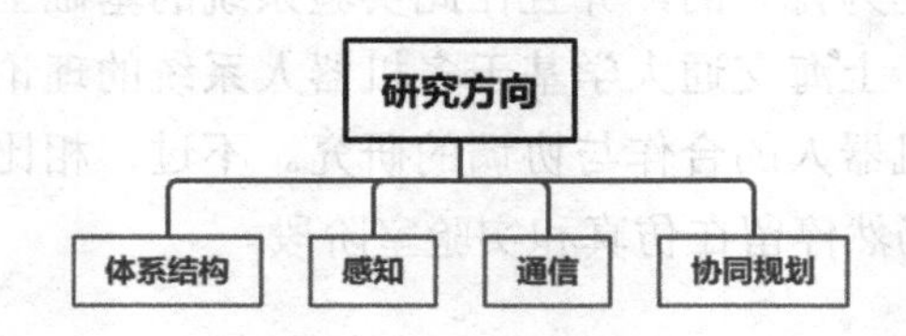

图 5-5 多机器人系统的研究方向

1. 多机器人系统的体系结构

多机器人系统的体系结构是指系统中各机器人之间的信息关系和控制关系，以及问题求解任务的分布模式，它定义了整个系统内的各机器人之间的相互关系和功能分配，确定了系统和各机器人之间的信息流通关系及其逻辑上的拓扑结构，决定了任务分解和角色分配、规划及执行等操作的运行机制，提供了机器人活动和交互的框架。

多机器人系统的体系结构可以分为集中式、分散式两种。

1）集中式结构

集中式结构中有一个主控机器人，主控机器人负责规划和决策，其他机器人负责执行规划任务，如图 5-6（a）所示。集中式结构的优点在于，理论背景清晰，实现起来较为直观，但存在以下缺点。

①容错性差：一个机器人的简单的错误可能会造成整个系统的瘫痪。

②灵活性差：当系统中机器人的个数增减时，原有的规划结果无效，需要重新进行规划。

③适应性差：由于在实际环境中所有信息对于主控机器人并不完全已知，因此主控机器人在复杂多变的环境中无法保证各受控机器人快速地响应外界的变化，以做出适当的决策，因此该结构不适合动态、开放的环境。

④通信瓶颈问题：集中式结构还存在主控机器人和其他机器人之间的通信瓶颈问题。

2）分散式结构

分散式结构可以划分为分层式结构和分布式结构。

分布式结构如图 5-6（b）所示，它没有主控机器人，各机器人之间的关系是平等的，机器人均能通过通信等手段与其他机器人进行信息交流，自主地进行决策。这种结构具有灵活性和适应性强的优点，并以其故障冗余、可靠性高等诸多优点引起人们的研究兴趣。

但是，分布式结构要注意避免各个体片面强调“个性”，以自我为中心，过分强调自己任务的重要性而导致占有资源过多的情况，使得任务完成的效率低下。

分层式结构与分布式结构的不同之处在于前者存在局部集中，如图 5-6（c）所示，它是介于集中式结构与分布式结构之间的一种混合结构。

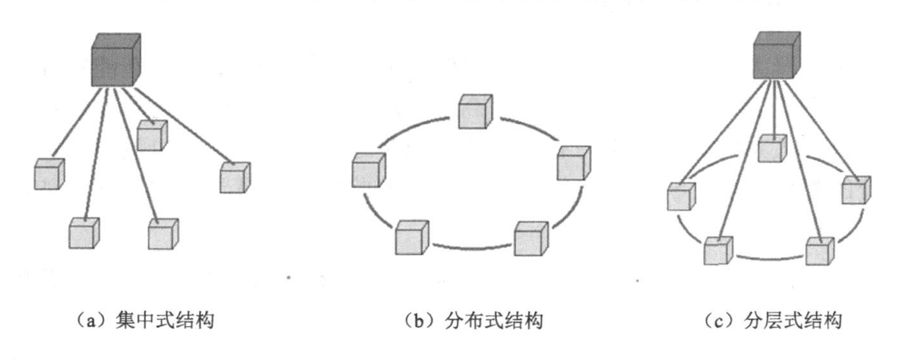

（a）集中式结构　（b）分布式结构　（c）分层式结构

图 5-6　多机器人系统的体系结构

2. 多机器人系统的感知与通信

多机器人系统的感知包括感觉和理解两方面。在多机器人系统中，由于各机器人分散于环境中，整个系统获取的信息更加丰富。在一些需要多个机器人合作的工作中，各机器人不仅需要处理本身传感器所获得的信息，还要将其他机器人的传感信息与自身传感信息进行融合，以获得对外部环境的正确理解。

【问题】
通过扩展阅读回答隐式通信用于那些环境。

多机器人系统的通信是机器人之间进行交互和组织的基础。利用通信，多机器人系统中的机器人可以了解彼此的运动意图、目标和动作，以及当前的环境状态等信息，从而进行有效的协商，合作完成各项任务。多机器人系统的通信方式有显式通信、隐式通信和混合式通信。由于显式通信和隐式通信各具优势，通常将两者结合使用。隐式通信用于低层协作，而显式通信用于上层协调。

下面举一个例子，便于读者更深入地理解多机器人系统的感知和通信。

如图 5-7 所示，首先，左边框里的两个机器人，一个感知到有花，并把花的位置标记为 1 号位，另一个机器人感知到有狗，并把狗标记为移动障碍物；然后，利用通信系统交互，进行信息融合后，通知其他机器人，注意在 1 号位避开障碍物，还要注意脚下的移动障碍物。

图 5-7 多机器人系统的感知与通信

3. 多机器人系统的学习

多机器人系统通过学习可以获得较强的适应性和灵活性等智能特性。对于单个机器人而言，学习可以提高、扩展单个机器人的技巧和能力；对于多机器人系统而言，学习有助于改善成员之间的一致性和协调性，提高系统的整体性能。机器人之间的通信使得彼此可以共享学到的知识，加速学习过程，提高学习效率。

多机器人系统作为一个群体进行学习时，依据不同的学习目的，其内部存在以下学习类型：

（1）机器人某种特定能力的学习，如通过学习，某机器人可以将某种任务完成得更好。

（2）对群体组合特性的学习，如某几个机器人作为一组可以更好地进行工作。

（3）对任务模式的学习，如如何合理分解给定任务、如何确定子任务的合理执行顺序。

（4）对环境特性的学习，以帮助多机器人系统进行任务和资源的合理分配。

多机器人系统的学习一般可以分为 3 个阶段：

（1）在学习开始前的数据收集阶段。

（2）学习进行时，单个机器人依赖局部数据进行学习，同时通过通信将部分学习成果与其他机器人共享的阶段。

（3）局部学习完成后，各机器人共享并综合其学习所得的数据和知识，形成最终学习成果的阶段。

由于环境、任务的复杂多变，多机器人系统需要通过学习来适应外部或内部的变化。在这一动态过程中，多机器人系统除需要选取适当的学习算法外，还需要在恰当的时候决定是否开始学习、是否停止学习等。所有这些多机器人系统的学习算法及其相关知识的研究对于多机器人系统都是重要和具有现实意义的。

4. 多机器人的协调

对于多机器人系统的协调协作，现在还没有统一的定义。总体上讲，协调与协作反映了在多机器人系统不同层次上对系统控制与交互提出的不同要求。W. A. Rausch 等在研究中提出多机器人系统不同层次的协调协作关系：隐含协作关系，指机器人按其自有的规划模型与其他机器人协作，考虑其他机器人规划的影响；异步协作关系，指多个机器人在同一环境中存在相互干涉的条件下为完成各自目标而协作；同步协作关系，指多个机器人为完成一个共同的目标而协作。

多机器人协调控制如图 5-8 所示。

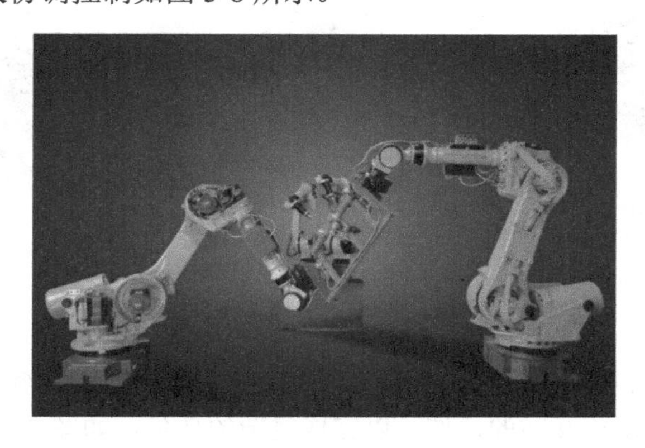

图 5-8 多机器人协调控制

5.2.3 几种典型的多机器人系统

（1）群智能机器人：由若干无差别的自治机器人组成的分布式系统，它主要研究如何使能力有限的单个机器人通过交互产生群体智能。

此系统类似于蚂蚁、蜜蜂等昆虫群体，虽然它们个体能力有限，但是当它们组成一个群体时，会呈现出有序智能的行为，便可有效地抵御天敌、寻觅食物等，如图 5-9 所示。

图 5-9 群智能机器人与群智能生物

（2）可重构机器人：以具有不同功能的标准模块为组件，根据任务的需要对这些模块进行组合，进而形成具有不同功能的系统。

如图 5-10 所示，通过改变机器人个体或模块的连接方式，可使其组成不同的形态，完成特定的操作任务。

图 5-10 可重构机器人

（3）协作机器人：由多个具有一定智能的自治机器人组成，机器人之间通过通信实现相互间的协作，以完成复杂的任务，如图 5-11 所示。

图 5-11　协作机器人

5.2.4　多机器人协同运行

在实际环境中，通常会由多个移动机器人完成一个或多个任务。为了实现这个目标，可以使用多机器人路径规划技术及一个多机器人协同运行控制器。在多机器人路径规划完成后，就会得到所有机器人运行的路径，且这些路径点都有相对时间属性，通过相对时间就可以确定机器人通过路口的先后顺序。

为了让机器人在实际环境中运行，运行控制器以时间先后顺序作为约束条件同时对所有机器人做速度规划，完成速度规划后，给所有机器人一个启动信号，让机器人以规划好的速度运行。这样做的缺点非常明显，如果机器人中途遇到障碍物，就需要重新进行速度规划。当机器人比较多的时候难以保证启动信号的同步性，特别是在实际环境中通信延时的情况下，因此这种方式是不可取的。比较可行的方法是将时间先后顺序转变成位置约束，也就是说，一个机器人能够继续运行的条件是另一个或多个机器人已经到达了相应的位置。

以下将通过一个简单的例子介绍这个方法的实现过程，如图 5-12 所示。图 5-12 为 2×5 的栅格地图，黑色栅格为不可达区域，1 号机器人位于栅格 a，其目标位置为栅格 e，2 号机器人位于栅格 b，其目标位置为栅格 d。

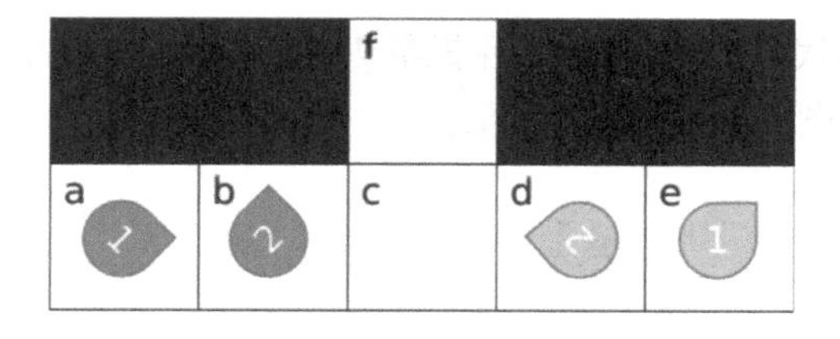

图 5-12　栅格地图

从图 5-12 中可以看到 1 号机器人将被 2 号机器人阻挡，普通的路径规划无法解决这个问题，在使用 CBS 后，2 号机器人将进入栅格 f 避让 1 号机器人，从而完成路径规划，于是得到如表 5-1 所示的路径，各机器人路径点按照位置先后确定时刻点，即时间先后顺序。

表 5-1 机器人路径规划表

相对时刻	1	2	3	4
1 号机器人的路径	b	c	d	e
2 号机器人的路径	c	f	c	d

虽然得到了机器人各自的路径，但如果 1 号机器人先于 2 号机器人启动，将会发生相撞的情况，而且实际环境中机器人的速度不相同，还存在原地旋转的情况，如果不添加启停约束，就算完成了多机器人路径规划同样无法保证机器人不相撞。通过观察可以知道，如果 2 号机器人到达栅格 c 后，1 号机器人从栅格 a 开始运行到栅格 b，当 2 号机器人运行到栅格 f 后，1 号机器人从栅格 b 开始运行到栅格 c，依照此方式运行，最终可以使各机器人到达各自的目标位置。具体的伪代码参考如下：

去掉各机器人路径中位置重复的路径点，保留时刻最小的路径点。

1. for i in [0, 1, 2,⋯,n−2]

2. for j in [i+1,i+2,⋯,n−1]

3. for p_i in 第 i 个机器人的路径点：

4. for p_j in 第 j 个机器人的路径点：

5. if p_i 和 p_j 的位置相等：

6. if 路径点 p_i 的相对时刻小于路径点 p_j 的相对时刻：

7. 添加机器人 j 在路径点 p_j-1 能够启动的条件是机器人 i 到达了路径点 p_i+1

8. else:

9. 添加机器人 i 在路径点 p_i-1 能够启动的条件是机器人 j 到达了路径点 p_j+1

通过上述伪代码，可以得到各机器人运行的约束，并将这些约束形成一个约束图，如图 5-13 所示。

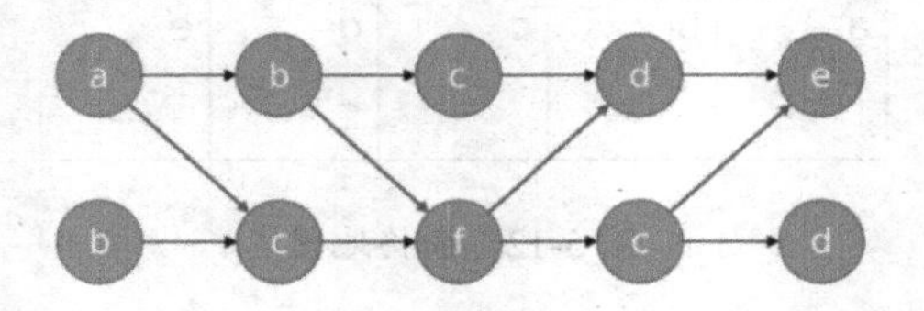

图 5-13 约束图

图 5-13 可以通俗地解释为：

1 号机器人在栅格 a 开始运行的条件为 2 号机器人到达栅格 c；

1 号机器人在栅格 b 开始运行的条件为 2 号机器人到达栅格 f；

2 号机器人在栅格 f 开始运行的条件为 1 号机器人到达栅格 d；

2 号机器人在栅格 c 开始运行的条件为 1 号机器人到达栅格 e。

大致的运行效果为：2 号机器人缓慢地旋转并朝栅格 c 移动，当 2 号机器人到达栅格 c 并向栅格 f 移动时，1 号机器人从栅格 a 运行到达栅格 b，当 2 号机器人到达栅格 f 时，1 号机器人从栅格 b 开始运行，依次经过栅格 c、d，到达目标栅格 e。在这个过程中，当 1 号机器人到达栅格 d 时，2 号机器人从栅格 f 开始朝栅格 c 运行，当 1 号机器人到达栅格 e 时，2 号机器人从栅格 c 开始朝栅格 d 运行，最终到达目标栅格 d。

5.3 多智能体系统

多智能体系统（Multi-Agent System，MAS）是由在一个环境中交互的多个智能体组成的计算系统。多智能体系统是分布式人工智能的一个重要分支，研究它的目的在于解决大型、复杂的现实问题，而解决这类问题已超出了单个智能体的能力。

5.3.1 多智能体系统的基本概念

1. 定义

智能体（Agent）指具有自治性、社会性、反应性和预动性等基本特性的实体，可以看作相应的软件程序或者一个实体（如人、车辆、机器人等），它嵌入环境中，通过传感器感知环境，通过效应器自治地作用于环境并满足设计要求。

在不同的文献中多智能体系统有不同的定义（所涵盖的内容大体相同）：

（1）多智能体系统由一系列相互作用的智能体构成，内部的各个智能体之间通过相互通信、合作、竞争等方式，完成单个智能体不能完成的大量而又复杂的工作。

（2）多智能体系统是指由多个自主个体组成的群体系统，其目标是通过个体间的相互通信和交互作用完成特定任务。

（3）多智能体系统，是指大量分布配置的自治或半自治的子系统（智能体）通过网络互联所构成的复杂的大规模系统，它是“系统的系统”（System of System）。

（4）多智能体系统是由多个智能体及其相应的组织规则和信息交互协议构成的，能够完成特定任务的一类复杂系统。

2. 特点

多智能体系统的目标是让若干个具备简单智能且便于管理控制的系统通过相互协作能实现复杂智能，使得在降低系统建模复杂性的同时，提高系统的稳健性、可靠性、灵活性。

多智能体系统主要具有以下特点：

（1）自主性。在多智能体系统中，每个智能体都能管理自身的行为，并做到自主的合作或竞争。

（2）容错性。多个智能体可以共同形成系统以完成独立或者共同的目标，如果某几个智能体出现故障，其他智能体将自主地适应新的环境并继续工作，不会使整个系统陷入故障状态。

（3）灵活性和可扩展性。多智能体系统本身采用分布式设计，智能体具有高内聚、低耦合的特性，使得系统表现出极强的可扩展性。

（4）协作能力。多智能体系统是分布式系统，智能体之间可以通过合适的策略相互协作，完成全局目标。

5.3.2 应用领域

目前多智能体系统已在共享经济、公共安全、金融预测、智能制造、智慧城市等领域广泛应用。比如，智能制造可以利用前沿的信息和技术，更好地适应动态的市场需求，其中最主要的组成部分就是具备了学习能力的智能生产机器。智能生产机器不再简单地重复机械操作，它具备与周边环境交互和学习的能力。一条生产线上所有的智能生产机器组成了一个多智能体系统，各智能生产机器有各自的局部目标，同时整个生产线的效率将由所有智能生产机器的合作决定，从而使这些机器人自主地学习出最优的生产方式。

5.3.3 一致性问题

多智能体协调控制的基本问题包括一致性控制、会合控制、聚结控制和编队控制等。多智能体系统达到一致是实现协调控制的首要条件，受到学者的广泛关注。以下主要介绍一致性。

一致性是指多智能体系统中的个体在局部协作和相互通信的条件下，调整自己的行为，最终使得每个个体均能达到相同的状态，它描述了每个智能体与其相邻的智能体的信息交换过程。

数学表达式描述为：假设多智能体系统中有 n 个智能体，第 j 个智能体的状态用 x_j（$j=1,2,\cdots,n$）表示，如果 $t\to\infty$，对 $\forall i\neq j$，有 $\|x_j-x_i\|\to 0$，则称系统达到了一致。

由定义可知，多智能体一致性的基本要素有三个，分别是具有动力学特征的智能体；智能体之间用于信号传输的通信拓扑；智能体对输入信号的响应，即一致性协议。

多智能体一致性问题的研究历程，如图 5-14 所示，可分为三个阶段。

（1）第一阶段是群集现象模拟阶段。在这一时期，学者通过观察自然界中生物群体的现象，对这种群体行为进行模拟，挖掘多智能体系统背后的机理模型，其中两个最著名的模型是 Boid 模型和 Vicsek 模型。

（2）第二阶段是理论体系建立阶段。首先对 Vicsek 模型进行线性化，然后进行分析，得出其一致性条件。随后，Olfati-Saber 和 Murray 建立了一致性的基本框架，并将图论、矩阵论、非线性理论等相关知识引入多智能体系统一致性的研究中，打下了坚实的理论基础。

（3）第三阶段是理论完善和实际应用阶段。在这一时期，一部分学者针对已有实物构建模型，并对其一致性进行理论研究；另一部分学者着手构建新型的智能体协同系统并将它应用于实际生活中。

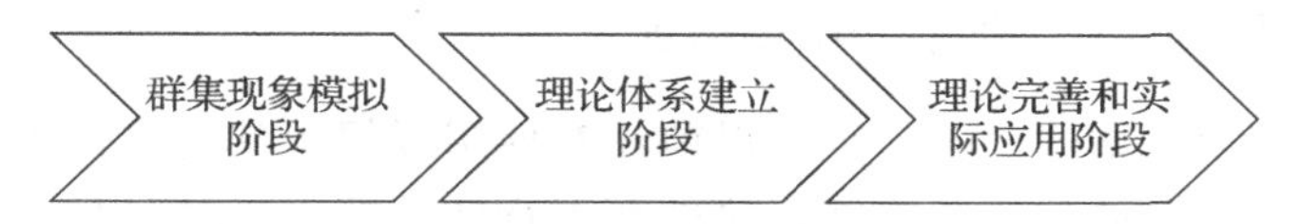

图 5-14 多智能体一致性问题的研究历程

5.4 人机协作

随着机器人应用领域的扩展，对其作业的可靠性和复杂性提出了更高的要求。人机协作是工业机器人发展的新常态，即将人的智能和机器人的高效率结合在一起，共同完成作业，也就是人直接用手来操作机器人。

5.4.1 协作机器人的兴起

协作机器人的兴起意味着传统机器人必然有某种程度的不足，或者无法适应新的市场需求，主要有以下三点原因。

1. 传统机器人部署成本高

相对来说，工业机器人本身的价格并不高，传统机器人贵在部署（将机器人安装到工厂并正常运行）成本上，主要原因有两个，一是目前的工业机器人主要负责工厂中重复性的工作，这就依赖于非常高的重复定位精度及固定的外界环境，将会耗费大量的资源，占用较大的车间面积及长达数月的实施时间；二是机器人的使用难度较高，只有经过培训的专业人员才能对机器人完成配置、编程及维护的工作，普通用户很少具备这样的能力。根据很多业内机构和前辈统计的数字，整个机器人部署/集成应用的费用大概是机器人售价的3～4倍。近几年，随着国内集成商的迅速扩军，竞争越来越激烈，整体价格有所下滑，但也基本为机器人售价的2～3倍。以常见的弧焊工作站为例，采购一个国外品牌的弧焊机器人的价格在 11～15 万元之间，但是经过集成商这一层之后，整体报价不会低于 30 万元，个别夸张的甚至能报到 100 万元。在工资相对较高的长三角和珠三角地区，一名熟练焊工的月工资为 5000～7000 元，1 个机器人代替 1～2 名工人，ROI（投资回报率）不会少于 2 年，因此很多中小企业主对部署机器人采取犹豫和观望的态度。

2. 传统机器人无法满足中小企业需求

中小企业的产品以小批量、定制化、短周期为特征，没有太多的资金对生产线进行大规模改造，并且对产品的 ROI 较为敏感。这就要求机器人具有较低的综合成本，可快速部署/重部署，使用方法简单，而这些要求，传统机器人很难满足。

3. 无法满足新兴的协作市场需求

随着人力成本的上升，很多以前没有使用或很少使用机器人的行业开始寻求机器人自动化解决方案，这些新兴行业的特点是产品种类很多、体积普遍不大，对操作人员的灵活度/柔性要求高，现有的机器人很难在成本可控的情况下给出性能满意的解决方案。因此，由人类负责对柔性、触觉、灵活性要求比较高的工序，机器人则利用其快速、准确的特点来负责重复性的工作就是一种很好的模式。

5.4.2 人机协作

协作机器人主要是指在协作区域被设计成与人直接进行交互的机器人。所谓人机协作，即由协作机器人从事精度与重复性高的作业流程，而工人在其辅助下进行创意性工作。协作机器人的使用，使企业的生产布线和配置获得了更大的弹性空间，也提高了产品良品率。

人机协作的方式可以是人与机器分工，也可以是人与机器一起工作，在相关标准中，按照协作程度从低到高，提出了以下四种人机协作方式。

1. 安全级监控停止

这是最基础的协作方式，即当人员进入协作区域时，机器人停止运动并保证安全静止，以便操作人员执行某些操作（如往机器人上安装需要加工的工件，更换机器人所用的工具等）；当人员离开协作区域后，机器人可以自动恢复正常运行。

2. 手动引导

手动引导是稍微高级一些的协作方式，类似于过去的拖动示教。在手动引导模式下，操作人员通过一个手动操作装置将运动指令传送给机器人系统。在操作人员被允许进入协作区域并执行手动引导任务之前，机器人应已经处于安全级监控停止状态。操作人员通过手动操纵安装在机器人末端或者靠近机器人末端执行器的引导装置来控制机器人完成任务，如图5-15所示。

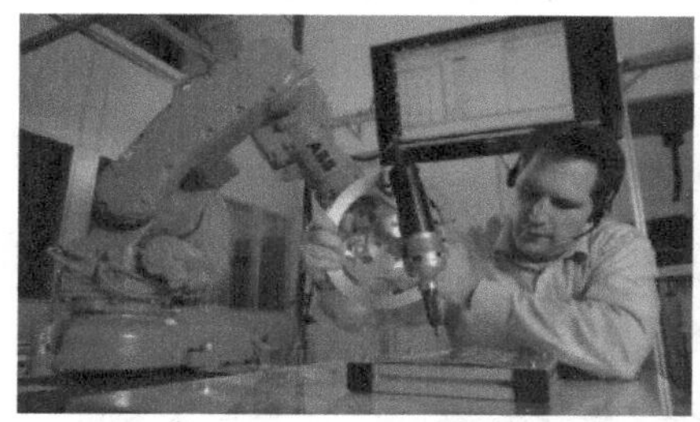

图 5-15 人机协作场景（手动引导）

3. 速度和距离监控

速度和距离监控适用于协作区域内所有的人员。如果保护措施的性能受协作区域内人数的限制，则应在使用说明中注明允许的最多人数。当超过该人数时，应触发保护停止。

在这个模式下，允许机器人和人员同时出现在协作区域中，但是需要机器人与人员保持一个最小的安全距离，如图 5-16 所示。当二者之间的距离小于安全距离时，机器人应立刻停止运行。当人员离开后，机器人可以自动恢复运行，但仍然需要保持最小安全距离。如果机器人降低了移动速度，则安全距离也可相应地缩小。

图 5-16 人机协作场景（速度和距离监控）

4. 功率和力限制

对机器人所输出的功率和力进行限制，可以保证人在机器人旁边安全地工作，同时不降低机器人的工作效率，不增加应用成本，这是当前主流协作机器人都具备的重要功能。上面提到的三种协作方式从某种意义上说更像是一种被动手段（虽然严格意义上讲并不是被动的），而真正让协作机器人获得快速发展的，是第四种更为本质、更为高级、更为安全的协作方式，即对机器人本身所能输出的功率和力进行限制，从根本上避免伤害事件的发生。比如在实验中，具备高级碰撞检测功能的 KUKA iiwa，在其末端安装了匕首之后，可以在不刺伤人的情况下安全停止，KUKA iiwa 可以检测到外围的碰撞或者挤压，在装配时不会由于人员的意外介入对人体造成伤害，如图 5-17 所示。

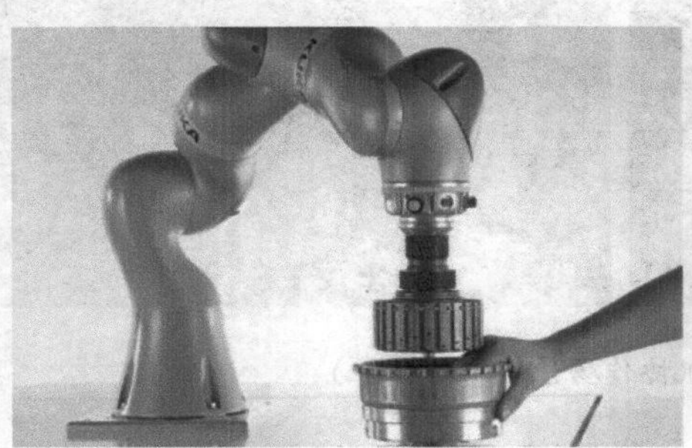

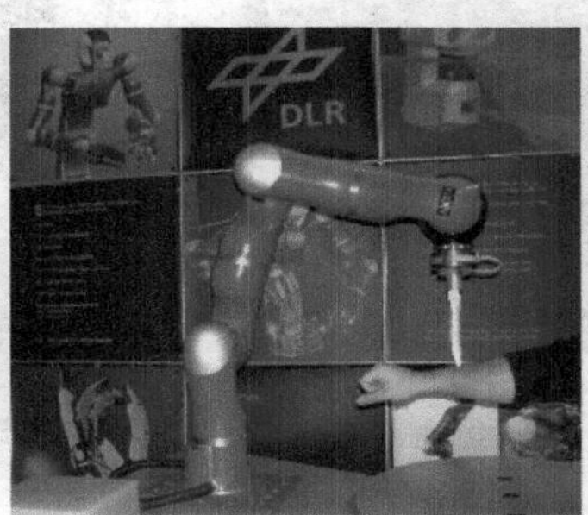

图 5-17 人机协作场景（功率和力限制）

5.4.3 优点与不足

协作机器人具有以下明显的优势：

（1）通过多传感器信息融合，提高机器人的智能水平，使编程更加简单，提高其环境适应性；功耗低、噪声低，无须安全围栏，可实现人机并肩工作。

（2）小型、轻巧、可移动、安装方便、即插即用，为用户节省成本和时间。

（3）使用范围广，不仅可以用在工业制造领域，还可以用在家庭服务、休闲娱乐场合。

协作机器人具有以下不足：

（1）运动速度低。为了降低协作机器人碰撞造成的损失，机器人的速度和质量必须被限制在一定的范围内，所以协作机器人的速度普遍很低。

（2）负载较传统机器人小。

（3）重复定位精度差，较传统机器人低一至两个数量级。

5.4.4 人机协作的实现

要想实现人类与机器人协作，必须从机构设计、多维感知、场所监控、规划测试和人机交互五个方面进行技术攻关。

【问题】
通过扩展阅读列举人机交互的具体场景。

1. 机构设计

通过发展的仿生设计，开发类人体结构的弹性皮肤或柔软机构。运用合理的设计可以减轻机器人的质量，提高机器人的灵活度。如图 5-18 所示，这是一款采用三维打印技术制造的仿生象鼻，它具有柔韧度高、较轻等特点。

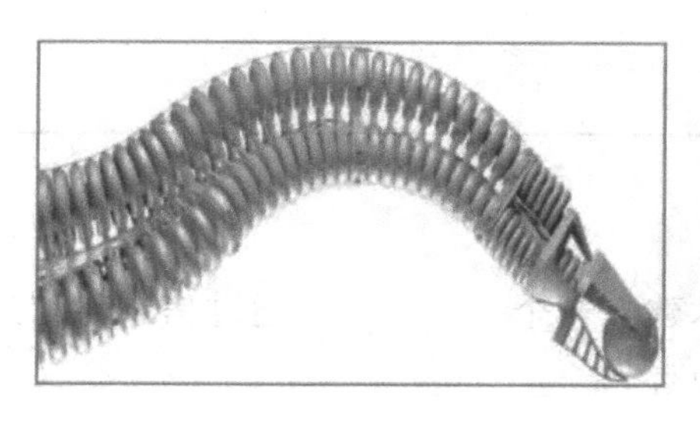
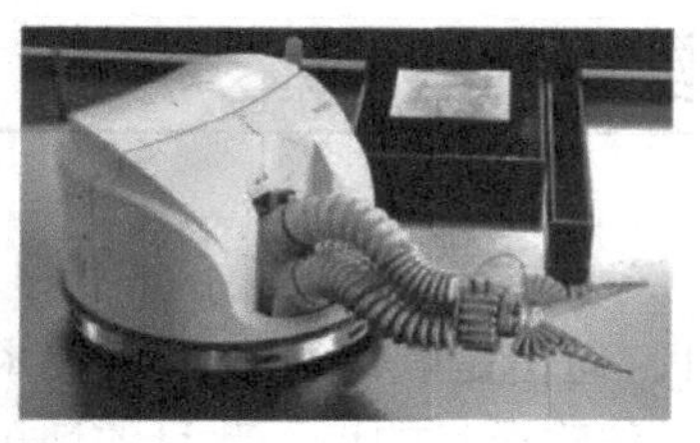

图 5-18 仿生象鼻

2. 多维感知

多维感知是指通过视觉测距定位、敏感皮肤、测距传感器等多种感知方法，来进行多维传感器信息融合，实现对人机协作环境的准确感知。比如图 5-19 所示的这款压敏机器人皮肤，它可用于碰撞检测和触觉反应，可提高人机协作的灵敏度。

图 5-19 压敏机器人皮肤

3. 场所监控

通常采用投影和相机来监测工作空间，生成并监控安全工作区。将安全工作区直接投射到环境中，投影光束一旦受干扰，就会引发危险报警。场所监控可提高人机协作的安全性。

4. 规划测试

常见的规划测试有碰撞测试、增强现实环境模拟测试、人机交互单元规划等。通过规划测试，可收集相关数据，完善人机系统的功能。

5. 人机交互

人机交互可以说是人机协作的核心。人机交互是一门解决系统与用户之间交互问题的技术。系统可以是各种各样的机器，也可以是计算机化的系统或软件。人机交互界面通常是指用户可见的部分。用户通过人机交互界面与系统交互，并进行操作。机器人借助传感器收集声音、图像或行为语言，理解用户意图并做出反应。

习题 5

一、填空题

1．通信是利用电子信息技术建立一个________，通过信道将信息源的信息传输至目的地，此目的地可称为________。

2．发送设备也称________，将信源中发出的消息变换成适合在________中传输的信号。

3．与传统意义上的有线电话网络或者________通信系统不同，机器人通信的主体是________。

4．从广义上来讲，机器人之间的通信一般分为________和________两类。

5．机器人常用的通信模型有________模型和________模型。

6．多机器人系统的研究方向主要分为________、________、通信和________。

7．多机器人系统的体系结构可以分为________、________两种。分散式结构可以进一步划分为________结构和________结构。

8．多机器人系统通过________可以获得较强的适应性和灵活性等智能特性。

9．智能体指具有________、社会性、________和预动性等基本特性的实体。

10．多智能体系统的目标是让若干个具备简单智能且便于管理控制的系统通过相互协作能实现复杂智能，使得在降低系统建模复杂性的同时，提高系统的________、________、________。

11．所谓人机协作，即由________从事精度与重复性高的作业流程，而工人在其辅助下进行创意性工作。

二、判断题（正确的在括号内打“√”，错误的打“×”）

1. 信源中发出的信息可以直接在信道中传输。（　　）

2. 机器人通信系统可提供较好的通信质量且没有网络延迟。（　　）

3. 显式通信包括直接通信和间接通信两种。（　　）

4. 在 C/S 模型的通信系统中，各种进程的通信必须通过中心服务器中转。（　　）

5. 单个机器人可以比多机器人系统提供更多的解决方案。（　　）

6. 一致性是指多智能体系统中的个体在局部协作和相互通信下，调整自己的行为。（　　）

7. 协作机器人的速度普遍都很快。（　　）

8. 协作机器人主要是指在协作区域被设计成与人直接进行交互的机器人。（　　）

9. 分布式结构中有一个主控机器人，主控机器人负责规划和决策，其他机器人负责执行规划任务。（　　）

10. 集中式结构的优点在于容错率较高。（　　）

第6章

智能机器人的控制与自学习

本章主要介绍目前在机器人领域较为流行的几种智能控制技术的基本原理及在机器人上的应用。

通过学习本章内容，读者应掌握目前流行的机器人经典控制技术及智能控制方法，如模糊控制、自适应控制等；理解其控制原理，并了解当前先进的机器人智能控制方法。

机器人系统是一种时变的、强耦合的、具有不确定性的复杂非线性控制系统。经典控制理论主要是基于模型的控制，对于机器人系统这样的复杂控制系统而言，难以取得满意的控制效果。为了实现高精度、快速的控制，必须采用高级的控制算法。近年来，针对机器人控制的研究，已经提出了很多行之有效的方法，比如 PID 控制、模糊控制、自适应控制、滑模变结构控制等。此外，通过学习提高机器人的行为能力是人工智能和机器人领域的终极挑战，学习模型的建立对于设计非结构化环境下的机器人控制律极有帮助。机器人通过学习可提高自身运动的稳定性，通过神经网络、强化学习等学习方法可提高机器人的学习能力。本章将对机器人系统的控制方法与自学习方法进行详细的介绍。

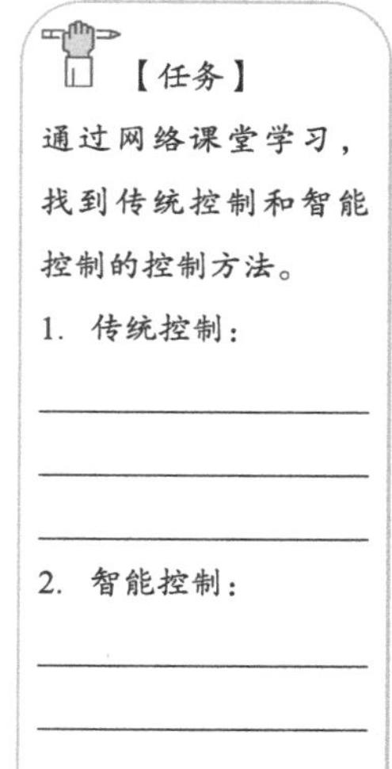

6.1 PID 控制

机器人控制技术是国内外研究人员长期以来研究的一个领域。随着信息技术和控制技术的发展，以及机器人应用范围的扩大，机器人控制技术得到广泛的应用。PID 控制作为最早发展起来的控制方法，在机器人伺服控制中得到了广泛的应用。PID 控制算法是工业控制中应用最广泛也是最成熟的算法，其简单可靠，易于实现。

6.1.1 PID 控制原理

PID 控制的优势在于其参数简单且具有实际物理意义，大部分工业控制系统均可以通过调节系统参数来获得理想的控制效果，这得益于 PID 控制是闭环控制。PID 控制器根据系统偏差调节系统参数。PID 控制算法的结构图如图 6-1 所示。

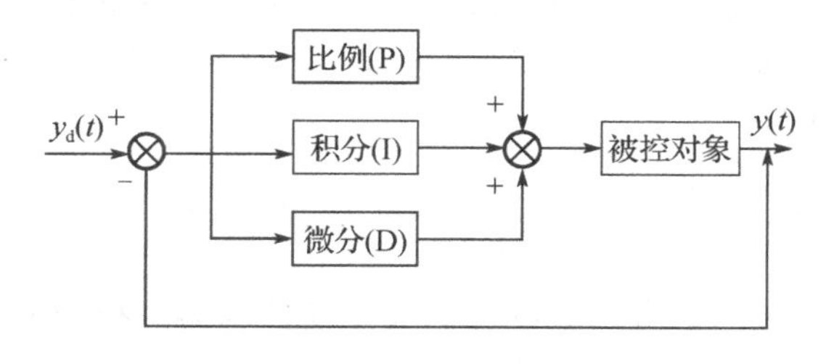

图 6-1　PID 控制算法的结构图

PID 控制器是一种闭环控制器，它根据给定值 $y_d(t)$ 和实际输出值 $y(t)$ 得到系统偏差：

$$e(t) = y_d(t) - y(t) \tag{6-1}$$

PID 控制规律为

$$y(t)=K_{\mathrm{p}}\left[e(t)+\frac{1}{T_{\mathrm{I}}}\int_{0}^{t}e(t)\mathrm{d}t+\frac{T_{\mathrm{D}}\mathrm{d}e(t)}{\mathrm{d}t}\right] \tag{6-2}$$

式中，K_{p} 为比例系数；T_{I} 为积分时间常数；T_{D} 为微分时间常数。

1. 比例控制（P）

比例控制是最简单的控制方式。其特点为控制器的输出 y 与系统偏差 $e(t)$ 呈线性关系。其控制规律为

$$y=K_{\mathrm{p}}\cdot e(t)+y_{0} \tag{6-3}$$

式中，y 为比例控制器的输出；K_{p} 为比例系数；$e(t)$ 为系统偏差；y_0 是当 $e(t)$ 为 0 时比例控制器的输出值。

当控制系统中产生偏差时，比例控制器会自动调节输出值 y 的大小，使系统偏差 $e(t)$ 趋于 0。比例控制器的调节速度与比例系数 K_{p} 成正比。K_{p} 越大，比例控制器的调节速度越快，但当 K_{p} 过大时，易导致系统振荡次数增加，使得系统输出量大于稳态值，出现严重超调现象。K_{p} 越小，比例控制器的调节速度越慢，但当 K_{p} 过小时，易导致系统振荡次数减少，使比例控制器起不到调节的作用。

2. 积分控制（I）

对控制系统而言，如果进入稳态后仍存在偏差，则称这个控制系统有稳态误差。比例控制器的缺点是不能消除系统中存在的稳态误差。为了消除控制系统中的稳态误差，提高控制精度，在比例控制器（P）的基础上引入积分控制器（I），就构成了比例积分控制器（PI）。

比例积分控制器的输出与输入偏差信号的积分成正比，因此，只要系统中存在稳态误差，积分调节就会起作用，直到消除系统的稳态误差为止，其控制规律为

$$y=\frac{1}{T_{\mathrm{I}}}\int_{0}^{t}e(t)\mathrm{d}t+y_{0} \tag{6-4}$$

式中，T_{I} 为积分时间常数，其物理意义是使控制器的积分调节作用与比例调节作用的输出相等所需的调节时间。T_{I} 越小，积分调节作用越强，但 T_{I} 过小时，易出现持续振荡现象，使控制器的输出不稳定；T_{I} 越大，积分调节作用越弱，不易出现持续振荡现象，但 T_{I} 过大时，消除系统稳态误差的时间就会越长。

3. 微分控制（D）

比例积分控制器虽然可以消除系统的稳态误差，但仍存在以下不足：

（1）当系统中存在较大的惯性组件或者滞后组件时，会出现抑制偏差的现象，其变化总是落后于偏差的变化。

（2）若控制系统在调节过程中出现振荡现象，则会给实际输出带来严重后果。

为了弥补以上不足，在比例积分控制器的基础上引入微分控制器。微分控制的作用是反映偏差信号的变化率，能够预见偏差的变化趋势，产生超前的控制作用。

在微分控制中，控制器的输出与输入偏差信号的微分成正比，其控制规律为

$$y = T_{\mathrm{D}} \frac{\mathrm{d}e(t)}{\mathrm{d}t} + y_0 \tag{6-5}$$

式中，T_{D} 为微分时间常数，其物理意义是使控制器微分调节作用与比例调节作用的输出相等所需要的调节时间。加入微分控制后，当系统偏差 $e(t)$ 瞬间波动过快时，微分控制器会立即产生冲激式响应，抑制偏差的变化。而且偏差变化越快，微分调节作用越大，从而使系统趋于稳定，避免振荡现象的发生，改善系统的动态性能。

基于以上内容，可以看出 PID 控制算法相对简单，并且具有一套成熟、简便的参数整定规则。此外，PID 控制在控制过程中能够达到一定的控制精度，也具有一定的稳定性，因此，在现代工业控制和机器人控制中，PID 控制算法应用广泛。

6.1.2 机器人 PID 控制

在机器人控制中，连续算法的离散化是必要的，因为如今计算机都是数字系统。连续 PID 控制算法不能直接使用，需要对其进行离散化。在计算机 PID 控制中使用的是数字 PID 控制器。下面将介绍常用的几种 PID 控制算法。

1. 位置式 PID 控制

位置式 PID 控制是一种二阶线性控制。该控制算法的微分方程为

$$y = K_{\mathrm{p}} \left(e(t) + \frac{1}{T_{\mathrm{I}}} \int_0^t e(t)\mathrm{d}t + T_{\mathrm{D}} \frac{\mathrm{d}e(t)}{\mathrm{d}t} \right) + y_0 \tag{6-6}$$

离散化后得

$$y(k) = K_{\mathrm{p}} \left\{ e(k) + \frac{T}{T_{\mathrm{I}}} \sum_{i=0}^{k} e(i) + \frac{T_{\mathrm{D}}}{T} [e(k) - e(k-1)] \right\} + y_0 \tag{6-7}$$

式中，$e(k)$ 是第 k 次采样周期内所获得的偏差信号；$e(k-1)$ 是第 $(k-1)$ 次

采样周期内所获得的偏差信号；T 是采样周期；$y(k)$ 是控制器第 k 次控制变量的输出。

位置式 PID 控制算法适用于不带积分元件的执行器。由于执行器的动作位置与控制系统的输出 $y(k)$ 呈一一对应关系，因此称为位置式 PID 控制。位置式 PID 控制算法的优势在于不需要建立数学模型，控制系统的稳定性较好。其缺点是当前采样时刻的输出量和以前的任何状态都有关联，不是独立的控制量，运算时要使用累加器累加 $e(k)$ 的量，计算量很大；并且控制系统的输出 $y(k)$ 对应的是执行器的实际位置，$y(k)$ 的大幅波动会直接引起执行器位置的大幅波动，具有一定的不确定性。

2. 增量式 PID 控制

增量式 PID 控制器的输出是控制量的增量（用 $\Delta y(k)$ 表示）。增量式 PID 控制算法在执行时，增量 $\Delta y(k)$ 对应的是本次执行器的位置变化量，而不是相对执行器的现实位置，因此该算法需要执行器累积控制量的增量才能实现对被控系统的控制。系统的累积功能可以采用硬件电路实现，也可以通过软件编程实现。

增量式 PID 控制算法的方程为

$$y(k-1)=K_{\mathrm{p}}\left\{e(k-1)+\frac{T}{T_{\mathrm{I}}}\sum_{i=0}^{k}e(i)+\frac{T_{\mathrm{D}}}{T}[e(k-1)-e(k-2)]\right\}+y_0 \tag{6-8}$$

式（6-7）减去式（6-8）可得到：

$$\Delta y(k)=K_{\mathrm{p}}\left\{e(k)-e(k-1)+\frac{T}{T_{\mathrm{I}}}e(k)+\frac{T_{\mathrm{D}}}{T}[e(k)-2e(k-1)-e(k-2)]\right\} \tag{6-9}$$

记 $A=K_{\mathrm{p}}\left(1+\frac{T}{T_{\mathrm{I}}}+\frac{T_{\mathrm{D}}}{T}\right)$，$B=K_{\mathrm{p}}\left(1+2\frac{T_{\mathrm{D}}}{T}\right)$，$C=\frac{K_{\mathrm{p}}T_{\mathrm{D}}}{T}$，则有

$$\Delta y(k)=Ae(k)-Be(k-1)+Ce(k-2) \tag{6-10}$$

式中，B 和 C 是与系统的采样频率、比例系数、微分时间常数等相关的参数。

增量式 PID 控制算法的优势如下：

【任务】
通过查找资料，了解更多机器人 PID 控制算法。

（1）算式中不需要累加。增量 $\Delta y(k)$ 仅与最近 3 次的采样值有关，使用加权处理即可得到较好的控制效果。

（2）计算机每次只输出控制量的增量，即对应执行器的位置变化量，发生故障时影响范围小。

（3）当控制从手动向自动切换时，可实现无扰动切换。

相应地，增量式 PID 控制算法的劣势：由于其积分截断效应大，有静态误差，溢出影响大。

在实际工程应用中，PID 控制算法更加简单且控制效果优异。

6.2 基于行为的控制法

人类通过自身的五官去感知外界事物，获取外部环境的信息，把所获得的信息传入人脑，人脑再根据已有的认知去理解相应的环境，并发出符合环境的行为指令，指挥人体做出适合当前环境的动作。除这种高级的行为外，人类还有一种本能的反应即条件反射，这种反应不需要经过大脑处理信息，只依靠生物本能的反应，就像人手无意间碰到火苗一样，会发生本能反应，在极短的时间内将手缩回。

基于行为的控制法便是采用这种思想。行为控制需要由控制单元和触发单元来完成，如图 6-2 所示。控制单元将感知信息转换为执行器的指令；触发单元则用来决定控制单元何时动作，当传感器触发某种行为时，触发单元会立即做出相对应的动作。

基于行为的控制思想，使得机器人程序环境中的各个环节相互并行存在，从而使机器人不但能够识别环境中所有可能的危险因素，而且能够充分利用工作过程中的各种机会。此外，在传感器数据错误或者缺乏的情况下，基于行为的机器人能够方便地对实现方法进行调整，从而使整体性能不致恶化。

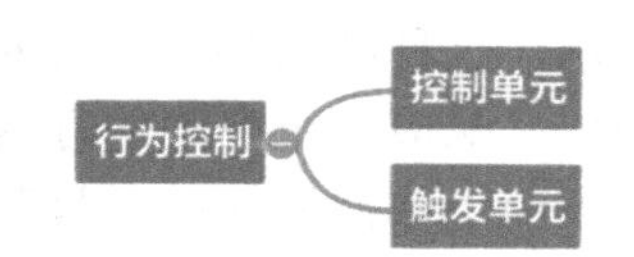

图 6-2 基于行为的控制法框图

6.2.1 基本概念

【问题】
基于行为的控制法与传统的控制方法相比，有哪些优势？

作为目前人工智能主要学派之一的行为主义，主张人工智能起源于控制论，认为智能取决于感知和动作，提出智能行为的“感知—动作”模式。此学派的代表布鲁克斯（Brooks）认为人工智能存在两种不同的研究方式：一种是传统的自顶而下的研究方式，它将系统按照功能划分为不同的模块，即感知、建模、规划、行动，分别进行研究，即将感知与动作分别进行抽象化的研究；另一种是自底而上的研究方式，它将系统按照行为划分为感知、动作两个不同的层次，相对独立地进行研究。这种基于行为的控制法来自 Brooks 提出的包容式框架结构，是一种具体化的研究方式，它的每个行为的功能比较纯粹，可以通过传感器及其快速信息处理过程获得较好的执行结果，能够在复杂环境中灵活地实现智能化，以完成任务。这种基于行为的控制法实时性好。传统控制法体系结构和基于行为的控制法体系结构如图 6-3 所示。

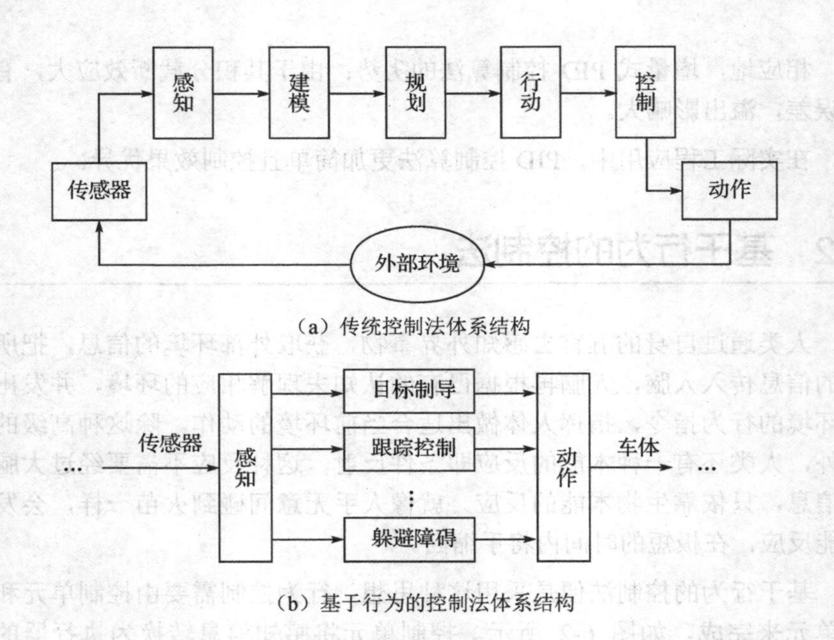

(a) 传统控制法体系结构

(b) 基于行为的控制法体系结构

图 6-3 传统控制法体系结构和基于行为的控制法体系结构

基于行为的控制法的前身为 Brooks 提出的包容式框架结构。如图 6-4 所示，这种结构将机器人的行为分为几个并行的模块，每个模块是一个行为层，响应一个有限的行为，这些模块并行完成各自的工作。模块是可以由下而上依次添加的，最下层是最低级模块，越往上，模块的级别越高。它们之间通过优先级来协调，如果低级模块产生一个响应，而高级模块没有响应，则执行低级模块；如果两个模块都有响应，则会发生冲突，这时优先级高的模块的行为会被执行。由于其结构可以任意添加不同优先级的模块，因此，采用这种结构可构造一个相对复杂的系统。

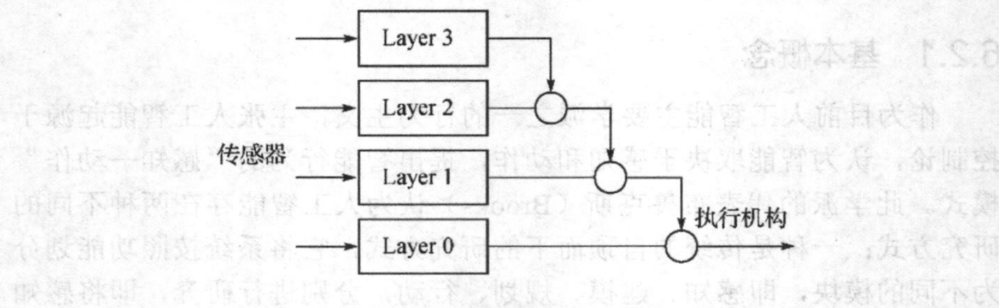

图 6-4 包容式框架结构

基于行为的控制法的优点在于：

（1）每个行为的功能比较纯粹，因而可以通过简单的传感器及其快速信息处理过程获得较好的执行效果。

（2）上层行为建立在下层行为之上，但下层行为可以单独执行，也可以多层行为同时执行。

（3）行为层能在不影响其他行为的情况下被增减、移动和代替，由上而下具有功能继承性，实时性好。

目前，这种方法的研究和应用仍然属于反应式的低级智能行为，如何实现高级智能行为还有待于进一步的研究。并且，它没有对任务做出全局规划，因而不能保证目标的实现方法是最优的，例如趋向目标的时候所走的路径可能不是最优的。

6.2.2 基于行为的控制法的发展

基于行为的控制法是 Brooks 在 20 世纪 80 年代中期提出的，从那时起学术界开始对这种控制方法进行研究。之后的几十年中，基于行为的控制法得到了很大的改进，其改进主要有：将 FPGA（现场可编程门阵列）与包容式框架结构结合起来，首创出一种学习多于反应的模块化结构，把视觉导航和状态感知应用到基于行为的机器人上，以及分别把神经网络和模糊逻辑控制方法用在机器人的行为控制中等。

近年来，随着计算机技术和无线通信技术的发展，多个机器人协调合作已经成为可能，而且得到了越来越多的应用，比如多智能体群集运动、分布式传感器网络、人造卫星群位姿态调整等。多个机器人协调合作可以完成单个机器人难以完成的任务。一般情况下，机器人的行为包括避碰、避障、驶向目标和保持队形等，如图 6-5 所示。对于编队控制来说，保持队形是一个基本的独立的行为，驶向目标的“目标”是指事先指定的状态，因此保持队形和驶向目标是两个不同的行为。避障是指动态环境下编队机器人在运动过程中避免碰到障碍物，避碰是指机器人在运动过程中避免与其他机器人相互碰撞。学者研究了基于行为的分布式智能体体系结构，实现了系统中多移动机器人的通信、规划和控制。

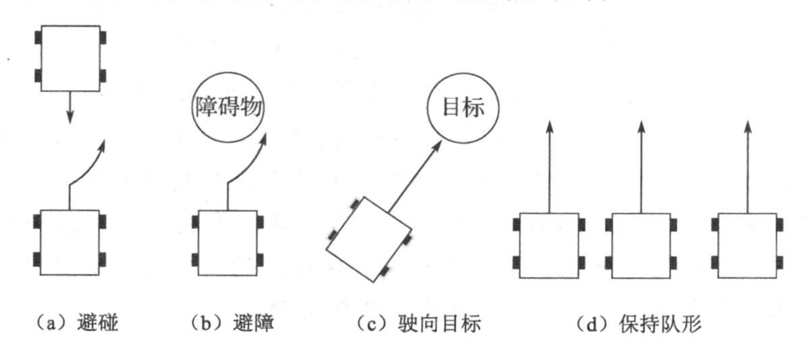

图 6-5　机器人的行为

基于行为的控制器由一系列行为组成，每个行为有自己的目标或任务。当机器人具有多个竞争性目标时，可以很容易地得到控制策略，并且实现分布式控制；缺点是无法明确地指出实现整体行为的局部控制规则，队形控制的稳定性很难得到保证。

【任务】
通过查找资料了解钱学森的先进事迹。

【思政引领】

著名控制论科学家钱学森早年赴美进修，学成之后，欲回中国遇阻，经中国政府的不懈努力，钱学森终于回到了自己的祖国。回国之后，钱学森在控制领域潜心钻研，研究出的“钱学森弹道”至今仍在影响世界。

中国的科学家，用努力的汗水一点一滴顶起中国的脊梁，在历史的潮流和国家发展的前途命运中，青年总是一个掌握发展方向、发展程度的关键力量。在瞬息万变的新征程上，青年有着取之无尽的精力和勇气，有着对党和国家事业的重视和关心，是能肩负历史责任和时代使命的一代，是伟大事业和伟大变革的力量源泉。崇尚科学，学习科学家精神，是这个时代赋予我们的使命。

6.3 模糊控制

提起智能移动机器人，人们已经毫无陌生感，生活中随处可见，例如扫拖一体机、自动轮椅等，且生产工作、科学探索同样需要智能移动机器人。机器人是一个十分复杂的多输入、多输出非线性系统，它具有时变、强耦合和非线性的动力学特征。由于测量和建模的不精确，再加上负载的变化及外部扰动的影响，实际上无法得到机器人完整的运动模型。本节主要介绍模糊控制在机器人中的应用。

【思政引领】

【资料】
梦天实验舱

模糊控制在刚开始时进展缓慢，进入 20 世纪 70 年代后发展迅速。在国内，许多学者对于模糊控制在航空发动机上的应用展开了一系列的研究。例如，有学者提出了航空发动机的模糊 PID 控制方法，后来学者在此基础上做了很多实质性改进，使得我国在航天发动机领域跻身世界一流。正是学者的创新精神和人文情怀，使得我国成为航空航天强国。

2022 年 11 月 3 日，中国空间站梦天实验舱顺利完成转位，据中国载人航天工程办公室消息，同日神舟十四号航天员乘组顺利进入梦天实验舱。梦天实验舱转位完成标志着中国空间站“T”字基本构型在轨组装完成，向着建成空间站的目标迈出了关键一步。今后，我们将会向太空深处继续探索，承担为人类文明发展做贡献的责任与使命。

6.3.1 模糊控制基础知识

1. 模糊集合

模糊逻辑是一种通过模仿人的思维方式来表示和分析不确定、不精确信息的方法和工具。人解决问题时所使用的大量知识是经验性的，它们通常是用语言信息来描述的，而语言信息通常是模糊的，因此，正确描述模糊语言信息是解决问题的关键。

模糊集合是由美国加利福尼亚大学著名教授 L. A. Zadeh 于 1965 年首先提出来的。模糊集合概念的引入，可将人的判断、思维过程用简单的数学形式直接表达出来。模糊集合理论使模糊逻辑很好地应用在机器人控制中，是机器人模糊控制的数学基础。

在数学上我们经常用到集合的知识，如集合 A 由 3 个离散的数值 x_1，x_2, x_3 组成，在数学上表示为

$$A = \{x_1, x_2, x_3\}$$

如集合 A 由满足不等式 $2X < 10$ 的所有实数 X 组成，即

$$A = \{X \mid X \in R, 2X < 10\}$$

以上介绍的两个集合是确定性的，不是模糊的。对于任意的元素 X，只有两种可能：“属于 A”和“不属于 A”。

为了更好地表示模糊概念，需要引入隶属函数及隶属度的概念。隶属函数的定义为

$$\mu_A(x) = \begin{cases} 1, & x \in A \\ (0,1), & x \in A\text{的程度} \\ 0, & x \notin A \end{cases} \tag{6-11}$$

式中，A 称为模糊集合，由 0，1 和 $\mu_A(x)$ 构成，$\mu_A(x)$ 表示元素 x 属于模糊集合 A 的程度，取值范围为[0,1]，x 称为论域，称 $\mu_A(x)$ 为 x 属于 A 的隶属度。

隶属度将数学集合中的取值{0,1}扩展到闭区间[0,1]，即可用 0 到 1 之间的实数来表达某一元素属于模糊集合的程度。

下面举一个模糊事例，人体对温度在 15～25℃的感觉为“舒适”，对 25℃以上温度的感觉为“热”，对 15℃以下温度的感觉为“冷”。经典集合和模糊集合的描述如图 6-6 所示。经典集合将 14.9℃划为“冷”的集合，而将 15.1℃划为“舒适”的集合。而模糊集合的划分不是严格的，15.1℃的“舒适”隶属度较高于“冷”的隶属度，而 22℃的“舒适”隶属度远高于“冷”的隶属度。

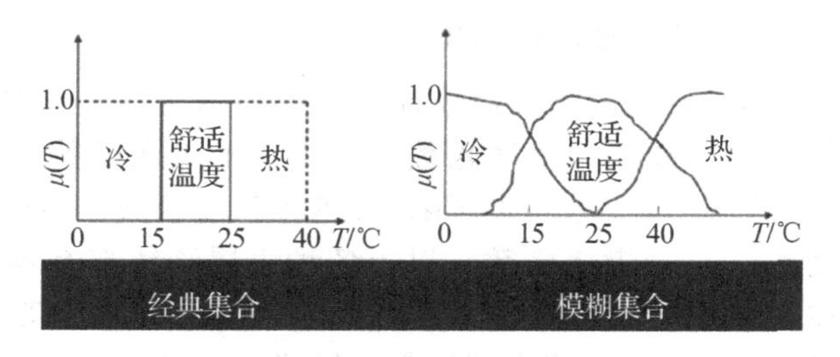

图 6-6 经典集合和模糊集合的描述

模糊集合的基本运算包括取并集、交集和补集。模糊集合是通过隶属函数来表征的，因此，两个模糊集合之间的运算实质上是对相应的隶属度进行运算。

①并集。若 C 为模糊集合 A 和 B 的并集，则

$$C = A \cup B$$

一般地，有

$$A \cup B \Leftrightarrow \mu_{A \cup B}(\mu) = \max\left(\mu_A(\mu), \mu_B(\mu)\right) = \mu_A(\mu) \vee \mu_B(\mu) \tag{6-12}$$

即取模糊集合 A 和 B 中隶属度大的一方。

②交集。若 C 为模糊集合 A 和 B 的交集，则

$$C = A \cap B$$

一般地，有

$$A \cap B \Leftrightarrow \mu_{A \cap B}(\mu) = \min\left(\mu_A(\mu), \mu_B(\mu)\right) = \mu_A(\mu) \wedge \mu_B(\mu) \tag{6-13}$$

即取模糊集合 A 和 B 中隶属度较小的一方。

③补集。若 $\overline{A}$ 为模糊集合 A 的补集，则

$$\overline{A} \Leftrightarrow \mu_{\overline{A}}(\mu) = 1 - \mu_A(\mu) \tag{6-14}$$

即补集的隶属度等于 1 减原来的隶属度，实质上是“隶属度的补”。

【任务】
找到目前常用的 11 种隶属函数的公式及 MATLAB 表示。

2. 隶属函数

数学集合用特征函数来表示，隶属函数用来描述模糊集合，它很好地描述了事物的模糊性。隶属函数的特点如下：

（1）隶属函数的值域为[0,1]，它的优势在于将数学集合中只能取 0、1 两个离散值，扩展到可取[0,1]闭区间上的连续值。隶属函数的值 $\mu_A(x)$ 接近 1 的程度代表着元素 x 属于模糊集合 A 的程度，即值越接近 1，x 属于模糊集合 A 的程度越大。同理，$\mu_A(x)$ 的值越接近 0，x 属于模糊集合 A 的程度越小。

（2）隶属函数完全刻画了模糊集合，隶属函数是模糊数学中的基本概念，不同的隶属函数所描述的模糊集合也不同。

目前控制领域中常用的隶属函数有 11 种，分别为双 S 形隶属函数、联合高斯型隶属函数、高斯型隶属函数、广义钟形隶属函数、Ⅱ形隶属函数、双 S 形乘积隶属函数、S 状隶属函数、S 形隶属函数、梯形隶属函数、三角形隶属函数、Z 形隶属函数。以上各种隶属函数都有各自的适用系统，在模糊控制领域中常用的通常有以下 6 种隶属函数：高斯型隶属函数、广义钟形隶属函数、S 形隶属函数、梯形隶属函数、三角形隶属函数和 Z 形隶属函数。

隶属函数是模糊控制的基础，选择合适的隶属函数可使控制更加高效且精确。

6.3.2 模糊控制的基本原理

模糊控制（Fuzzy Control）是一种以模糊集合理论、模糊语言变量和模糊逻辑推理为基础的智能控制方法。该方法的优越性在于从行为上模仿人的模糊推理和决策过程，即首先把人的经验和知识编写为模糊规则存储在知识库中，将来自外部的实时输入信号模糊化，然后将模糊化后的信号作为模糊规则的输入，完成模糊推理，最后将模糊推理得到的输出量加到执行机构上。

【任务】
整理模糊控制的控制步骤及注意事项。

模糊控制方法简单，使用时不要求知道被控对象精确的数学模型，并且，当系统输入信号变化较大时，模糊控制器可以通过参数调节维持系统的稳定性，使得控制系统具有良好的动态性能。模糊控制的基本原理框图如图 6-7 所示。模糊控制最重要的部分是模糊控制器，即图中的虚线表示部分，模糊控制器的结构、模糊规则、推理算法及模糊决策方法等决定模糊控制系统的性能。

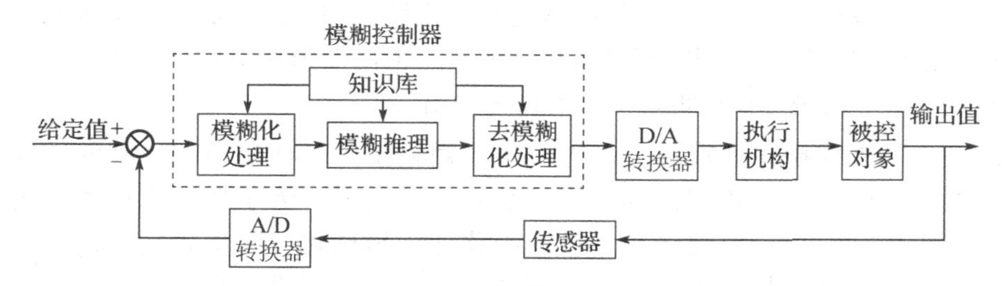

图 6-7　模糊控制的基本原理框图

模糊控制器的基本结构有模糊化处理、知识库、模糊推理和去模糊化处理四部分，其组成框图如图 6-8 所示。

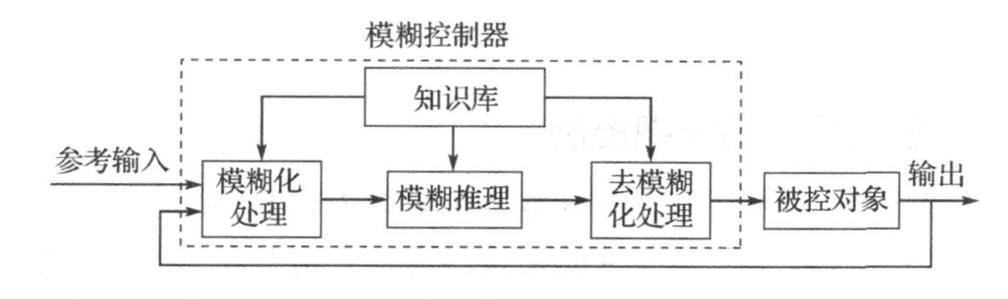

图 6-8　模糊控制器的组成框图

（1）模糊化处理部分。模糊控制器的输入是模糊变量，故对外部输入变量需要进行模糊化处理。模糊化处理的主要功能是把确定的输入量转化为一个模糊变量。模糊控制器所接收的输入量都是确定的数学变量，不具有模糊性，它们的论域是实轴上的一段连续闭区间，但模糊控制器采用离散论域形式。举一个例子，取值在$[m,n]$上的连续变量 x 可以经过论域变换为取值在[−4,4]上的连续变量 y，再将 y 模糊化为九级[−4,−3,−2,−1,0,1,2,3,4]。

（2）知识库。知识库中包含着有关模糊控制器在实际控制过程中所需要的知识和经验，其包括数据库和规则库。

数据库包含着有关模糊化、模糊推理和去模糊化的基础知识，存储各语言变量的隶属函数、论域变换因子及模糊空间的分级数等。规则库包含模糊控制器所需要的控制规则，在模糊推理时提供控制规则，其规则基于专家知识和操作人员长期工作积累的经验，它是按人的直觉推理的一种语言表达形式。模糊规则通常由一系列的关系词连接而成，如 if-then、else、also、end、or 等。例如，一个模糊控制系统的输入变量为 e 和 ec，它们对应的语言变量为 E 和 EC，可给出一组模糊规则：

R1: if E is NS and EC is NS then U is PS

R2: if E is NS and EC is NB then U is PM

一般把 if 后面的部分称为前提，而 then 后面的部分称为结论。

（3）模糊推理部分。模糊推理是整个模糊控制中最关键的一个步骤，它根据模糊化接口收到的模糊信息输入量，再由知识库中规则库的对应控制规则来对其进行模糊推理，获得模糊输出。

（4）去模糊化处理部分。当产生模糊输出时，证明模糊控制的推理进程已经结束。但推理出的结果仍然是模糊向量，为了使计算机可以正常接收模糊输出，需要进行一次清晰化即去模糊化，具体表现为使模糊输出转换为计算机可以接收并识别的语言，使计算机正常执行接下来的进程。

由以上对模糊逻辑、模糊集合、模糊控制及模糊控制器的介绍，可看出模糊控制模拟人的模糊推理和综合决策过程，具有较好的稳定性、适应性和容错性。

6.3.3 机器人系统的模糊控制

前面说到，机器人是一个十分复杂的多输入、多输出的非线性系统，因其具有时变、强耦合及非线性的特征，无法获得其精确且完整的运动模型。因此，利用模糊控制中的模糊辨识方法来建立其模糊模型进而实现控制的研究受到了广泛的关注。

模糊建模是指利用模糊系统逼近未知的非线性动态，从而逼近整个系统。此外，模糊建模在未知非线性的建模方面具有良好的性能，即它既能有效地处理和利用语言信息，又能作为全局逼近器来实现输入和输出的非线性映射。

1985 年，Takagi 和 Sugeno 提出了著名的 Takagi-Sugeno（T-S）模型。它把模糊逻辑理论与线性系统或非线性系统的严格数学理论联系起来，可有效处理复杂系统的不精确性及不确定性问题。其形式如下：

$$\begin{aligned} & \mathrm{R}^i : \text{if } x_i \text{ is } A_1^i \text{ and } x_2 \text{ is } A_2^i \cdots \text{and } x_k \text{ is } A_k^i, \\ & \text{then } y^i = p_0^i + p_1^i x_1 + \cdots + p_k^i x_k \quad i = 1,2,\cdots n \end{aligned} \tag{6-15}$$

式中，R^i 为模型中第 i 条规则；$x_1,\cdots,x_k$ 为系统的输入变量；$A_1^i, A_2^i,\cdots,A_k^i$ 为输入变量的隶属函数；$p_0^i, p_1^i,\cdots,p_k^i$ 为结论参数。

模糊建模时通过分析目标系统的输入、输出，辨识模型的结构和参数，得到模糊规则。模糊建模示意图如图 6-9 所示。

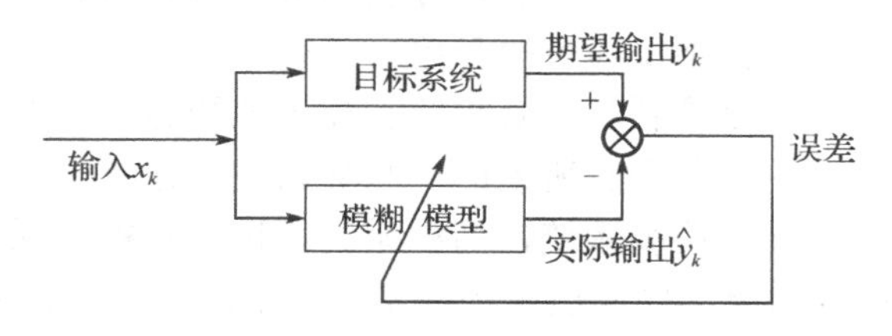

图 6-9 模糊建模示意图

整个模糊模型的辨识包括结构辨识和参数辨识。其中结构辨识在模糊建模中起着比较重要的作用，可确定输入空间的划分和模糊规则，而输入空间的划分是由输入变量对应的隶属函数决定的。因此，确定隶属函数的形状、个数和模糊规则是结构辨识所要完成的任务。当模糊系统的模型结构确定后，可以用多种优化方法确定模型的结论参数。

现在，模糊控制已在图像识别、自动控制、机器人、模式识别、医药等领域获得了广泛的应用。在机器人领域，面对机器人在未知环境中的不确定性，通过模糊控制算法发挥非线性系统的优势，使得机器人在简单环境中可以灵活、准确地避开障碍物，到达目标点。

现在的智能控制往往不是单一的控制，而是多种控制并行的情况。具体地，目前模糊控制往往结合神经网络、滑模控制、PID 控制、自适应控制、遗传算法、专家系统、混沌控制等实现联合控制，使控制可以达到更优的效果。

【任务】
查找资料，总结出模糊控制同其他智能控制方法结合的优势所在。

模糊控制具有很强的自适应性和鲁棒性，在工程应用方面具有很大的潜力。未来，如何科学地获得模糊规则和隶属函数将会成为研究热点，模糊系统将向高度自适应系统发展。

6.4 自适应控制

机器人控制的目的有两个，一个是实现闭环误差系统的稳定，使控制误差尽快趋于零；另一个是抑制干扰，尽可能地减小干扰信号对跟踪精度的影响。针对数学模型的不确定性，采用现代控制理论的机器人控制技术可分为三大类，即自适应控制、变结构控制及现代鲁棒控制。本节主要介绍自适应控制理论。

6.4.1 自适应控制的提出

【问题】
自适应控制同其他传统控制的不同之处有哪些？

在控制工程中，有各种各样的被控对象，它们的结构、复杂程度和环境条件可能各不相同，但对它们施加控制的目的是基本相同的，都是使它们的运行状态或运动轨迹符合某个预定的要求，即使被控对象的运行性能满足预定的性能指标。被控对象的运行状态或运动轨迹称为被控过程，简称为过程。显然，过程不仅与被控对象本身有关，还与被控对象所处的环境有关。因此，在综合控制时，必须把被控对象和它所处的环境统一地加以考虑。这里把被控对象和它所处的环境称为被控系统，由被控系统及其控制器组成的整体称为控制系统，简称系统。过程和被控系统并没有本质差别，只是强调的重点不同而已。控制系统的组成如图 6-10 所示。

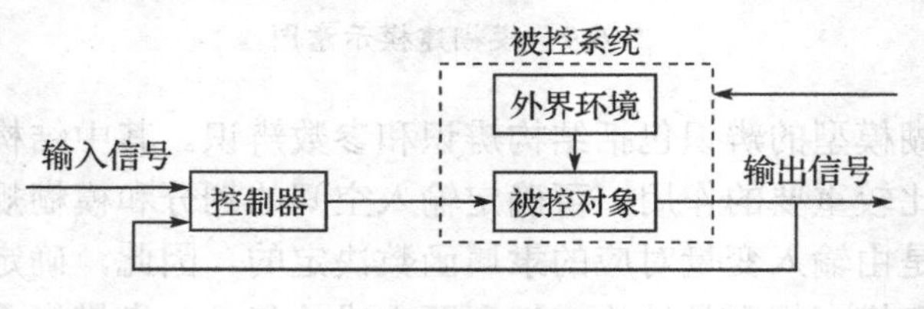

图 6-10 控制系统的组成

如果被控系统的脉冲响应函数或传递函数已知，可以用经典控制理论设计控制器，使控制系统的性能指标满足要求。如果过程的运动方程已知，可以用最优控制理论设计最优控制器，使控制系统的某项性能指标最优。然而，实际上在许多工程中，被控对象或过程的数学模型事先是难以确定的，即使在某一条件下已确定的数学模型，在工况和条件改变后，其动态参数乃至模型的结构也经常发生变化。例如，由于近地点和高空的空气密度不同，飞机在由近地点飞向高空的过程中其动力学特性变化很大，因此，其控制特性随高度、飞行速度的不同而变化，一些参数的变化率为 10%～50%；导弹在飞行过程中，其质量和重心位置会随着燃料的消耗而改变，这也会影响其数学模型的参数。这种变化的例子在过程控制、电力拖动、船舶控制和冶金过程中还有很多。

当被控对象的数学模型参数在小范围内变化时，可用上述方法来减小或消除参数变化对控制品质的影响。如果被控对象的参数在大范围内变化，上述方法就不能圆满地解决问题了。为了较好地解决被控对象参数在大范围内变化时系统仍能自动地保持在某种意义下接近最优运动状态这个问题，有学者提出了一种新的设计思想——自适应控制。

6.4.2 自适应控制的基本理论

多年来，关于自适应控制的定义一直没有统一，许多学者从他们各自的观点和认识出发，都力图对自适应控制给出一个合适的定义。例如，Truxal 对它的定义为：“任何按自适应观点设计的系统均为自适应系统”；Gibson 对它的定义比较具体：“一个自适应控制系统必须能提供被控对象当前状态的连续信息，也就是要辨识对象；它必须将系统当前的性能与希望的或者最优的性能进行比较，并做出使系统趋向希望的或最优性能的决策；最后，它必须对控制器进行适当的修正以使系统趋向最优状态。这三方面的功能是自适应控制系统所必须具有的”。关于自适应控制，到目前为止还没有公认的定义。

自适应控制的研究对象是具有一定程度不确定性的系统，这里所谓的“不确定性”是指被控系统的数学模型和被控对象所处的环境事先不完全知道，或者被控对象的结构和参数随着工作情况和环境的变化而改变，且受到外界环境的干扰。

任何一个实际系统都具有不同程度的不确定性，这些不确定性有时表现在系统内部，有时表现在系统外部。系统结构、参数、模型化误差等的不确定性是不确定性的系统内部表现。系统外部干扰、环境变化等的影响是不确定性的系统外部表现。这种不确定性的外部表现通常是不可预知的，它们可能是常值的扰动，如负载扰动等，也可能是随机的扰动，如海浪、阵风等。此外，还有一些测量噪声从不同的测量反馈回路进入系统。这些随机的扰动和噪声的统计特性常常是未知的。面对这些客观存在的各式各样的不确定性，如何设计适当的控制作用，使得某一指定的性能指标达到并保持最优或近似最优，这就是自适应控制所要解决的问题。

与传统的控制方法相比，自适应控制方法最显著的特点是不仅能控制一个已知系统，还能控制一个完全未知的系统或部分未知的系统。它的控制策略、控制规律是建立在未知系统的基础上的，它不但能抑制外界干扰、环境变化、系统本身参数变化的影响，在某种程度上，还能有效地消除模型误差等的影响。从这个意义上讲，自适应控制范围更加广泛，控制程度更加深入，更有实际应用价值。

自适应控制系统的基本结构如图 6-11 所示，图中的可调系统可以理解为这样一个系统，即能够通过调整它的参数或者输入信号来调整系统的特性。对输出的性能指标进行分析，通过比较-判定产生偏差信号，使自适应机构产生自适应控制律，从而实现对系统的整定。

判断一个系统是否真正具有“自适应”的基本特征，关键看其是否存在对性能指标的闭环控制。有许多控制系统被设计成参数变化时具有可接受的特性，习惯上，它们常常被称为“自适应控制系统”。但是，它们并没有对性能指标的闭环控制，因而这样的系统并不是真正的自适应控制系统。

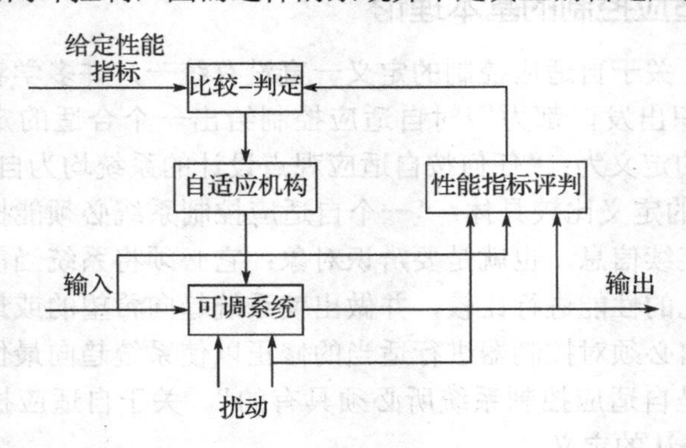

图 6-11 自适应控制系统的基本结构

【任务】
查找资料，找出模型参考自适应控制系统与自校正控制系统在机器人控制中的应用。

自适应控制的广泛应用，促进了自适应控制理论与技术的发展，目前已经建立了很多自适应控制律。自适应控制系统可按照不同角度进行分类：通常，按被控对象的性质可分为确定性自适应控制系统、随机自适应控制系统；按照自适应机构对可调系统的作用可分为参数自适应控制系统、系统综合自适应控制系统。除此之外，自适应控制系统还可分为两大类：模型参考自适应控制系统和自校正控制系统。

1. 模型参考自适应控制系统

模型参考自适应控制系统的基本结构如图 6-12 所示。系统包含一个参考模型，也即理想模型。模型的输出 y_m 代表了该系统期望的动态响应，即表征了对系统性能的要求。当参考模型的输出与实际系统输出 y_p 有差异时，产生偏差信号 ε，通过自适应机构做出相应决策，由执行机构改变可调系统控制器的参数以达到消除误差的目的，使实际系统与参考模型的动态响应一致。在具体设计过程中，一般首先设计参考模型，然后设计控制器，因而在设计参考模型之前必须对被控对象和控制目标有相当的了解，这样才能保证存在控制器使得实际系统与参考模型一致。

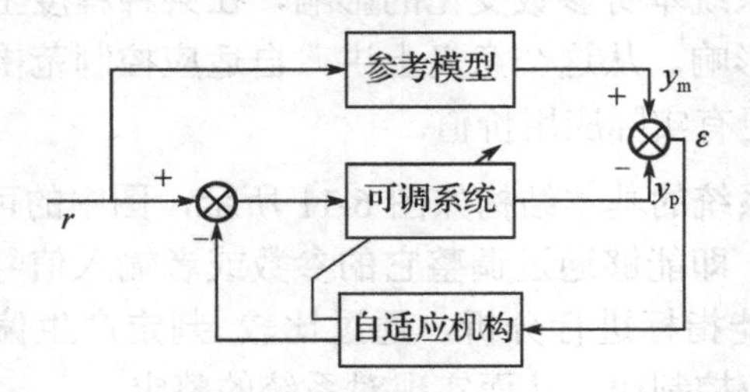

图 6-12 模型参考自适应控制系统的基本结构

模型参考自适应控制系统所研究的问题主要是如何设计一个稳定的、

具有高性能的自适应机构的适应算法，既能确保系统有足够的稳定性，又能使广义误差得以消除。这种自适应控制系统的本质是要使被控闭环系统的特性和参考模型的特性一致，这就往往需要在被控系统的闭环回路内实现零极点的对消，因此这类系统通常只适用于逆稳定系统。

模型参考自适应控制技术可以用来设计自适应模型跟随控制系统，也可以用来进行参数辨识，还能用于设计自适应状态观测器。这三类应用构成了模型参考自适应控制技术应用的主要方面。

模型参考自适应控制系统最初是由美国麻省理工学院的 Whitaker 教授于 20 世纪 60 年代提出的，并用参数最优化理论导出了自适应控制律的算法，称为 MIT 方案。这一方案的最大缺点是不能确保所设计的自适应控制系统是全局渐近稳定的。因此，在 20 世纪 60 年代中期，德国学者 Parks 提出了用李雅普诺夫（Lyapunov）第二法来推导自适应算法的自适应控制系统设计方法。从此以后，许多学者在这方面做了大量工作。罗马尼亚学者 Popov 于 20 世纪 60 年代提出超稳定性理论之后，法国学者 Landau 于 20 世纪 70 年代把这一理论应用到模型参考自适应控制系统的设计中，并引起各国学者的重视。后来，许多学者在模型参考自适应控制系统的稳定性、收敛性及控制方案的选择等方面都做出了贡献。

2. 自校正控制系统

自校正控制系统的基本结构如图 6-13 所示。它与模型参考自适应控制系统的机理不尽相同，上面指出，采用模型参考自适应控制系统需要对被控对象有很深的了解，否则不能保证实际系统的存在和使偏差信号 $\varepsilon \to 0$。事实上，控制中通常假设被控对象是一个“黑箱”，不能保证建立其精确模型，而根据不精确模型构造参考模型的难度很大。

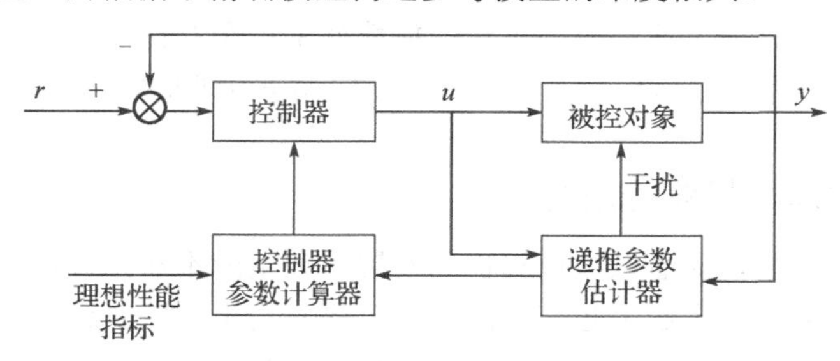

图 6-13 自校正控制系统的基本结构

设计自校正控制器的本质是设计统计意义上的最优控制律，为了达到最优，需要在线辨识被控对象的模型，估计随机干扰对输出的影响。如图 6-13 所示，自校正控制系统有两个回路，一个回路包括被控对象和控制器，称为内环，其性能指标类似于通常的反馈控制系统；另一个回路由递推参数估计器和控制器参数计算器组成，称为外环。在运行过程中，首先根据被控对象的输入、输出信息，利用递推参数估计器（实际上是某一种辨识算法），对被控对象进行在线辨识，然后根据由辨识结果得来的过程模型参数和事先指定的性能指标自行校正控制算法，在线地综合控制作用，使控制效果最终达到某个预定的目标。通常要考虑随机扰动和测量噪声给系统带来的影响，即当被控对象的性能发生大幅度变化时，仍然能使其动态性能达到预定的性能要求。

自校正控制系统的控制方法可分为常规控制（PI控制、PID控制等）、最小方差控制、二次型最优控制等。其参数估计方法有随机逼近法、最小二乘法、辅助变量法和最大似然法等。通过对各种控制律和不同参数估计方法进行组合，可构成各种自校正控制算法。

自校正调节器是在1973年由瑞典学者Astrom和Wittenmark首先提出来的，1975年剑桥大学的Clark和Gawthrop提出自校正控制器。1979年Wellstead和Astrom提出极点配置自校正控制器和伺服系统的设计方案。在离散时间随机自适应控制的稳定性和收敛性方面，澳大利亚学者Goodwin做出了很大贡献。

自适应控制是针对变化提出的，因而要分析对象的不确定性。自适应控制的根本在于设计一个能够适应对象和环境变化的自适应控制律。自适应控制律最重要的特性包括稳定性、收敛性和鲁棒性。

（1）稳定性。稳定性问题是一切控制系统的核心问题，自适应控制系统当然也不例外。自适应控制系统的稳定性是指系统的状态、输入、输出和参数等变量，在干扰的影响下应当总是有界的。

（2）收敛性。自适应控制算法具有收敛性是指在给定的初始条件下，算法能渐近达到预期目标，并在收敛过程中保持系统的所有变量有界。

（3）鲁棒性。自适应控制系统的鲁棒性是指在存在扰动和未建模动力学特性的条件下，系统保持其稳定性和一定动态性能的能力。

6.4.3 自适应控制的应用

近几十年来，随着微型计算机的发展和理论的不断完善，自适应控制技术在工程界得到了越来越广泛的应用，如应用于化工、造纸、船舶驾驶与定位、水泥、发酵、空调、飞机驾驶、机械手、发动机、加热炉等领域，大大改善了系统性能，取得了明显的效果。

【思考】
思考未来自适应控制可能会应用到的领域，以及未来的改进方向。

在机器人控制领域，自适应控制将大大增强未来无人工厂中机器人的作用。运用自适应控制，可增强机器人适应环境的能力，使用具有适应环境能力的机器人可减少使场地合理化所需的费用。自适应控制还将减少制造中的废品与返工的费用，配有自适应控制系统的机器人能在工作过程中同时进行质量控制。自适应控制的应用有传送带分拣机械臂、自适应机械臂插头、自适应机械臂平面抛光、自适应机械臂斜面抛光，具体如图 6-14 所示。

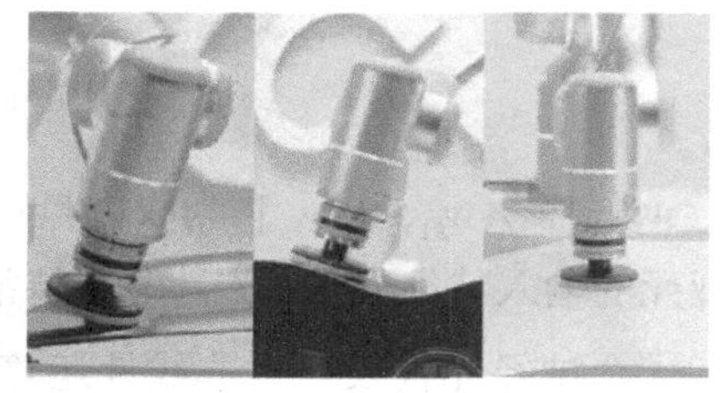

图 6-14　自适应控制的应用

【思政引领】

自从开启工业文明之后，世界强国的兴衰史和中华民族的奋斗史一再证明，没有强大的制造业，就没有国家和民族的强盛。如今，需要推进制造过程的智能化，在重点领域试点建设智能工厂/数字化车间，加快人机智能交互、工业机器人、智能物流管理、增材制造等技术和装备在生产过程中的应用，促进制造工艺的仿真优化、数字化控制、自适应控制。要推进信息化与工业化深度融合，需要更多学者的努力及人才引进，为中华民族的伟大复兴贡献力量。

6.5　神经网络

人工智能技术大幅提高了机器人的智能化程度，不仅使机器人具备了基本的图像识别能力，还赋予了机器人语言沟通能力、情感交流能力和强大的逻辑计算能力。而神经网络是人工智能技术的重要分支。

神经网络由于其独特的仿生结构模型和固有的非线性模拟能力，以及高度的自适应和容错特性等特征，在机器人控制领域获得了广泛的应用。这些应用涵盖了智能控制理论研究中的绝大多数问题，应用形式主要有机器学习、自然语言理解、计算机视觉、图像分割、系统建模和辨别等。本节主要讨论神经网络的相关知识。

6.5.1 神经网络基础知识

神经网络的组成单元是神经元。神经元的模型借鉴了人们对动物神经元的认知，由 n 个激励信号通过加权得到的线性组合称为神经元的激活，用符号 a 表示。在神经网络中，为了表示一个具体的神经元，假设一个神经元的标号为 k，则该神经元的激活表示为 a_k，与该神经元相关的一组权系数记为 w_{ki}，$i=1,2,\cdots,n$，这里 n 表示特征向量的维度。w_{ki} 表示激励信号 x_i 对激活 a_k 贡献的加权，w_{k0} 表示偏置，或理解为一个哑元 $x_0=1$ 对激活的贡献。一个激活 a_k 表示为

$$a_k=\sum_{i=1}^{n}w_{ki}x_i+w_{k0}=\boldsymbol{w}_k^{\mathrm{T}}\overline{\boldsymbol{x}} \tag{6-16}$$

$\boldsymbol{w}_k=[w_{k0},w_{k1},\cdots,w_{kn}]^{\mathrm{T}}$ 为权向量；$\overline{\boldsymbol{x}}=[x_0=1,x_1,\cdots,x_n]^{\mathrm{T}}=[1,\boldsymbol{x}^{\mathrm{T}}]^{\mathrm{T}}$ 为增广了哑元的输入特征向量；$\boldsymbol{x}$ 为输入特征向量。

一个神经元代表一个非线性运算关系，式（6-16）表示一个神经元的激活 a_k，由 a_k 经过一个非线性函数 $\boldsymbol{\Phi}(*)$ 产生神经元的输出 z_k，这里函数 $\boldsymbol{\Phi}(*)$ 称为神经元的激活函数，故一个神经元的输出为

$$z_k=\boldsymbol{\Phi}(*) \tag{6-17}$$

图 6-15 所示为神经元的基本计算结构，第一部分是线性加权求和（包括一个偏置）产生激活，第二部分是通过激活函数产生神经元输出。由于神经元是神经网络的基本组成单元，为了表示起来简单，把求和运算和激活函数运算合并用一个圆圈表示，构成神经元的简化模型，如图 6-16 所示。

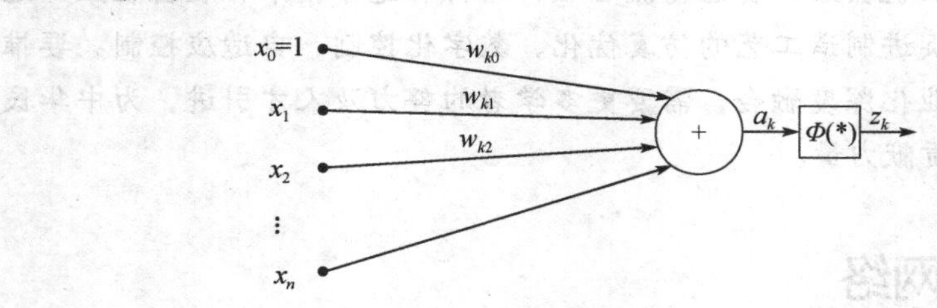

图 6-15　神经元的基本计算结构

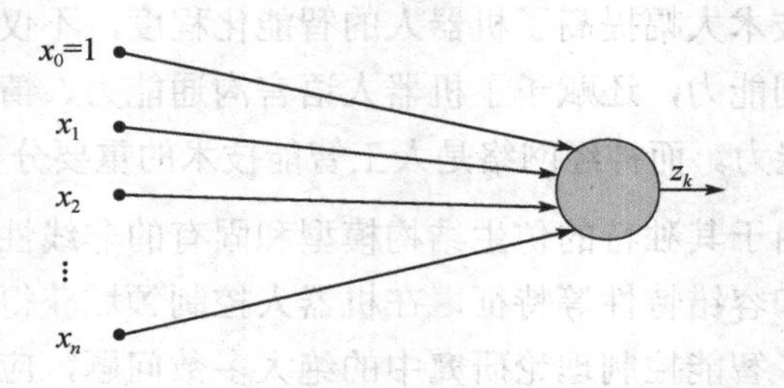

图 6-16　神经元的简化模型

【思考】

激活函数的具体作用是什么？

早期神经元模型的激活函数选用了不连续函数，如符号函数或门限函数。符号函数作为激活函数，其定义为

$$\Phi(a)=\text{sgn}(a)=\begin{cases}1, & a\geqslant 0\\ -1, & a<0\end{cases} \tag{6-18}$$

门限函数作为激活函数，其定义为

$$\Phi(a)=\begin{cases}1, & a>0\\ 0, & a\leqslant 0\end{cases} \tag{6-19}$$

一个神经网络是由若干神经元按照一定方式连接而成的网络，其表示和训练更加复杂。为了能够使用类似于梯度算法这类优化算法对神经网络进行优化，在近代神经网络中，一般不再使用不连续的激活函数，选择激活函数的基本原则是连续性和可导性。

人们在研究神经网络的不同阶段，提出了多种满足不同需求的激活函数。较早使用的一种连续可导激活函数是 Sigmoid 函数，它可看作对门限函数的一种连续近似。其定义为

$$\Phi(a)=\frac{1}{1+\mathrm{e}^{-a}} \tag{6-20}$$

另一种常见的激活函数是双曲正切函数 tanh（*），它可看作对符号函数的一种连续近似，其定义为

$$\Phi(a)=\tanh(a)=\frac{\mathrm{e}^{a}-\mathrm{e}^{-a}}{\mathrm{e}^{a}+\mathrm{e}^{-a}} \tag{6-21}$$

图 6-17（a）、（b）所示分别为 Sigmoid 函数和 tanh 函数在 MATLAB 上的实现。

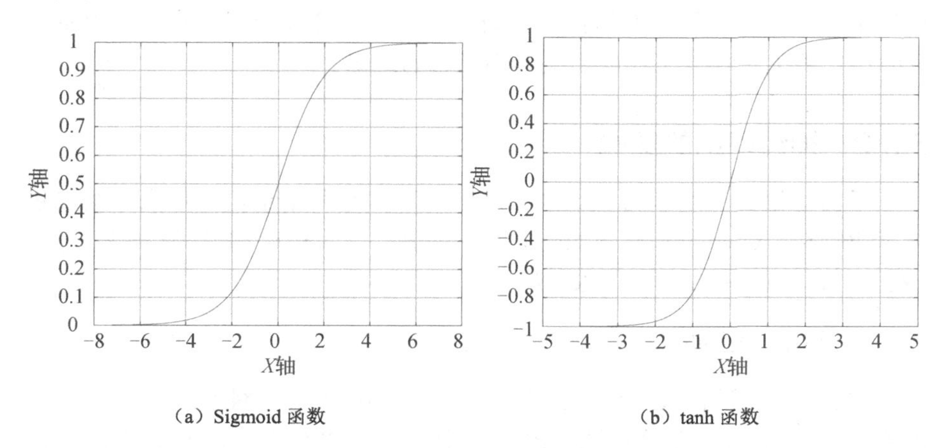

（a）Sigmoid 函数　（b）tanh 函数

图 6-17　Sigmoid 函数和 tanh 函数在 MATLAB 上的实现

20 世纪后期，神经网络使用最多的激活函数是 Sigmoid 函数和 tanh 函数，至今仍有许多神经网络使用这两种激活函数。这两种激活函数的一个

明显缺点是，当激活 a 较大时，函数进入饱和区域，相应导数接近 0，再通过梯度学习算法，收敛会变得很慢甚至停滞。还有一些激活函数被构造和使用，如 ReLU、Maxout 等，本节就不一一具体介绍了。

【任务】
找出神经网络的不足之处。

从控制的观点来看，神经网络可以被看作一个多输入、多输出的非线性动力学系统，并通过一组状态方程和一组学习方程加以描述。状态方程描述每个神经元的兴奋或抑制水平与它的输入及输入通道的连接强度间的函数关系，而学习方程描述输入通道的连接强度应该怎样修正。神经网络通过修正这些连接强度进行学习，从而调整整个神经网络的输入输出关系。

神经网络的主要特征如下：

（1）可以充分逼近任意复杂的非线性系统。

（2）可以学习和适应不确定性系统的动态特性。

（3）由于大量神经元之间广泛连接，即使有少量端元连接损坏，也不影响系统的整体功能，表现出很强的容错性。

（4）采用并行分布处理方法，使得快速进行大量运算成为可能。

由于神经网络的这些特点，用它作为控制器时不需要知道被控对象精确的数学模型，并且对于外界环境和系统参数的变化，它也表现出很强的自适应性。这使得神经网络特别适用于机器人的动态控制。

根据控制系统的结构不同，机器人的神经网络控制系统可以划分为很多类型，如直接自适应控制系统、间接自适应控制系统、模型参考自适应控制系统、学习控制系统、直接反馈控制系统等。虽然神经网络在机器人控制中得到了广泛的应用和研究，但是由于其发展的时间并不长，其理论还远未成熟，因此神经网络控制的研究、应用大都停留在仿真和实验室研究阶段，离大规模的工业应用还有相当长的距离。

6.5.2 神经网络的结构

下面讨论在深度学习领域中常用的几种神经网络结构，重点介绍卷积神经网络（Convolutional Neural Network，CNN）和递归神经网络（Recurrent Neural Network，RNN）。

1. 卷积神经网络

卷积神经网络（CNN）是目前机器学习中常用的网络之一，尤其在图像处理和计算机视觉领域有出色表现。我们将会看到，与基本的全连接网络相比，CNN 有三个基本性质：稀疏连接、参数共享和近似平移不变性。

所谓稀疏连接，是相对于全连接网络的。在全连接网络中，当前层一个神经元的输出通过权系数加权后作为下一层所有神经元的输入，同理，下一层神经元接收来自当前层神经元的所有输出作为输入。若当前层有 K_i 个神经元，上一层有 K_{i-1} 个神经元，则从 i-1 层到 i 层的权系数数目为 K_i。但在CNN中，当前层神经元的输出只作为下一层相邻若干神经元的输入，同样，下一层的一个神经元的输入也只接收当前层相邻的若干神经元的输出，即从当前层到下一层不再是全连接，而是局部连接，相比全连接网络，CNN的连接是稀疏的。

再说明一下 CNN 参数共享的含义。当前层的一个神经元的输入是上一层相邻若干神经元的输出，感受到的是上一层近邻神经元的输出，这个输入区域称为当前神经元的感受野。感受野内的信号加权形成当前神经元的激活，相邻神经元有不同但区域大小相等的感受野，各神经元的激活是各自感受野的信号用相同的一组权系数加权求和产生的，即各神经元使用了相同的权系数向量，这组共享的权系数称为卷积核。

输入信号的平移对应输出信号相同的平移，这是卷积运算自身的性质，即线性时不变系统的基本性质，但完整的卷积网络中还有其他操作，这些因素使CNN不能保持严格的平移不变，但通过合理地设计池化单元和选择激活函数，CNN 可以近似保持平移不变。平移不变是很多图像处理任务所要求的，如要识别图像中的一只狗，做了平移后仍然是一只狗。

这些性质使得 CNN 更容易优化和训练，同时在很多应用场景中又可以得到很好的效果。

所谓CNN，是指一个神经网络中主要的神经元运算采用卷积运算。卷积运算被神经网络用来作为基本构造块之前，在线性系统理论和信号处理等领域早已研究和应用多年，有极为丰富的成果。尽管CNN中用到的卷积与线性系统理论中标准卷积的形式略有不同，但本质上仍是卷积，下面对卷积做一个概述。

在线性系统理论中，卷积表示一个线性时不变系统的输入输出关系，若一个系统的单位冲激响应为 $h(t)$，系统的输入信号为 $x(t)$，则系统输出为

$$y(t)=\int_{-\infty}^{+\infty}x(\tau)h(t-\tau)\mathrm{d}\tau=x(t)*h(t) \tag{6-22}$$

式中，符号*表示卷积。式（6-22）是针对连续信号和连续系统的形式，在离散系统中实现时，卷积采用离散形式，即

$$y[n]=\sum_{k=-\infty}^{+\infty}x[k]h[n-k]=x[n]*h[n] \tag{6-23}$$

式中，$h[n]$ 表示离散系统的单位抽样响应，在CNN的术语中称为卷积核。卷积满足可交换性，可做简单的变量替换，即

$$\begin{aligned} y[n] &= \sum_{k=-\infty}^{+\infty} x[k]h[n-k] = x[n] * h[n] \\ &= \sum_{k=-\infty}^{+\infty} h[k]x[n-k] = h[n] * x[n] \end{aligned} \tag{6-24}$$

卷积还有另一个重要性质，即平移不变性。若 $x[n]$ 作为输入时，输出为 $y[n]$，则当 $x[n-n_0]$ 作为输入时，输出为 $y[n-n_0]$，即输入对象平移对应在输出中表现为相同的平移。这个性质还可以推广为 $x_1[n]$ 对应输出 $y_1[n]$，$x_2[n]$ 对应输出 $y_2[n]$，则当输入为 $ax_1[n-n_1]+bx_2[n-n_2]$ 时，对应输出为 $ay_1[n-n_1]+by_2[n-n_2]$。即输入中多个对象做不同移动时，对应各对象在输出中有相同的移动。

2. 递归神经网络

在许多应用中，输入特征向量 $\boldsymbol{x}$ 具有明确的序列特性，即 $\boldsymbol{x}$ 是严格按照次序 $x^{(1)}, x^{(2)}, \cdots, x^{(t-1)}, x^{(t)}$ 出现的，这里上标表示次序序号，小的序号先出现。这种按照顺序排列的数据称为时间序列，序列中相邻成员往往具有相关性，这种相关性也可理解为记忆性。CNN 可以处理这种序列数据，但不够灵活，带反馈回路的递归神经网络（RNN）更适合处理这种序列数据。尽管时间序列中的序号可以是时间，也可以是任何表示顺序的指标，但为了叙述简单，通常用时间序列说明。

RNN 的基本结构如图 6-18 所示，图中标为隐藏层的单元是前馈神经网络，可以是一个单层全连接网络，包括非线性激活函数运算。隐藏层的输出通过一个单位时间延迟单元延迟后，接入输入端，这条通道是反馈回路，反馈回路引入系统的记忆性。单位时间延迟是指若当前隐藏层输出为 $h(t)$，则通过单位时间延迟单元接入输入端的是 $h(t-1)$。反馈运算是在隐藏层完成的，最后由隐藏层再次通过一个前馈神经网络产生输出，输出层也可看作一个单层的全连接层。

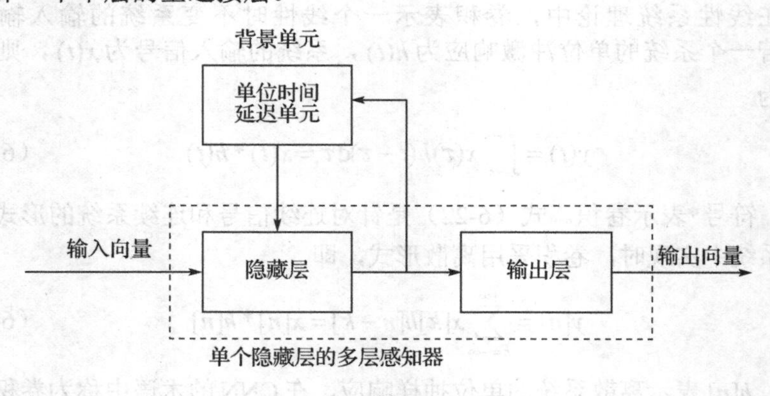

图 6-18　RNN 的基本结构

图 6-18 所示的结构与线性系统理论中的动力系统类似。描述一个动力

系统的核心变量是状态变量，即状态变量表示系统的变化和记忆能力，若用$h^{(t)}$表示t时刻的状态变量，则$h^{(t)}$能够表达输入从起始时刻到t时刻对系统的贡献，而系统后续的变化则由$h^{(t)}$和后续输入确定，对于一个线性动力系统，在时刻t，若输入为$x^{(t)}$，则描述状态变化的关系式称为状态方程，即

$$h^{(t)} = \boldsymbol{A}h^{(t-1)} + \boldsymbol{B}x^{(t)} \tag{6-25}$$

系统的输出为

$$\hat{y}^{(t)} = \boldsymbol{C}h^{(t)} + \nu^{(t)} \tag{6-26}$$

式中，$\boldsymbol{A}$、$\boldsymbol{B}$、$\boldsymbol{C}$为描述系统的参数矩阵；$\nu^{(t)}$为输出的偏置或噪声。

图6-18扩展了线性动力系统的能力，加入了非线性激活函数，用$\boldsymbol{\varPhi}(*)$表示激活函数，用符号$h^{(t)}$表示状态，也是隐藏层输出，则相应的非线性状态方程为

$$h^{(t)} = \boldsymbol{\varPhi}(\boldsymbol{A}h^{(t-1)} + \boldsymbol{B}x^{(t)}) \tag{6-27}$$

尽管通过单位延迟反馈构成的动力系统表示式（6-27）中，时刻t的输出只显式地与上一个时刻的状态$h^{(t-1)}$和当前输入$x^{(t)}$有关，经由状态$h^{(t-1)}$的记忆，$h^{(t)}$记忆了从起始时刻输入序列$x^{(t)},x^{(t-1)},\cdots,x^{(2)},x^{(1)}$的贡献。为了更好地理解，将式（6-27）表示为更简单的形式

$$h^{(t)} = f(h^{(t-1)}, x^{(t)}; \boldsymbol{\theta}) \tag{6-28}$$

式中，$\boldsymbol{\theta}$为式（6-27）的参数矩阵；f表示$\boldsymbol{\varPhi}$和矩阵运算的复合函数形式。设开始输入之前状态有初始值$h^{(0)}$，输入从$t=1$时刻开始，则可逐次使用式（6-28）计算，得到以下序列。

$$\begin{cases} h^{(1)} = f(h^{(0)}, x^{(1)}; \boldsymbol{\theta}) \\ h^{(2)} = f(h^{(1)}, x^{(2)}; \boldsymbol{\theta}) = f[f(h^{(0)}, x^{(1)}; \boldsymbol{\theta})] = g^{(1)}(x^{(2)}, x^{(1)}) \\ \quad \vdots \\ h^{(t)} = f(h^{(t-1)}, x^{(t)}; \boldsymbol{\theta}) = f[g^{(t-1)}(x^{(t-1)}, \cdots, x^{(2)}, x^{(1)}), x^{(1)}; \boldsymbol{\theta}] \\ \quad = g^{(t)}(x^{(t)}, x^{(t-1)}, \cdots, x^{(2)}, x^{(1)}) \end{cases} \tag{6-29}$$

式中，$g^{(t)}$为缩写的复合函数。可见，在状态方程的这种表示中，状态$h^{(t-1)}$概括了$t-1$时刻之前输入的贡献，这是状态一词的含义。以上分析说明RNN中，通过反馈回路，用一种紧凑的结构表示了系统对序列数据的记忆性。

本节介绍了可在机器学习中广泛使用的两种神经网络：CNN和RNN。由于CNN和RNN应用的广泛性，本节对CNN和RNN做了详细的介绍。此外，还有一些其他神经网络，在不同时期发挥过作用，如Boltzmann机和受限Boltzmann机、径向基函数（Radial Basis Function，RBF）网络、自组织（SOM）网络等。

下面介绍一种无监督学习神经网络：自编码器。它是一类神经网络，可用于学习输入数据的有效表示，这种表示称为隐表示或编码。

3. 自编码器

自编码器由两部分组成，一部分称为编码器，将输入特征向量$\boldsymbol{x}$表示为一个隐藏向量，可表示为向量$\boldsymbol{c}$；另一部分称为解码器，将编码向量$\boldsymbol{c}$转换为输出$\hat{\boldsymbol{x}}$，$\hat{\boldsymbol{x}}$是对输入$\boldsymbol{x}$的一种重构。

图 6-19 所示为自编码器的结构。输入特征向量$\boldsymbol{x}=[x_1,x_2,x_3,x_4,x_5]^{\mathrm{T}}$，通过一层全连接网络，在隐藏层产生只有 3 个分量的向量$\boldsymbol{c}=[c_1,c_2,c_3]^{\mathrm{T}}$，这里将$\boldsymbol{c}$作为对$\boldsymbol{x}$的一种表示，常规的自编码器$\boldsymbol{c}$是比$\boldsymbol{x}$更低维的向量，是对$\boldsymbol{x}$的一种降维表示，这样的自编码器是欠完整的。将$\boldsymbol{c}$送入下一层全连接网络，得到输出向量$\hat{\boldsymbol{x}}$，这里$\hat{\boldsymbol{x}}$是对$\boldsymbol{x}$的重构，理想情况下$\hat{\boldsymbol{x}}=\boldsymbol{x}$。

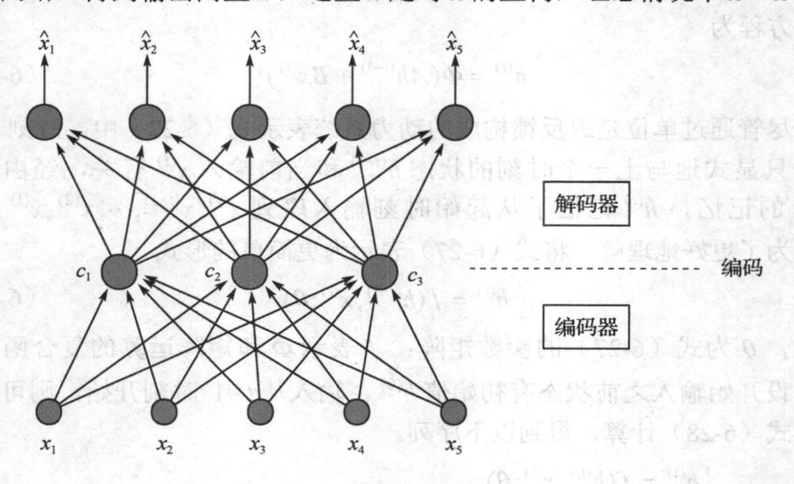

图 6-19　自编码器的结构

从编码表示的角度，自编码器的底层部分为编码过程，输出编码表示$\boldsymbol{c}$。单纯从对输入特征向量进行有效特征表示的目的看，只需要编码器，但从自编码器训练的角度讲，解码器是必需的部分。在训练结束后，可根据需要保留或抛弃解码部分。

给出自编码器的更一般描述。设通过一个样本集$\{\boldsymbol{x}_n\}_{n=1}^{N}$训练一个自编码器，设$\boldsymbol{x}_n$为$D$维向量，对应编码向量$\boldsymbol{c}_n$为$K$维向量，故自编码器的两部分相当于两个映射函数$f$、$g$分别完成映射关系，即

编码器　$f: R^D \to R^K$

解码器　$g: R^K \to R^D$

对于一个给定样本$\boldsymbol{x}_n$，编码器输出$\boldsymbol{c}_n=f(\boldsymbol{x}_n)$，解码器输出$\hat{\boldsymbol{y}}_n=\hat{\boldsymbol{x}}_n=g(\boldsymbol{c}_n)$，由于重构$\hat{\boldsymbol{x}}_n$要求尽可能逼近$\boldsymbol{x}_n$，因此，可以将图 6-19 所

示的自编码器看作两层全连接网络，当输入为 $\boldsymbol{x}_n$ 时，其标注也为 $\boldsymbol{x}_n$，这样就将自编码器训练问题从无监督学习转化为监督学习。

6.5.3 神经网络的学习

神经网络的学习过程就是对它训练的过程，指的是通过神经网络所在环境的刺激作用调整神经网络的自由参数，使神经网络以一种新的方式对外部环境做出反应的过程。也就是在将由样本向量构成的样本集合（简称样本集或训练集）输入人工神经网络的过程中，按照一定的方式去调整神经元之间的连接权，使得网络能将样本集中的内在结构以连接权矩阵的方式存储起来，从而使得在网络接收输入时可以给出适当的输出。神经网络经过反复学习会对所处的环境更为了解，能够从环境中学习和在学习中提高自身性能是神经网络最有意义的特性。学习算法是指对学习问题的明确规则集合。学习类型是由参数改变的方式决定的，不同的学习算法对神经网络的突触权值调整的表达式有所不同。没有一种独特的学习算法适用于所有的神经网络。选择或设计学习算法时还需要考虑神经网络的结构及神经网络与外界环境相连的形式。

目前神经网络的学习方式有很多种，按有无监督分类，可分为监督学习、无监督学习和强化学习等。在监督学习中，所有的训练数据都是有标签的，神经网络学习系统根据应有响应和实际响应之间的误差，来调节神经网络的权值，最终使误差变小。监督学习系统如图 6-20 所示。在监督学习中，教师用来训练学习系统，保证在新的输入下，学习系统可以得到正确的输出。

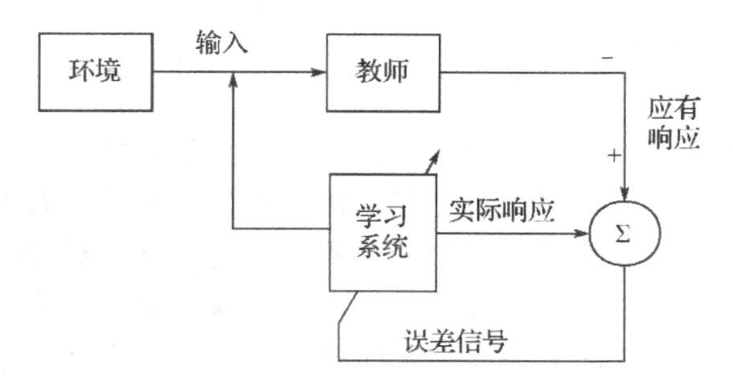

图 6-20 监督学习系统

相应地，在无监督学习中，所有训练数据都没有标签，系统完全按照环境所提供数据的某些统计规律来调节自身参数或结构（这是一种自组织过程），以表示外部输入的某种固有特性。其学习过程为：系统提供动态输入信号，使各个单元以某种方式竞争，获胜者的神经元或其邻域得到增强，其他神经元进一步被抑制，从而将信号空间划分为多个有用的区域。无监督学习系统如图 6-21 所示。

强化学习，又称再励学习。这种学习方式介于无监督学习和监督学习之间，外部环境对系统输出结果只给出评价信息（奖惩机制），而不给出正确答案。学习系统通过强化那些受奖励的动作来改善自身的性能。强化学习系统如图 6-22 所示。

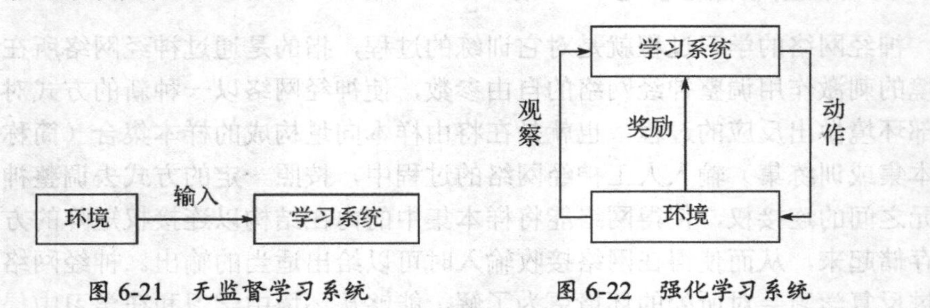

图 6-21 无监督学习系统　　图 6-22 强化学习系统

现如今，神经网络的应用领域十分广泛。

（1）利用神经网络进行系统辨识。将神经网络作为被辨识系统的模型，可在已知常规模型结构的情况下，估计模型的参数。此外，可利用神经网络的线性、非线性特性，建立线性、非线性系统的静态、动态、逆动态及预测模型，实现系统的建模和辨识。

（2）神经网络可作为控制器，对不确定、不确知系统及扰动进行有效的控制，使控制系统达到所要求的动态、静态特性。

（3）将神经网络与专家系统、模糊控制、遗传算法等相结合，可设计出新型智能控制系统。

6.6 机器学习

机器人的核心是机器人的控制系统，对机器人控制的研究涉及多学科，如机械学、计算机科学与工程、控制科学与工程、人工智能、生物学、社会学等。智能机器人控制的重要特点之一就是对传统机器人模型的智能控制范畴在数学上进行了引申，不再以数学中传统的机器人模型微分方程或差分方程的智能表达来简单地对机器人进行建模。现代智能控制算法以机器学习为主。此外，现代智能控制算法还包括人工神经网络法、遗传算法和深度强化学习算法等智能算法。本节主要讲述机器学习的相关知识。

6.6.1 什么是机器学习

机器学习是由亚瑟·塞缪尔于 1959 年提出的。机器学习指的是一种计算机程序，它可以通过学习产生一种行为，而这种行为不是由程序的作者明确编程实现的。因此，机器学习可以概括为：“使用正确的特征来构建正确的模型，以完成既定的任务”。

为了了解一个机器学习系统的构成，以图6-23所示的基本结构流程为例，简要说明机器学习的过程和主要组成部分。

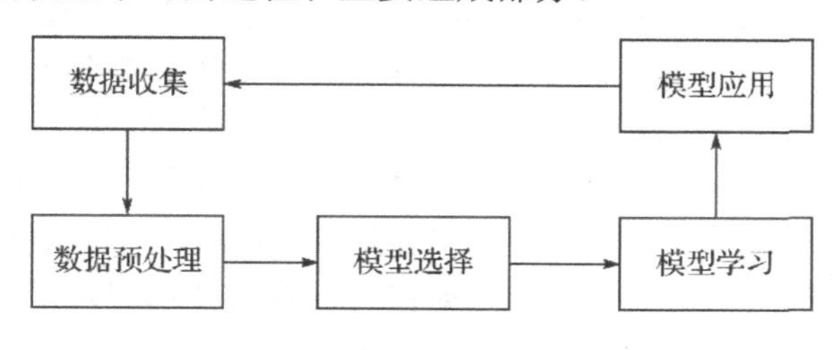

图6-23 机器学习系统的基本结构流程

对于一个需要用机器学习解决的实际问题，第一步是数据的收集。根据任务的不同，收集数据的方式也不同。收集到数据以后，要考虑数据的可用性，对数据进行选择（或称为数据预处理），规范数据结构，删除一些不合格的数据等。

完成上述预处理后，根据应用需要，可能需要对数据样本做标注。具体为：数据预处理后，可能直接使用这个数据，也可能从这个数据中抽取特征向量，将特征向量作为机器学习的输入。

模型选择和模型学习是机器学习的核心。这里所谓的模型，是指机器学习最终需要确定的一种数学表示形式。目前，人们已经提出了多种机器学习模型或假设，如线性回归、神经网络、支持向量机等。对于一个机器学习任务，一般会选定一种模型，如目前图像识别首选的是神经网络模型，尤其是卷积神经网络，选定模型后，使用已收集并预处理的数据集，通过机器学习的算法确定模型，其中包含很多复杂的过程，如训练、验证和测试等，甚至需要在模型选择和模型学习之间反复循环。学习并确定模型的过程称为学习过程或训练过程。

一个机器学习进入应用后，其结果可以反馈给设计者，同时设计者可能收集了更多数据，这些数据可用于进一步改进并更新系统，从而得到更好的实际效果。

机器学习的应用领域很广，其中应用较深入且人们较为熟悉的领域有图像分类和识别、计算机视觉、语音识别、自然语言处理、推荐系统、网络搜索引擎等；在无人系统领域的应用有智能机器人、无人驾驶汽车、无人机自主系统等。在一些更加专业的领域，如通信与信息系统领域，机器学习的应用包括通信、雷达等的信号分类和识别、通信信道建模等。机器学习还可应用于生命科学和医学、机械工程、金融和保险、物流航运等领域。

【任务】

通过对本节内容的学习，写出机器学习每一构成部分的作用或特点。

1. 数据收集：

______

2. 数据预处理：

______

3. 模型选择：

______

4. 模型学习：

______

5. 模型应用：

______

6.6.2 机器学习与机器人控制

当前的机器人，不论是工业机器人、军用机器人，还是服务型机器人，要么依赖于预先编写好的程序进行重复性工作，要么虽然人不在工作现场，但是仍然由人类进行远程操控。如今，人们对于机器人智能化、解放人类劳动力的需求越来越高，尤其是在人工智能蓬勃发展的时候，提升机器人的智能化水平，使其在特定场景下自主完成一些任务已经成为可能。越来越多的科研人员开始研究如何将机器人技术和人工智能技术结合起来。

【问题】
机器学习分为哪几类？

当前人工智能技术是一系列机器学习算法的总称。目前，根据数据集的可用信息将机器学习分为监督学习、无监督学习、半监督学习和强化学习，也有人称后两者为弱监督学习，其分类如图 6-24 所示。每个分类里面包含许多具体的算法，6.5 节提到的卷积神经网络算法是一种监督学习算法。

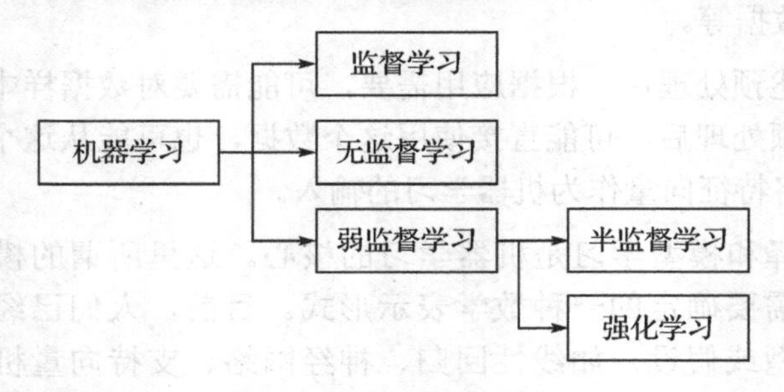

图 6-24 机器学习的分类

1. 监督学习

为了便于理解，我们将机器学习系统看作一个黑盒，在给定一些输入时会产生一些输出。如果我们已经有一些历史数据，且这些历史数据包含一组输入和其对应的输出，也即所有的训练数据都是有标签的，则基于这些数据的学习称为监督学习。监督学习的经典示例有回归和分类。

例如，假设我们已经知道在某地的 8 套房子的面积和出售价格。现在有另一套不同于以上 8 套房子面积的房子需要出售，根据以上 8 套房子的已知数据，应用学习算法来建立回归方程，并加以外推，来预测当前房子的出售价格。用术语来讲，这是经典的回归问题，我们用学习算法试着推测出一个连续的值，即房子的出售价格。常用的回归算法有线性回归、逻辑回归、K-近邻算法等。

假设我们已经测量了 3 种不同花（百合、月季、荷花）的 4 种不同属性（萼片长度、萼片宽度、花瓣长度和花瓣宽度）。首先我们对每种花的 20 个个体进行了测量，然后将这些数据作为训练数据，其中训练模型的输入为 4 种可测量的属性，输出为花的种类。以监督学习的方式训练合适的模型，一旦模型训练好，就可以根据萼片和花瓣的尺寸对花进行分类。这是经典的分类问题，试着推测出离散的输出值。常用的分类算法有支持向量机、决策树和随机森林等。

2. 无监督学习

在监督学习中，我们的目标是学习从输入到输出的映射关系，其中输出的正确值已知。然而，在无监督学习中，没有被标记的数据。也即我们已有数据集，却不知如何去处理，也不知每个数据点的具体表达内容，我们的目标是发现输入数据中的规律。输入空间存在着某种结构，使得特定的模式比其他模式更常出现，而我们希望知道哪些输入经常出现，哪些输入不经常出现。无监督学习的经典示例为聚类。常用的聚类算法有 k-均值聚类算法、主成分分析、核主成分分析等。

聚类的目标是发现输入数据的簇或分组。在前面小节的示例中，我们对 3 种花的萼片和花瓣尺寸进行了测量。但是，我们没有每组测量的花的确切名称，我们所拥有的只是一组测量值。此外，我们被告知这些测量值属于 3 种不同的花。在这种情况下，可以使用无监督学习自动识别 3 组测量值所属的类簇。但是，由于标签未知，我们所能做的就是将每个类簇称为 flower-type-1、flower-type-2 和 flower-type-3。如果给出一组新的测量值，我们可以找出与它最接近的类簇，并将它归类为其中之一。

3. 半监督学习

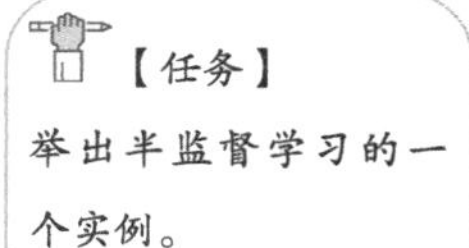

【任务】

举出半监督学习的一个实例。

半监督学习可认为是介于监督学习和无监督学习之间的一种类型。对样例进行标记大多需要人工，有些领域的样本需要专家进行标记，标记成本高，耗费时间长，所以一些样本集中只有少量样本有标记，而其他样本没有标记，这样的样本需要半监督学习方法来处理。半监督学习模型如图 6-25 所示。

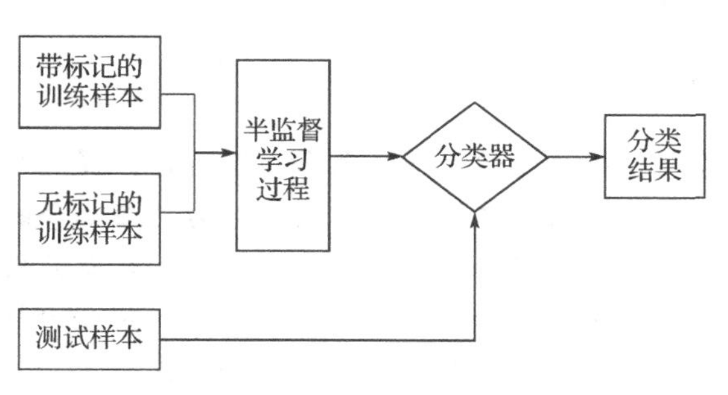

图 6-25　半监督学习模型

4. 强化学习

强化学习的训练和无监督学习一样都使用未标记的训练集，其核心是描述并解决智能体在与环境交互过程中通过学习策略达成最大化回报或实现特定目标的问题。强化学习是解决智能控制问题的重要机器学习方法。

下面通过一个例子给出对强化学习的直观的理解。例如，训练一个智能体与人类对抗玩一类游戏，游戏的每步可能会得分或失分，把得分作为一种奖励。奖励只能评价动作的效能，并不能直接指导智能体怎样做下一步动作。奖励的长期积累（长期收益）决定游戏的最终结果。起始时智能体的策略可能是随机动作，不太可能赢得游戏，需要不断试错以改进策略，找到在各种游戏状态下动作的最优选择，即最优策略。在强化学习过程中，尽管奖励和长期收益可能指导最终学习到好的策略，但是奖励本身只是一种评测，并不能直接指导下一步该怎么做。与监督学习相比，强化学习的监督力是弱的。从这种意义上看，强化学习是一种弱监督学习。

目前，与机器人结合较多的算法是有监督学习算法和强化学习算法。研究人员利用机器学习算法，使得机器人具备学习能力，以达到人们想要的控制效果。但是，机器学习与机器人控制的结合仍然处于探索中。机器学习在图像和声音识别领域大放异彩，为何在与控制技术结合的过程中会遇到些许难题？其原因既有控制本身的问题，也有机器学习算法的问题。

（1）机器学习解决的传统的图像检测等问题都是“独立”的。在图像检测中，假设所有的输入是独立同分布的，不同图片之间不会互相影响输出结果。然而在机器人的控制过程中，机器人的前后行为之间具有明显的时序性和关联性。

（2）机器学习之前解决的问题大都是无主体的。无主体的含义是图像检测过程中只有输入图像和输出结果，除此之外再无其他。而机器人控制过程是包含机器人本体这一主体的，而且这一主体对于控制的影响很大。机器人的控制不只要考虑输入的环境信息，还要考虑机器人本身的状态信息。

（3）机器学习之前解决的问题大都是静态的，而机器人控制过程是动态的。机器人的行为与环境是相互作用、互相影响的，环境信息影响着机器人当前的决策，机器人执行决策之后又会使得观测到的环境发生改变。环境和机器人自身的状态时刻都处于动态变化之中。

【思政引领】

综合以上原因，将机器学习与机器人控制结合，提高机器人行为的智能化道路仍在探索中，需要莘莘学子的共同努力。在如今的大数据时代，国内涌现一批研究机器学习平台的优秀企业，比如九章云极、阿里云、华为云、第四范式、美林数据等。九章云极 DataCanvas 平台提供自动化机器学习分析和实时计算能力，帮助业务分析师和数据科学家快速协同开发，实现自动化模型创建、管理和应用支持；阿里云关注云计算、人工智能、大数据、云原生、物联网、5G 等方面，以及各类前沿科技的动向和新兴技术的发展趋势。未来，以机器学习为主的算法和新兴技术，定会为行业升级及科技进步注入新的活力和动力。

6.6.3 机器学习的应用

随着科技的发展，机器学习已是一个蓬勃发展且有大好前景的重点学科。机器学习作为一项具备巨大生产力的革命性技术，对人类社会的各个方面都产生了革命性的影响。目前，机器学习已与生物、教育、交通等学科交叉融合，并且碰撞出了智慧的火花。

在机器人领域，很多机器人公司开始使用机器学习来训练商用机器人，训练内容包括机器人控制、工作调度、自动驾驶技术等。2017 年，DeepMind 公司发布的最新强化版的 AlphaGo Zero 超越了之前所有版本。作为人工智能领域中最具前景的重要分支，机器学习得到了前所未有的关注。2015 年微软开始在 ImageNet 上做图像识别。百度旗下的"小度"和小米旗下的"小爱同学"等虚拟智能助手的普及和运用，无人自动驾驶技术行驶过程中的无人干扰，这几个项目的成功，一是基于大数据；二是基于人工计算分析能力的提高；三是基于先进的人工智能技术和算法。先进的机器学习技术和大数据技术的融合和应用，使不同的大数据学习技术和方法出现，对电子工程应用和计算机科学研究等领域的复杂技术问题的研究和解决具有明显的意义和优势。而研究机器人的控制技术，不仅需要丰富的工程机械和电子工程技术知识，还需要机器人相关的智能学习及控制技术知识。实际上，机器学习可以推动机器人快速学习和成长，让机器人的行为动作从被动转向主动，从单纯地执行工作转变为思考创作。

【思考】
未来你对机器学习的期望是什么？

通过分析各种智能设备的使用记录，机器人能够了解使用者喜欢的音乐、电影及购物习惯、娱乐方式，能够比真实恋爱对象给予使用者更多的关心和理解，还能够节省大量的社交成本。也许在不久的将来，人们可能会在高成本且难以预测的真实恋爱和低成本且绝对忠诚的虚拟恋爱之间进行选择。

机器学习经历了萌芽期、停滞期、复兴期、成熟期，现在机器学习处于蓬勃发展期。机器学习算法得到了广泛的应用。从目前趋势来看，机器学习今后主要的研究方向是发展和完善现有学习方法，同时探索新的学习方法，重点研究人类学习机制，建立实用的学习系统，开展多种学习方法协同工作的集成化系统的研究，以期将来机器学习能更大程度地改善人们的生活。

习题 6

一、填空题

1. 行为主义主张人工智能起源于________，认为智能取决于________，提出智能行为的________模式。

2．一般情况下，机器人的行为包括________。避障是指________，避碰是指________。

3．模糊逻辑是一种________的方法和工具。由于语言信息通常呈经验性，是模糊的，因此解决问题的关键是________。

4．模糊控制器的基本结构有________、________、________和________四部分。

5．与传统的控制方法相比，自适应控制方法最显著的特点是不但________，而且________。

6．自校正控制系统的控制方法可分为________、________、________和________等。

7．神经网络的组成单元是________。神经元是一种________运算关系。

8．目前，神经网络的学习方式有很多种，按有无监督分类，可分为________、________和________等。

9．机器学习指的是一种________，它可以通过学习产生一种行为，而这种行为不是________。因此，机器学习可以概括为________。

10．在机器人领域，很多机器人公司已开始使用机器学习来训练商用机器人，训练内容包括________、________、________等。

二、判断题（正确的在括号内打“√”，错误的打“×”）

1．基于行为的控制法是一种自顶而下的方法。（　）

2．模糊集合的概念的引入，可将人的判断、思维过程用简单的数学形式直接表达出来。（　）

3．机器人模糊控制是利用模糊控制中的模糊辨识方法来建立其模糊模型进而实现控制的。（　）

4．自适应控制属于智能控制理论中的机器人控制技术。（　）

5．自适应控制通过比较-判定产生偏差信号，使自适应机构产生自适应控制律，从而实现对系统的整定。（　）

6．神经网络的组成单元是神经元。（　）

7．卷积神经网络算法是一种无监督学习算法。（　）

8．无监督学习常用的算法有 k-均值聚类算法、主成分分析、支持向量机等。（　）

第7章

智能机器人仿真与软件设计

本章主要介绍常用的机器人研究相关的建模与仿真软件。本章主要内容是 ROS 机器人操作系统，并重点介绍其常用功能。

通过学习本章内容，读者可对 SolidWorks 软件的使用有一定的熟练度，对机器人操作系统 ROS 具备一定的使用能力，能较为熟练地使用 RobotStudio 软件。

7.1 智能机器人虚拟仿真

机器人虚拟仿真是通过计算机对实际的机器人系统进行模拟的技术，即将虚拟现实技术应用于机器人仿真环境，利用计算机技术在原有的视觉临场感基础上，增加虚拟场景。

机器人仿真技术为机器人的研究和设计提供了一个方便、快捷的平台。国内外从 20 世纪 70 年代就开始了机器人仿真方面的研究工作，也涌现了一些用于机器人仿真的设计平台，如瑞士 ABB 公司配套的软件 RobotStudio。RobotStudio 支持机器人的整个生命周期，使用图形化编程和调试系统来模拟机器人的运行，并优化现有的机器人程序。国内一些机器人公司为了与自行设计的机器人硬件配套，往往也提供机器人设计与编程的仿真软件，但该类软件所提供的传感器等辅助器件非常有限，安装位置也比较具有局限性，通用性较差，且不能在仿真时有效地考虑重力、摩擦力和阻力等因素对机器人系统的影响。

7.1.1 机器人虚拟仿真的意义

仿真的主要意义不在于取代实际的硬件，而在于提供一个一致性较好、不确定因素可控的评估对象/环境。机器人凭借其工作效率高、稳定可靠、能在高危环境下作业等多方面优势，在智能化中发挥着重要的作用。因此，机器人的研究一直都是一个热点问题。机器人是集高技术设备、高精度传感和高智能算法于一体的，因此设计、开发、生产机器人的成本非常高。如果没有通过计算机虚拟仿真验证就直接生产新机器人产品，有可能在花费大量时间和经费进行检测或试运行后才发现硬件设计上的问题，此时就必须停止现有产品的生产，对部分部件进行改进，这样就大大浪费了生产时间、人力和资源，增加了成本。

7.1.2 机器人虚拟仿真的对象

由上可知，机器人虚拟仿真的主要目的是帮助评估机器人结构和算法的设计，因此，仿真的对象主要有以下几个方面：

（1）机器人本体的运动学和动力学特性：如移动机器人在二维平面的运动，机械臂的关节及末端执行器的运动，飞行器在空间的运动等。

（2）机器人工作的环境：如工业流水线场景，无人驾驶出租车所在的交通环境。

（3）传感器：如特定视角下机器人“看”到彩色/深度图像，激光雷达扫描到距离点等。

7.1.3 机器人建模与仿真

计算机建模与仿真技术是虚拟制造的关键技术，随着计算机软、硬件的快速发展，计算机建模与仿真技术在制造业中得到广泛的应用。正是在这一背景之下，制造企业的经营理念和对制造系统的要求发生了深刻的变化。制造企业纷纷推行数字化设计与制造，通过在产品全生命周期中的各个环节深化计算机技术的应用，促进传统产品在各个方面的技术更新，使企业在持续动态多变、不可预测的全球性市场竞争环境中生存发展并不断地扩大其竞争优势。计算机建模与仿真技术是目前国际制造业中广泛采用的数字化设计与制造手段，它解决了产品性能要求的不断提高对设计能力提出的挑战，满足了市场竞争条件下开发周期不断缩短的要求，可以在最短时间内设计制造出高质量的产品，并尽可能降低设计成本。

【任务】

通过网络课堂学习，掌握以下知识。

1. 机器人虚拟仿真的定义：

2. 用 SolidWorks 软件建模的步骤：

3. ROS（机器人操作系统）中的常用功能：

4. 应用ROS的机器人：

5. RobotStudio 软件的功能：

7.2 SolidWorks 机器人建模

在 SolidWorks 之前，业界迫切需要一个可以将三维实体建模与桌面程序的易用性相结合的功能全面的软件包。于是，SolidWorks 便应运而生。SolidWorks 的诞生源自 Hirschtick 的远见卓识。1993 年，Hirschtick 和他的同事开发出一种可以在 Windows 平台上运行的三维 CAD 软件，1995 年推出 SolidWorks 第一个版本，在短短两个月的时间内，该软件就因易于使用而备受推崇。与以往相比，有更多的工程师可以利用三维 CAD 软件设计出生动优秀的产品。现今，DS SolidWorks 公司提供了一套完整的工具集，用于创建、仿真、发布和管理数据，最大限度提高工程资源的创新和生产效率。所有这些解决方案协同工作，可让用户更好、更快、更经济高效地设计出产品。

目前，我国的机械制造业与国外相比还是有差距的，特别是各种高端机械产品（如各种精细加工的机床母机），每年还需大量进口。我国又是一个制造业大国，对机械产品的使用量很大，有很大的机械从业人员需求量。

7.2.1 SolidWorks 软件的特点

SolidWorks 系列软件是能够帮助用户轻松建立产品模型的三维建模软件。SolidWorks 是全球专业的计算机三维机械设计软件、分析软件和产品数据管理软件，具有系列零件设计表等，广泛应用于工程制图建模、机械模型设计、工业设备零件设计、钣金与焊接设计等领域。

SolidWorks 软件是世界上第一个基于 Windows 系统开发的三维 CAD

软件，它采用了 Windows 图形化的操作界面。SolidWorks 软件的用户界面如图 7-1 所示，下面介绍 SolidWorks 软件的特点。

图 7-1 SolidWorks 软件的用户界面

1. 基本特征

正如装配体是由许多单独的零件组成的一样，SolidWorks 中的模型是由许多单独的元素组成的，这些元素称为特征。

在进行零件或装配体建模时，SolidWorks 软件使用简单的几何体（如凸台、孔、肋板、圆角、倒角）建立特征，特征建立后就可以直接应用到零件中。SolidWorks 软件在被称为 FeatureManager 设计树（特征管理器设计树）的窗口中显示模型基于特征的结构。FeatureManager 设计树不仅可以显示特征创建的顺序，还可以使用户很容易地得到所有特征的相关信息。

2. 参数化

用于创建特征的尺寸与约束关系可以被 SolidWorks 记录并保存于设计模型中。这不仅可使模型充分体现设计人员的设计意图，还便于模型修改。

（1）驱动尺寸：驱动尺寸是指创建特征时所用的尺寸，包括与草图中几何体相关的尺寸和与特征自身相关的尺寸。例如，一个圆柱凸台的特征为：凸台的直径由草图中圆的直径来控制，凸台的高度由创建特征时拉伸的深度决定。

（2）几何关系：几何关系是指草图中几何体之间的平行、相切、同心等信息，以前这类信息是通过特征符号在工程图中表示的。根据草图中的几何关系，SolidWorks 可以在模型设计中完全体现设计人员的设计意图。

3. 实体建模

实体模型是 CAD 系统中使用的信息最全面的几何模型类型，包含了完整描述模型的边和表面所必需的所有线框和表面的几何信息，除几何信息外，它还包括把这些几何体关联到一起的拓扑信息。一个拓扑的例子为，哪些面相交于哪条边（曲线）。这种关联使一些操作变得简单，如圆角过渡，只需选一条边并指定圆角的半径值就可以完成。

4. 全相关

SolidWorks 模型与其工程图及参考它的装配体是全相关的。对模型的修改会自动反映到与之相关的工程图和装配体中。同样，设计人员也可以在工程图和装配体中进行修改，这些修改也会自动反映到模型中。

5. 约束

SolidWorks 支持约束，如平行、垂直、水平、竖直、同心和重合这样的几何约束。此外，还可以使用方程式来建立参数之间的数学关系。通过使用约束和方程式，设计人员可以实现“通孔”或“等半径”之类的设计意图。

6. 设计意图

在 SolidWorks 中，关于模型被改变后如何表现的计划称为设计意图或设计思路，也可以认为设计意图是实际工作的设计要求。例如，用户创建了一个凸台，在上面有一个不通孔，当移动凸台的位置时，不通孔应该随之移动。同样，如果用户创建了有 6 个等距孔的圆周阵列，当把孔的数目改为 8 个后，孔之间的角度也应该能够自动改变。在设计过程中，使用什么方法来建立模型，取决于设计人员如何体现设计意图，以及体现什么类型的设计意图。

7.2.2 工件设计

SolidWorks 软件中有草图绘制、零件建模、工程图、装配体、运动仿真等基本模块。使用 SolidWorks 设计工件的步骤是：首先创建草图，然后利用草图进行零件设计，最后将设计好的零件进行装配。

利用草图绘制工具，绘制零部件二维平面图。在绘制草图的过程中要确定草图各元素间的几何关系、位置关系，即确定零件的定形和定位尺寸；并且绘制草图的时候需要注意，草图应尽量简单，以便于特征的管理和修改。图 7-2 所示为一个 SolidWorks 软件的草图绘制界面。

在草图绘制好后，可以通过使用特征工具在草图的基础上进行拉伸、旋转、抽壳、阵列、拉伸切除、放样等操作，完成零件的建模。SolidWorks 软件的建模界面如图 7-3 所示。

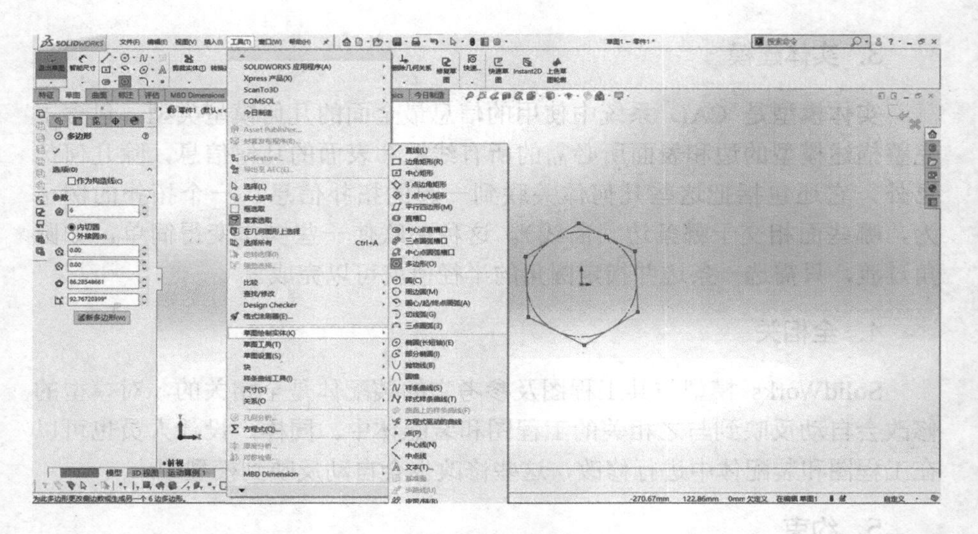

图 7-2 SolidWorks 软件的草图绘制界面

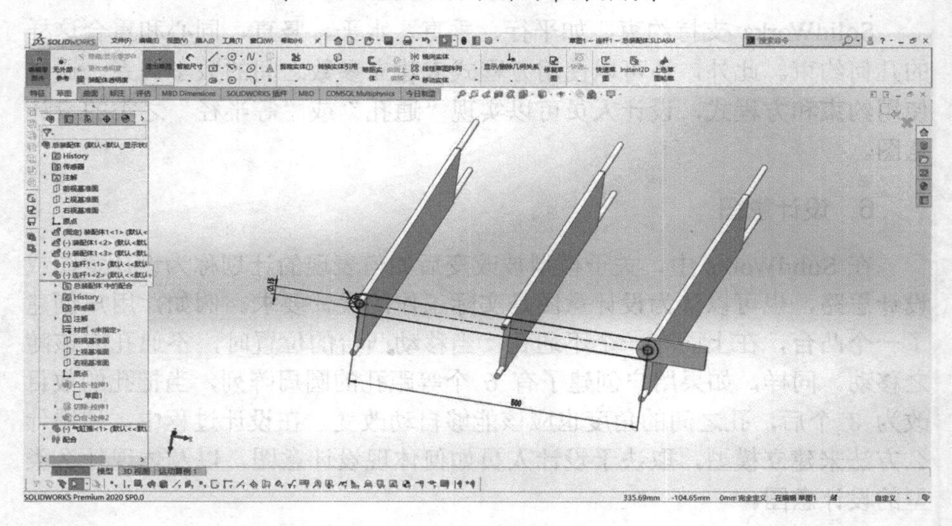

图 7-3 SolidWorks 软件的建模界面

最后将设计好的零件进行装配，在装配时需要按照某种约束关系进行组装，形成产品的虚拟装配。

SolidWorks Motion 是 SolidWorks 中的一个高性能的插件，是能够帮助完成样机设计的仿真分析工具，它既可以对众多的机械结构进行运动学和动力学仿真，也可以反馈机械设备的速度、加速度、作用力等。利用 SolidWorks Motion 可完成样机动画制作、图标信息的反馈，在制作样机前就将可能存在的错误结构反馈给设计者，为后续的改进提供借鉴与参考。

例如，我们完成齿轮运动的分析，大概需要如下步骤：

（1）在装配体中使用链整列来完成齿轮的装配，然后启用 Motion 插件，并选择运动算例。

（2）在 Motion 中添加参数来模拟齿轮实际的运动、受力状况。添加三要素：引力、接触、电动机。

（3）添加所有的要素后，通过 Motion 对电动机的运动过程进行分析，检查是否存在不合理之处，并进行修改调整。也可以通过生成图标来检测数据结果。

7.2.3 用 SolidWorks 搭建机器人模型

机器人模型、描述文件在机器人操作系统（Robot Operating System，ROS）里，通常以“机器人名_description”的形式来命名，并且需要依赖 URDF（Unified Robot Description Format，统一机器人描述格式）功能包，简单的机器人模型可以通过编写 URDF 文件进行描述，但对于一些复杂的机器人，直接编写 URDF 文件就比较烦琐，而使用专业的三维制图软件 SolidWorks 构建模型，然后通过插件导出 URDF 文件会方便很多。下面以较为简单的四轮小车为例进行说明，SolidWorks 的版本为 SolidWorks 2019。模型是由多个零件（多个实体）组成的装配体。

首先在 SolidWorks 中安装 sw2urdf 插件。

然后将图 7-4 所示的小车分为五个部分：四个车轮和小车的上体部分，具有四个自由度。

图 7-4 某智能小车 SolidWorks 模型

接下来就是给每个部分添加坐标系和轴。

（1）建立一个面，在面中心建立一个点，在这个点上建立坐标系，坐标系的方向需要统一，例如 X 轴为转向轴，Z 轴指向下一个装配体。这里依次单击“装配体”→“参考几何体”→“点”选项，如图 7-5 所示，选择小车底盘，会在底盘中间生成一个点。

（2）依次单击“装配体”→“参考几何体”→“坐标系”选项，在底盘中间生成一个坐标系，选择坐标系方向与 ROS 中的坐标系方向相同。如图 7-6 所示，最后以相同的方法为每个车轮创建点和坐标系，坐标系方向与 ROS 中的一致。

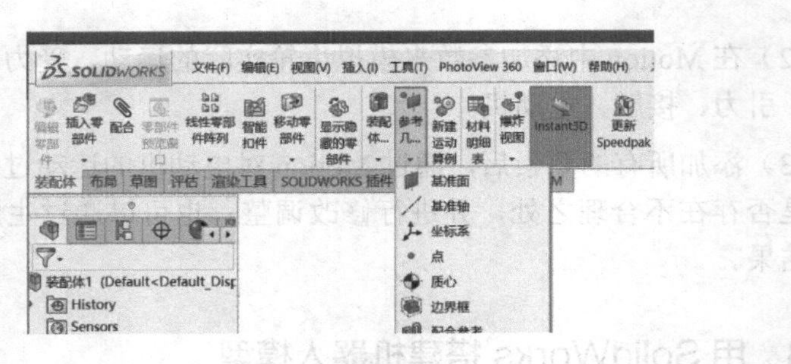

图 7-5　生成底盘的点

图 7-6　生成底盘的坐标系

（3）创建 continue 类型 joint 的旋转轴，依次单击"装配体"→"参考几何体"→"基准轴"选项，为车轮创建旋转轴，左、右前轮共用一个基准轴"基准轴 1"，左、右后轮共用一个基准轴"基准轴 2"，基准轴要与车轮转轴重合，如图 7-7 所示。需要注意的是，当 child link 要围绕基准轴做旋转运动时，child link 的坐标系原点要建在基准轴上，或者坐标系的一轴要与基准轴重合，这样才能保证 child link 是围绕基准轴旋转的，而不是绕坐标系的轴运动的。

图 7-7　基准轴的建立

（4）打开插件，进行配置。依次单击“工具”→“File”→“Export as URDF”选项，进入配置界面，如图 7-8 所示，需要注意的是，要先配置 base_link，将坐标系设置为刚才为 base_link 创建的坐标系，将 Link Components 设置为小车底盘，小车底盘变成蓝色，将 Number of child links 设置为 4，因为小车底盘连接有 4 个轮子，如图 7-9 所示。

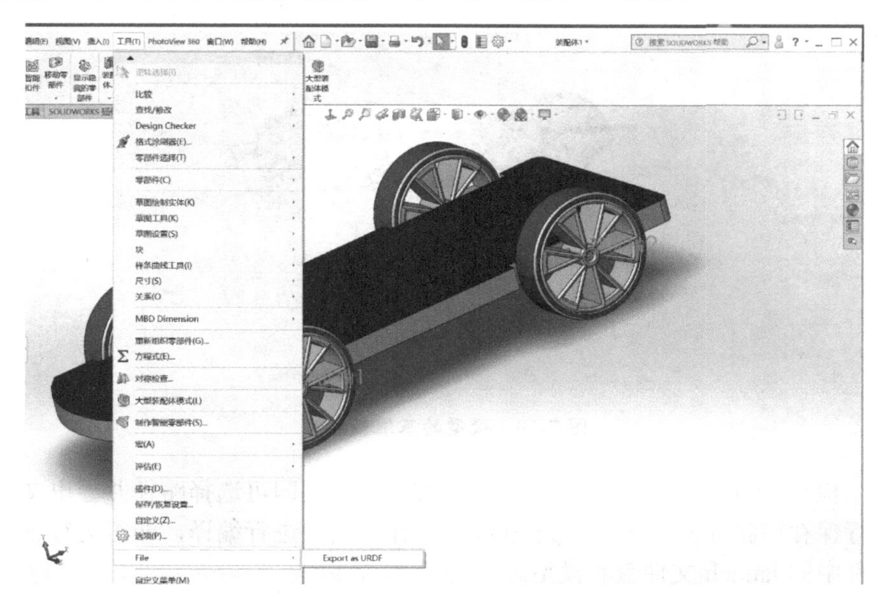

图 7-8　单击“工具→File→Export as URDF”选项

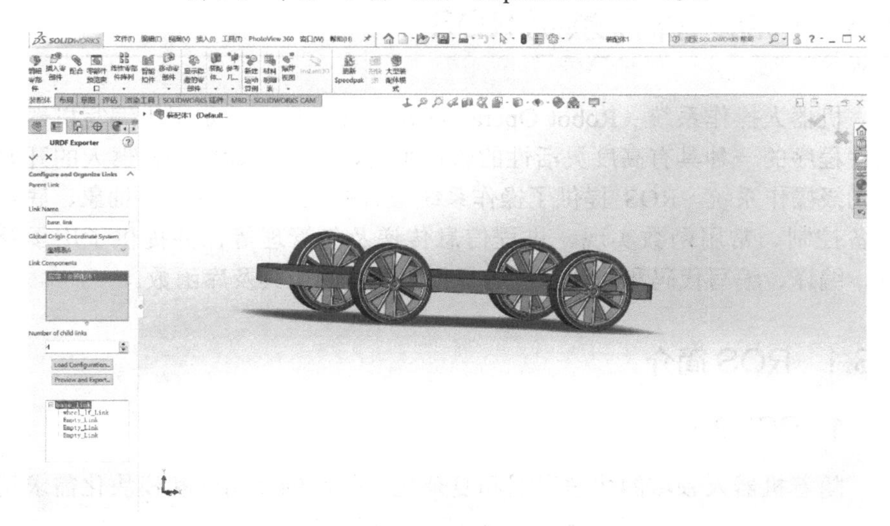

图 7-9　模型的坐标系配置

（5）对车轮进行配置，将坐标系设置为刚才为左前轮创建的坐标系，将 Reference Axis 设置为“基准轴 1”，将 Joint Type 设置为 continuous，

Link Components 设置为左前轮，左前轮变成蓝色。同理，对另外三个轮子进行配置，如图 7-10 所示。

图 7-10 模型的基准轴配置

检查 Link 配置参数是否有问题，若没有问题即可选择路径并导出文件进行保存。将导出的文件放到 ROS 的工作空间中进行编译，即可运行导出文件中的 launch 文件查看模型。

7.3 机器人操作系统 ROS

机器人操作系统（Robot Operating System，ROS）是用于编写机器人软件程序的一种具有高度灵活性的软件平台，是一个适用于机器人的开源的元级操作系统。ROS 提供了操作系统应有的服务，包括硬件抽象、底层设备控制、常用函数实现、进程信息传递及包管理等，并提供了用于获取、编译、编写代码和跨计算机运行代码所需的工具及库函数。

7.3.1 ROS 简介

1. ROS 的起源

随着机器人领域的快速发展和复杂化，代码的复用性和模块化需求越来越强烈，而已有的开源机器人系统又不能很好地适应需求。2010 年，Willow Garage 公司发布了开源机器人操作系统（ROS），很快在机器人研究领域掀起了学习和使用 ROS 的热潮。

ROS 系统起源于 2007 年斯坦福大学人工智能实验室的项目与机器人

技术公司 Willow Garage 的个人机器人项目之间的合作，2008 年之后就由 Willow Garage 来推动。随着 PR2 机器人那些不可思议的表现，譬如叠衣服、插插座、做早饭，ROS 得到越来越多的关注，对于 ROS 的使用也就显得越发重要起来。图 7-11 所示为两种典型的基于 ROS 的机器人。

图 7-11 基于 ROS 的机器人

2. 设计目标

ROS 的设计目标是为机器人软件开发提供一个灵活、模块化、可重用的平台。具体来说，ROS 的设计目标包括以下几个方面：

（1）灵活性：ROS 应支持各种不同类型的机器人和各种不同类型的传感器与执行器。ROS 的核心是一组工具和库，这些工具和库可以在不同类型的机器人上使用，并且可以与不同类型的硬件和软件通信。

（2）模块化：将机器人软件开发分解为许多模块。每个模块可以独立开发和测试，并且可以通过 ROS 连接到其他模块。这种模块化的设计使得机器人软件开发更加灵活和可维护。

（3）可重用性：ROS 应支持开发者编写可重用的代码，这些代码可以被其他开发者和机器人项目所使用。ROS 引入了包（Package）的概念，开发者可以将一组相关的代码打包到一个包中，并通过 ROS 发布和共享这个包。

（4）分布式计算：ROS 应支持机器人系统的分布式计算，可以在多台计算机上运行 ROS 节点（Node），这些节点可以相互通信和协作。这种分布式设计使得机器人系统可以扩展到更大的规模。

综上所述，ROS 的设计目标是为机器人软件开发提供一个灵活、模块化、可重用的平台，支持分布式计算。

3. 主要特点

ROS 的运行架构是一种使用 ROS 通信模块实现模块间 P2P 的松耦合的网络连接的处理架构，它执行若干种类型的通信，包括基于服务的同步 RPC（远程过程调用）通信、基于 Topic 的异步数据流通信等。但是 ROS 本身并没有实时性。

ROS的主要特点如下。

1）点对点设计

ROS的点对点设计及服务和节点管理器等机制可以分散由计算机视觉和语音识别等功能带来的实时计算压力，能够应对多机器人遇到的挑战。

2）多语言支持

ROS采用了语言中立性的框架结构。ROS现在支持多种不同的语言，如C++、Python、Octave和Lisp，也包含其他语言的多种接口实现。

3）精简与集成

ROS建立的系统具有模块化的特点，各模块中的代码可以单独编译，而且编译使用的CMake工具使它很容易实现精简的理念。ROS将复杂的代码封装在库里，只创建了一些小的应用程序来实现ROS显示库的功能，允许对简单的代码进行移植和重新使用。

ROS利用了很多已经存在的开源项目的代码，比如从Player项目中借鉴了驱动、运动控制和仿真方面的代码，从OpenCV中借鉴了视觉算法方面的代码，从OpenRAVE中借鉴了规划算法的代码。在每一个实例中，ROS都用来显示多种多样的配置选项，以及与各软件进行数据通信，同时对它们进行微小的改动。ROS可以不断地从社区维护中升级，包括从其他的软件库、应用补丁中升级ROS的源代码。

4）工具包丰富

为了管理复杂的ROS软件框架，使用了大量的小工具去编译和运行多种多样的ROS组件，并设计成内核，而不是构建一个庞大的开发和运行环境。

这些工具负责各种各样的任务，如组织源代码的结构，获取和设置参数，形象化端对端的拓扑连接，测量频带使用宽度，生动地描绘信息数据，自动生成文档等。

5）免费且开源

ROS以分布式的关系遵循BSD许可，也就是说允许各种商业和非商业的工程进行开发。

7.3.2 ROS总体框架

1. 总体框架

根据ROS系统代码的维护者和分布不同，ROS主要有两大部分：

（1）main：核心部分，主要由Willow Garage公司和一些开发者设计、提供及维护。它提供了一些分布式计算的基本工具。

（2）universe：全球范围的代码，由不同国家的 ROS 社区组织开发和维护。例如库的代码，如 OpenCV、PCL 等；库的上一层代码是从功能角度提供的代码，如人脸识别，它们调用下层的库；最上层的代码是应用级的代码，可让机器人完成某一确定的功能。

2. ROS 的分级

ROS 主要分为三个级别：计算图级、文件系统级、社区级，如图 7-12 所示。

1）计算图级

计算图是 ROS 处理数据的一种点对点的网络形式。程序运行时，所有进程及它们所进行的数据处理，将会通过一种点对点的网络形式表现出来。这一级主要包括几个重要概念：节点（Node）、消息（Message）、主题（Topic）、服务（Service）。

（1）节点。节点是一些执行运算任务的进程。ROS 利用规模可增长的方式使代码模块化：一个系统是由很多节点组成的。在这里，节点也可以称为软件模块。我们使用节点使得基于 ROS 的系统在运行的时候更加形象化：当许多节点同时运行时，可以很方便地将端对端的通信绘制成一个图表，在这个图表中，进程就是图中的节点，而端对端的连接关系就是图中的弧线连接。

（2）消息。节点之间是通过传送消息进行通信的。每个消息都有一个严格的数据结构。系统对标准的数据类型（整型、浮点型、布尔型等）都是支持的，也支持原始数组类型。消息可以包含任意的嵌套结构和数组（类似于 C 语言的结构 struct）。

（3）主题。如图 7-13 所示，消息以一种发布/订阅的方式传递。一个节点可以在一个给定的主题中发布消息。一个节点可针对某个主题关注与订阅特定类型的数据。可能同时有多个节点发布或者订阅同一个主题的消息。总体上，发布者和订阅者不了解彼此的存在。

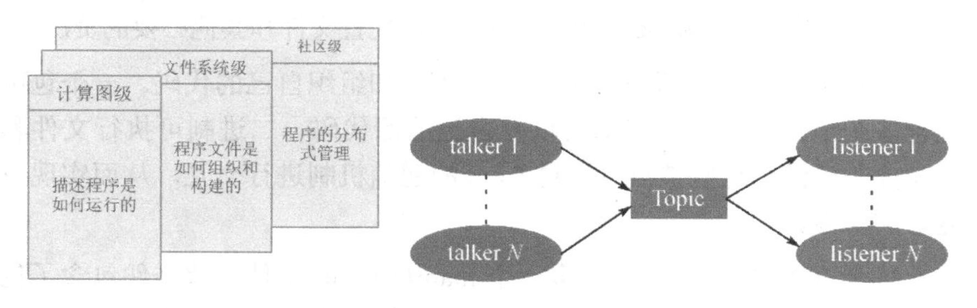

图 7-12 ROS 的分级　　图 7-13 消息传递流程图

（4）服务。在ROS中，服务（Service）是一种节点之间的双向通信方式，它允许节点请求某些服务并等待响应。服务由一个请求（Request）和一个响应（Response）组成。请求包含客户端节点需要发送给服务节点的数据，响应包含服务节点返回给客户端节点的数据。

服务与ROS消息（Message）有些类似，不同之处在于服务是双向通信的，而消息是单向通信的。服务与ROS节点（Node）密切相关，服务可以由一个节点提供，由另一个节点请求该服务。

ROS中服务的使用场景广泛，例如一个节点可以提供服务来读取机器人传感器数据，另一个节点可以请求该服务并获取传感器数据。服务也可以用于机器人控制，例如一个节点可以提供服务来移动机器人，另一个节点可以请求该服务并指定移动方向和速度。

服务可以通过ROS程序API（应用程序接口）在代码中定义和实现，也可以通过ROS命令行工具roscpp创建和使用。在ROS中，服务和消息都使用ROS IDL（接口定义语言）进行定义，ROS IDL可以根据定义生成对应的源代码。

综上所述，服务是ROS中的一种双向通信方式，允许节点之间请求和响应特定的数据。服务与ROS节点紧密相关，可以用于机器人控制、传感器数据读取等场景。服务的定义和使用都可以通过ROS程序API和ROS命令行工具进行。

2）文件系统级

ROS文件系统级指的是在硬盘上查看的ROS源代码的组织形式。

ROS中有无数的节点、消息、服务、工具和库文件，需要有效的结构去管理这些代码。在ROS的文件系统级，有以下两个重要概念：包（Package）、堆（Stack）。

（1）包。

在ROS中，包（Package）是一个组织代码的基本单位。它通常包含一个或多个相关的节点（Node）、库（Library）、配置文件和其他必要的资源。

ROS的包可以让用户更加方便地管理和组织自己的代码。一个包可以包含多个节点，每个节点都可以有自己的源代码、二进制可执行文件和其他必要的资源。这些节点可通过ROS的通信机制进行交互，从而实现更加复杂的功能。

每个ROS的包都应该包含一个manifest.xml文件，该文件包含了包的描述信息、依赖关系和其他元数据。这个文件可以让ROS系统更加方便地管理包之间的依赖关系，并确保所有需要的软件包都已安装。

（2）堆。

在 ROS 中，堆（Stack）是一种软件包的组织形式，它是一组 ROS 软件包的集合，通常是用于实现某种特定的功能或解决某个具体问题的一组软件包。堆和包（Package）的关系类似于文件夹和文件的关系，堆可以包含多个包。

ROS 中常见的堆包括：

ros：是 ROS 的核心堆，包含了 ROS 系统的基本组件，如消息传递模块、节点管理模块、参数服务器等。

common：包含一些 ROS 常用的工具和库，如可视化工具 Rviz、数据记录工具 rosbag、日志输出工具 rosconsole 等。

perception：包含了一些与感知相关的 ROS 软件包，如点云处理、图像处理、激光雷达驱动等软件包。

navigation：包含了机器人导航相关的 ROS 软件包，如地图构建、路径规划、导航控制等软件包。

manipulation：包含了机器人操作相关的 ROS 软件包，如机械臂控制、手爪控制等软件包。

simulation：包含了机器人仿真相关的 ROS 软件包，如 Gazebo 物理仿真工具、ROS 机器人仿真环境等软件包。

堆的存在使得 ROS 软件包可以更好地组织和管理，方便用户查找和使用相关软件包。用户可以根据需要选择合适的堆和 ROS 软件包进行开发和集成，加快机器人应用的开发和降低开发成本。

3）社区级

ROS 的社区级是在 ROS 网络上进行代码发布的一种表现形式，ROS 社区代码库如图 7-14 所示。

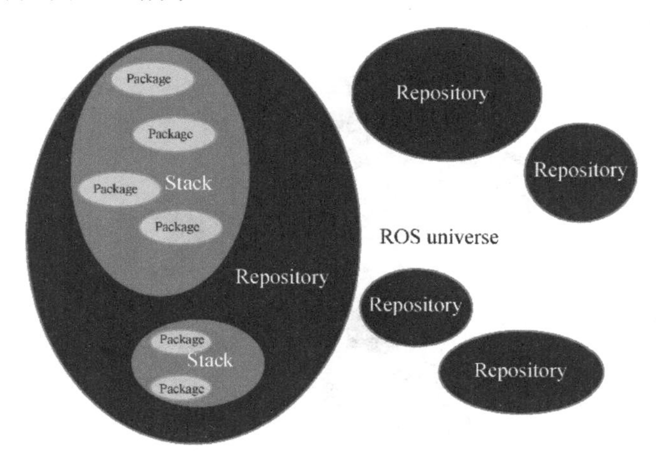

图 7-14 ROS 社区代码库

ROS 社区级的存在促进了 ROS 的发展和推广，使得 ROS 成为一个广泛使用的机器人开发平台。ROS 社区级还提供了丰富的 ROS 教程和资源，方便用户学习和使用 ROS。

7.3.3 ROS 中的常用功能

（1）Rviz：Rviz 是 ROS 中一款强大的三维可视化工具，我们可以在里面创建机器人，并且让机器人动起来，还可以创建地图，显示三维点云等。总之，想在 ROS 中显示的东西都可以在这里显示出来。当然，这些显示都是通过消息的订阅来完成的，机器人通过 ROS 发布数据，Rviz 订阅消息、接收数据，然后显示。这些数据有一定的数据格式，如图 7-15 所示，这样的机器人模型在 Rviz 中是通过 URDF 文件描述的。

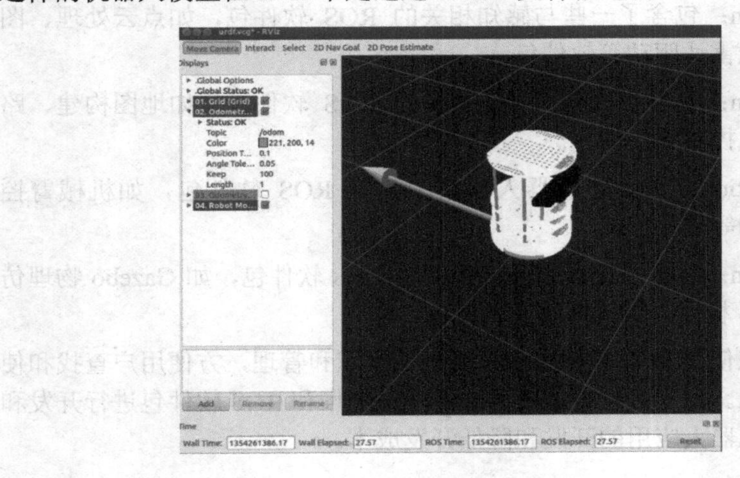

图 7-15　机器人模型

（2）tf：tf 是 ROS 中的坐标变换系统，在机器人的建模仿真中经常用到，如图 7-16 所示。

图 7-16　机器人的建模仿真

ROS 中主要有两种坐标系：

（1）固定坐标系：用于表示世界的参考坐标系。

（2）目标坐标系：相对于摄像机视角的参考坐标系。

（3）Gazebo：这个工具是 ROS 中的物理仿真环境，Gazebo 本身就是一款机器人的仿真软件，基于 ODE 的物理引擎，可以模拟机器人及环境的很多物理特性。对这个软件可以稍做了解，它对后面的开发并不是必需的。

7.3.4 应用 ROS 的机器人

（1）PR2：介绍 ROS 的应用时，常提到的机器人就是 PR2，如图 7-17（a）所示。这个机器人是 ROS 的主要维护者（Willow Garage）针对 ROS 量身定做的机器人，有两个运行 Ubuntu 与 ROS 的计算机和两个机器臂及很多传感器，功能非常强大。这个机器人的 ROS 包比较多，从仿真到导航，所以代码具有比较高的参考价值。

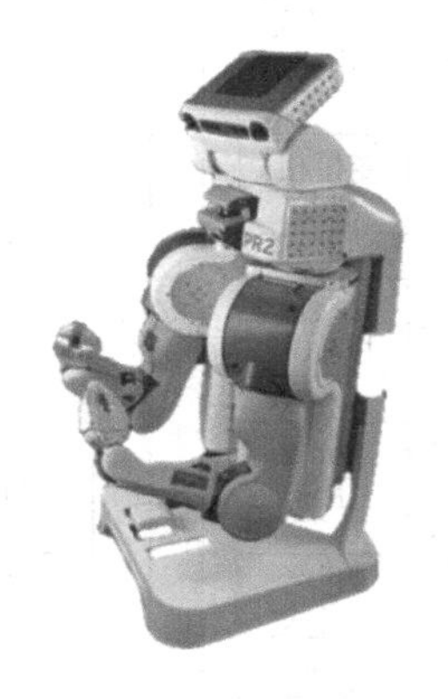

（a）PR2 机器人

（b）TurtleBot 机器人

图 7-17 PR2 机器人和 TurtleBot 机器人

（2）TurtleBot：这个机器人应该算是应用 ROS 的小型移动机器人的典型代表，如图 7-17（b）所示，资料、文档和代码比较多，主要涉及建立模型和导航定位方面，代码比较容易理解。

7.4 RobotStudio

RobotStudio 是一款由 ABB 集团研发生产的计算机仿真软件，用于机器人单元的建模、离线创建和仿真。近年来，我国各地发展机器人的积极性较高，机器人的应用得到快速推广，市场规模增速明显。RobotStudio 可在不影响生产的前提下执行培训、编程和优化等任务，不仅提升了机器人系统的盈利能力，还能降低生产风险，加快投产进度，缩短换线时间，提高生产效率，是一个适用于ABB工业机器人寿命周期各个阶段的软件产品家族。

该软件的第一版本发布于 1988 年，到 2019 年，RobotStudio 已发展到第六版，截止到 2020 年，官网最新版本是 2019 版。它支持多个虚拟机器人同时运行，且支持 IRC5 控制器对多个机器人的控制。

RobotStudio 允许使用离线控制器，即在个人计算机上本地运行虚拟控制器，还允许使用真实的物理控制器。当没有真实机器人时，可以完全离线开发项目，并直接下载到虚拟控制器，大大缩短了企业产品的开发时间。图 7-18 展示的是 RobotStudio 软件与真实机器人之间的关系。

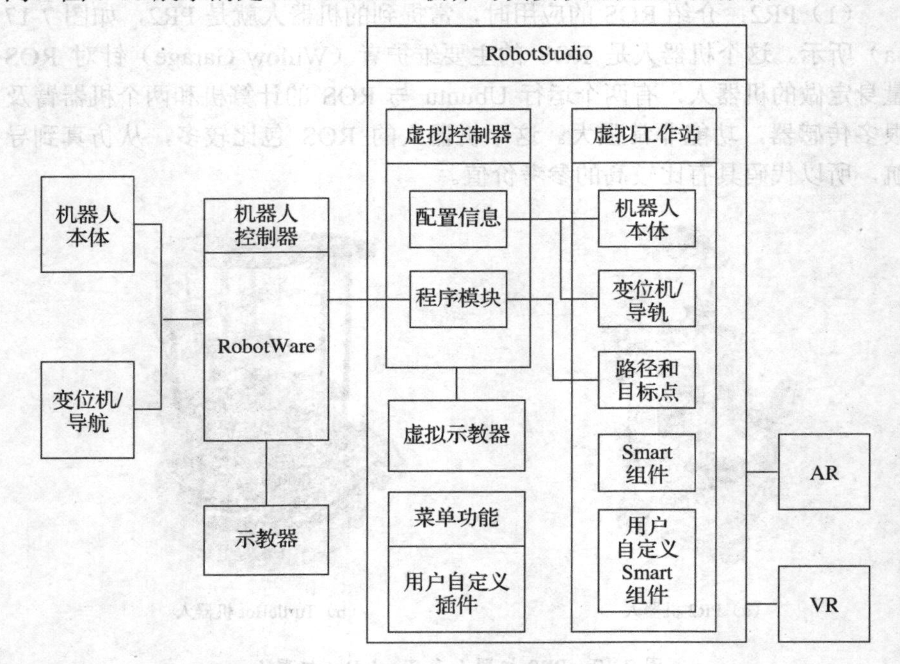

图 7-18 RobotStudio 软件与真实机器人之间的关系

7.4.1 RobotStudio 软件的功能介绍

RobotStudio 作为一款成熟的工业机器人的计算机仿真软件，有着强大的机器人单元建模、离线编程、仿真等功能，主要体现在以下几方面。

（1）CAD 导入。RobotStudio 可方便地导入各种主要的 CAD 格式数据，包括 IGES、VRML、VDAFS、ACIS 和 CATIA。通过使用此类非常精确的三维模型数据，机器人程序设计员可以编写出更为精确的机器人程序，从而提高产品质量。

（2）自动路径生成。这是 RobotStudio 最节省时间的功能之一。通过使用待加工部件的CAD模型，可在短短几分钟内自动生成跟踪曲线；而人工执行此项任务，则可能需要数小时或数天。

（3）自动分析伸展能力。此项功能可让操作者灵活移动机器人或工件，直至所有位置均可到达，可在短短几分钟内验证和优化工作单元布局。

（4）碰撞检测。在RobotStudio中，可以对机器人在运动过程中是否可能与周边设备发生碰撞进行验证和确认，以确保机器人离线编程得出的程序的可用性。

（5）在线作业。将RobotStudio与真实的机器人连接，可对机器人进行便捷的监控、程序修改、参数设定、文件传送及备份恢复等操作，使调试与维护工作更轻松。

（6）模拟仿真。可根据设计，在RobotStudio中进行工业机器人工作站的动作模拟仿真及周期节拍仿真，为工程的实施提供依据。

（7）应用功能包。RobotStudio 针对不同的应用推出了功能强大的工艺功能包，将机器人与工艺应用进行有效的融合。

（8）二次开发。RobotStudio 提供功能强大的二次开发平台，可使机器人应用实现更多的可能，满足机器人的科研需要。

7.4.2 RobotStudio 软件的使用

1. 基本用法

RobotStudio 软件常用的快捷键如表 7-1 所示。

表 7-1 常用的快捷键

快捷键	功能
F1	打开辅助文件
Ctrl+F5	打开示教器
F10	激活菜单栏
Ctrl+O	打开工作站
Ctrl+B	屏幕截图
Ctrl+Shift+R	示教指令
Ctrl+R	示教目标点
F4	添加工作站系统
Ctrl+S	保存工作站
Ctrl+N	新建工作站
Ctrl+J	导入模块库
Ctrl+G	导入几何体

RobotStudio 软件常用的工作站视图组合键如表 7-2 所示。

表 7-2 工作站视图组合键

组合键	功能
左键	选择
Ctrl+Shift+左键	旋转工作站
Ctrl+左键	平移工作站
Ctrl+右键	缩放工作站
Shift+左键	窗口选择

RobotStudio 软件常用选项卡的功能如表 7-3 所示。

表 7-3 选项卡的功能

	选项卡	功能
1	文件	新建工作站、关闭工作站、保存工作站和打印、共享等功能
2	基本	搭建工作站，创建系统，编程路径和摆放物体所需的控件
3	建模	工作站组件的创建和分组，创建实体，测量及使用其他 CAD 操作所需的控件
4	仿真	创建、控制、监控和记录仿真所需的控件
5	控制器	用于虚拟控制器（VC）的同步、配置和分配的控制措施。它还包含用于管理真实控制器的控制措施
6	RAPID	集成的 RAPID 编辑器，后者用于编辑除机器人运动之外的其他所有机器人任务
7	加载项	包含 PowerPacs 控件

以“文件”选项卡为例，说明选项卡的使用方法。

1）新建

新建空工作站解决方案的方法如下。

（1）单击“文件”→“新建”选项。

（2）在工作站中，单击“空工作站解决方案”选项，如图 7-19 所示。

（3）先在“解决方案名称”框中输入解决方案的名称，再在“位置”框中设置目标文件夹为保存地址。

（4）单击“创建”按钮，新解决方案将使用指定名称创建。RobotStudio 默认会保存此解决方案。

2）共享

共享即与其他人共享数据，在“共享数据”界面中有打包、解包、保存工作站画面及内容共享等选项，如图 7-20 所示。

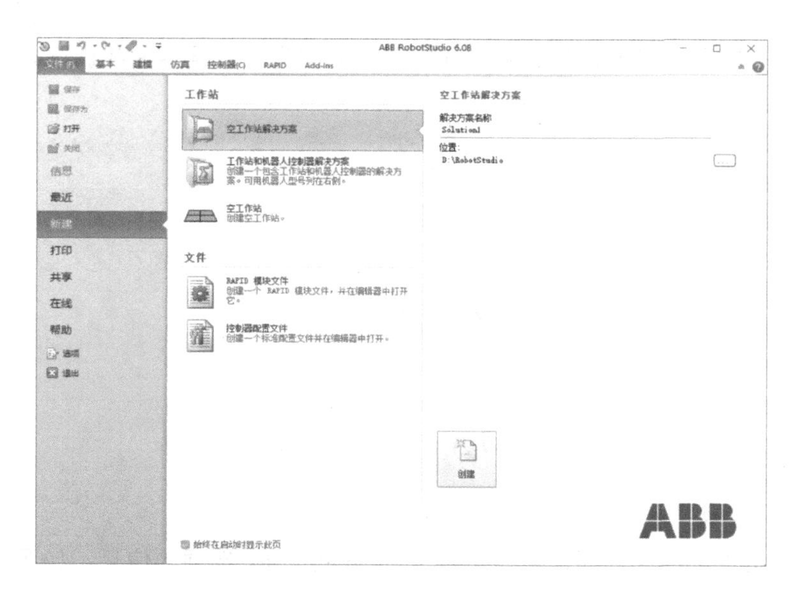

图 7-19 新建空工作站解决方案

图 7-20 “共享数据”界面

（1）打包工作站。

打包工作站是指创建一个包含虚拟控制器、库和附加选项媒体库的活动工作包，方便文件快速恢复、再次分发，并且确保不会缺失工作站的任何组件。可以使用密码保护数据包。

（2）解包工作站。

解包工作站可快速恢复虚拟控制器、库和附加选项媒体库。注意：如果被解包的对象与当前选择的版本不兼容，则无法解包。

3）在线

单击“在线”选项，右侧会出现“连接到控制器”“创建并使用控制器列表”“创建并制作机器人系统”选项组，如图 7-21 所示。

在 RobotStudio 软件中，连接到控制器的功能可以实现连接到实际的机器人控制器，以便在仿真和实际机器人之间进行数据传输和调试。

图 7-21 “在线”选项

4）选项

单击“选项”选项，可显示有关 RobotStudio 选项的信息，如图 7-22 所示。

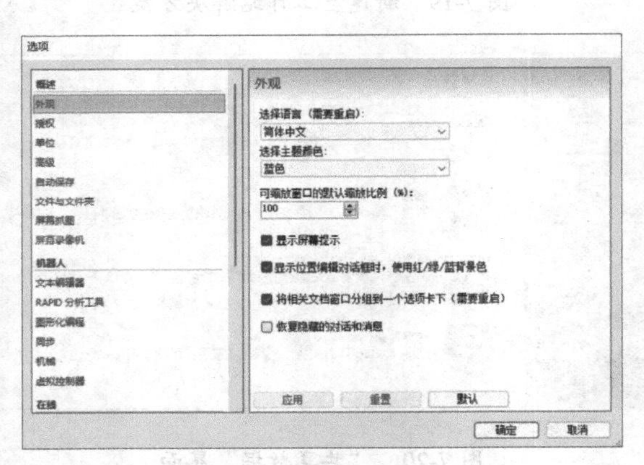

图 7-22 外观设置选项

2. RobotStudio 使用实例

下面以一个 RobotStudio 工作站的建立为例展示该软件的使用方法。

（1）在“文件”选项卡中单击“新建”按钮，选择“空工作站”选项，单击“创建”按钮。

（2）单击“ABB 模型库”按钮，选中某一款模型，如“IRB1200”。

（3）选择需要的“容量”，单击“确定”按钮。

（4）单击“机器人系统”按钮，单击“从布局”选项。

（5）选择 RobotWare 版本，单击“下一个”按钮。

（6）单击“下一个”按钮。

（7）单击“选项”按钮。

（8）选择“Default Language”选项，更改语言为“Chinese”，单击“确定”按钮。

（9）单击“完成”按钮。

（10）单击“导入模型库”→“设备”选项，选择工具“myTool”，如图 7-23 所示。

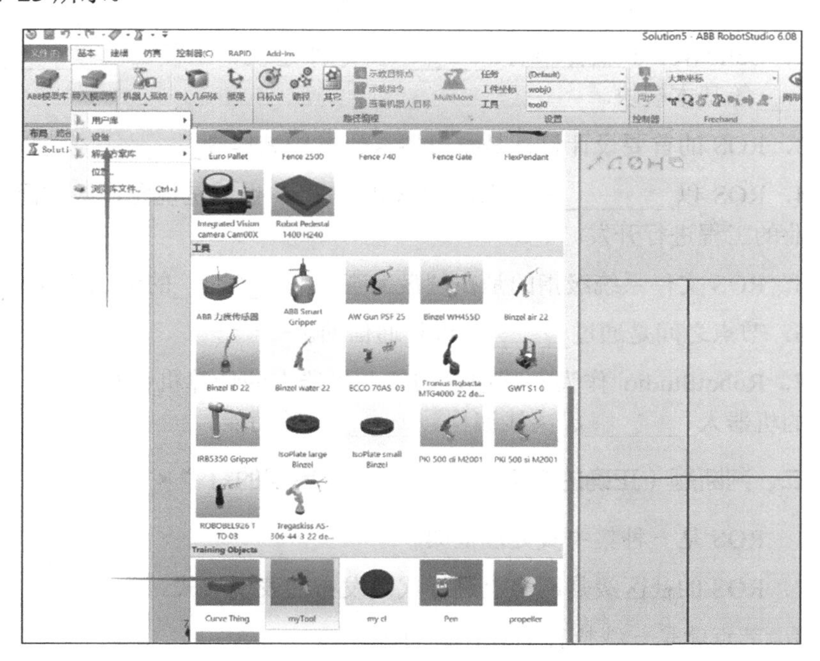

图 7-23　选择工具“myTool”

（11）右击布局栏中的“myTool”按钮，单击“安装到”选项，单击“IEB1200_5_90_STD_02（T_ROB1）”选项。

（12）单击“确定”按钮，最终结果如图 7-24 所示，这样就完成了一个基本工作站的建立。

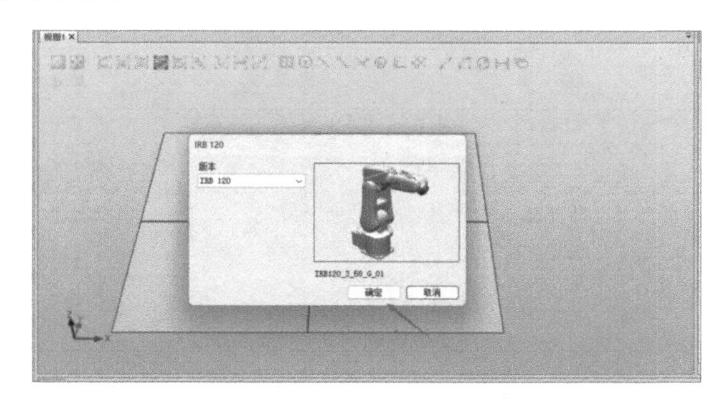

图 7-24　完成基本工作站的建立

习题 7

一、填空题

1．正如装配体是由许多单独的零件组成的一样，SolidWorks 中的模型是由许多单独的元素组成的，这些元素称为________。

2．SolidWorks 软件中有________、零件建模、工程图、________、________等基本模块。

3．ROS 的首要设计目标是在机器人研发领域提高________。

4．ROS 以________的关系遵循 BSD 许可，也就是说允许各种商业和非商业的工程进行开发。

5．ROS 文件系统级指的是在硬盘上查看的________的组织形式。

6．节点之间是通过________进行通信的。

7．RobotStudio 作为一款成熟的工业机器人的计算机仿真软件，有着强大的机器人________、离线编程、________等功能。

二、判断题（正确的在括号内打“√”，错误的打“×”）

1．ROS 是一种集中式处理框架。 （ ）

2．ROS 的社区级是网络上进行代码发布的表现形式。 （ ）

3．节点就是一些执行运算任务的进程。 （ ）

4．RobotStudio 不允许使用离线控制器。 （ ）

第 8 章

智能机器人机电控制系统设计

本章主要介绍智能机器人MCU控制系统、工业机器人 PLC 控制，主要以智能机器人机电控制系统的实际应用为案例进行讲解。

通过学习本章内容，读者应掌握智能机器人机电控制系统的结构、工作原理和设计原理。

8.1 智能机器人 MCU 控制系统

微控制单元（Microcontroller Unit，MCU），又称单片微型计算机或者单片机，是通过对中央处理器（CPU）的频率与规格进行适当的缩减，并将内存、计数器、USB、A/D 转换器、PLC、DMA 等周边接口，甚至 LCD 驱动电路都整合到单一的芯片中，而形成的芯片级的计算机。

MCU 作为智能控制的核心，可以大幅提升人工智能的普及程度，将人们从传统的制造业中解放出来，它被广泛应用于消费电子、汽车电子、智能家电、工业控制等领域，伴随物联网的逐步落地和汽车电子的发展，MCU 的市场需求增长显著。在我国，MCU 的发展历史还是比较短暂的，起步阶段就落后于全球产业近二十年，但是由于我国的投入力度较大，MCU 产业的发展速度较为迅速，从初级低性能再到高级高性能都得到了全面进步，如今 MCU 产业在我国已经可以满足定制化的需求。我国逐渐成为全球最大的消费电子制造中心，为国内的 MCU 企业提供了广阔的市场。

【任务】
通过网络课堂学习，掌握以下知识。
1. 扫地机器人的总体系统：
2. 扫地机器人的结构设计：
3. 扫地机器人的硬件、软件系统：
4. 微型足球机器人的总体系统和结构设计：
5. 微型足球机器人的硬件、软件系统：

讲完了 MCU 的发展，下面介绍 MCU 的分类及用途。通常我们会按照其基本操作的数据位数来进行分类，即将 MCU 分为 4 位 MCU、8 位 MCU、16 位 MCU、32 位 MCU 和 64 位 MCU。4 位 MCU 大部分应用于小型计算器、车用仪表、车用防盗装置、呼叫器、无线电话等小型电子产品中；8 位 MCU 和 16 位 MCU 主要应用于一般的控制领域；32 位 MCU 和 64 位 MCU 则往往应用于网络操作、多媒体处理等复杂处理场合。

根据《国家机器人标准体系建设指南》，在智能机器人方面，主要有机器人硬件接口、安全使用及多模态交互模式、功能集、智能机器人应用操作系统框架、智能机器人云平台通用要求等标准。

在当前社会背景下，存在劳动力减少、科技积累和产业升级带来的挑战，从智能机器人技术的角度出发，它在当前社会背景下对提升生产效率、改善生活质量、构建人机共融环境、社交情感变化，以及对经济和就业有着重大的影响。

本节以较为常见的 16 位 MCU 和 32 位 MCU 为主要内容并结合案例为大家讲解机器人 MCU 控制系统的原理及设计方法。

8.1.1 16 位 MCU 机器人控制系统

在现代化国际社会中，机器人已经成为不可替代的重要装备，代表了一个国家的制造业水平和科技水平。我国目前正处于产业转型升级的关键时期，以智能机器人为中心的机器人产业，将是我国实现降低产业成本、突破环境制约的重要选择。

MCU 在机器人控制系统中应用广泛。本节主要介绍微型足球机器人的控制系统，它主要以 80C196KC 单片机为核心，并且采用 LM629 运动控制器来构成微型足球机器人的控制系统。通过该微型足球机器人控制系统，还可以研究视觉处理、决策规划、运动控制、机器学习、无线通信等相关技术。

下面主要从总体系统、结构设计、硬件系统和软件系统四个部分介绍 16 位 MCU 机器人控制系统。

1. 总体系统

如图 8-1 所示，微型足球机器人控制系统主要由四个子系统构成，即决策子系统、视觉子系统、无线通信子系统和机器人小车子系统。这几个部分协调工作，可让微型足球机器人具备视觉感知和思考决策的能力，并且根据最终决策的结果做出相应的运动。

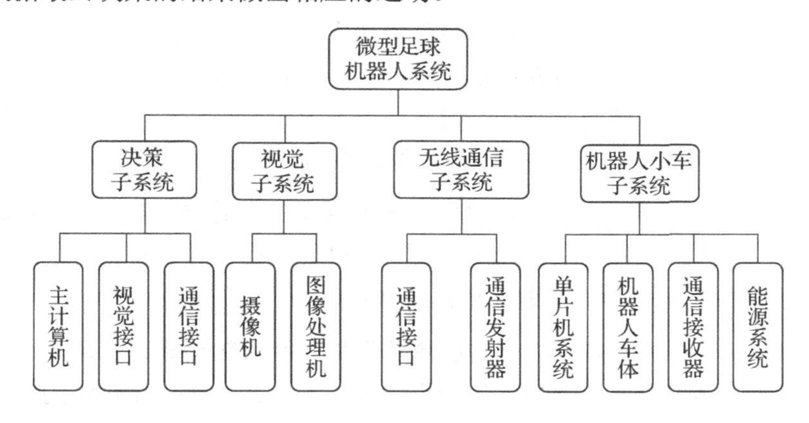

图 8-1 微型足球机器人总体系统

（1）决策子系统：微型足球机器人由决策子系统来指挥控制实际场地上的运动情况。微型足球机器人控制系统主要采用结构化智能机器人控制系统。决策子系统的功能分为低级规划和高级规划。低级规划主要负责微型足球机器人的基本行为和动作，高级规划则主要负责完成态势判断、角色划分、攻防配合等工作。

（2）视觉子系统：该系统可以快速不间断地采集和处理赛场上的图像信息，并且可以辨识目标对象的图像特征，及时地得到实际场地上运动物体的相关数据。并将这些获取到的数据传给决策子系统进行分析决策。同时为了使控制系统可靠地工作，视觉子系统还具备抗干扰的能力。

（3）无线通信子系统：机器人以无线射频方式进行通信，这方便了遥控机器人。微型足球机器人的空间有限，通常采用单向通信方式。主机的控制指令通过计算机串口送至无线通信模块，经过调制后发送出去。机器人上的通信接收器接收信号并解调，然后传送给车载微处理器。

（4）机器人小车子系统：机器人小车子系统一般由机器人车体、通信接收器、单片机系统和能源系统组成。机器人小车应能正确地接收上位机指令并根据指令要求完成相应动作。

2. 结构设计

微型足球机器人硬件结构可以根据功能来进行划分，主要由五部分组成：行走机构、击球机构、带球机构、电路部分（决策控制和通信等电路）、辅助部分（小车底盘和外罩），各部分介绍如下。

（1）行走机构：微型足球机器人小车采用两轮式行走底盘机构，同时在底板前后的位置处加上了减磨片，并有一个轮子作为转向轮。这样可以使轮子转向与行走的方向保持一致。而且，两轮加导向轮的结构驱动方式效果较好，可以保证小车在较为粗糙的地面上行走，底板和地面间的距离较大。两个驱动轮运动方向可以一致，且导向轮在后，它们为全方位轮。全方位轮：大轮的圆周上是均匀的。这样，无论前进还是转弯，总能够以滚动来代替滑动，从而大大减小地面的摩擦力。

（2）击球机构：可以实现微型足球机器人在合适位置对球产生瞬时撞击的射门动作。这样的机构在不需要击球时会收回，并且有锁定装置，到击球时能在规定时间内完成击球并迅速收回。

（3）带球机构：主要由电动机带传动机构和滚轮构成，带球的原理主要是用两个具有一定弹性的滚轮和小球发生滚动式接触，靠接触的摩擦力产生转矩，从而可以让足球滚动前进。

（4）电路部分：在这部分结构的设计上，主要考虑到元器件尽可能地对称布置，开关放置位置要求方便操作，连接器的位置也要考虑到连线长度的范围和插拔方便，还要考虑电路板形状和安装孔位置等。

（5）辅助部分：底盘是各个模块连接的平台，彼此之间不能有空间位置重复，还需要有足够的强度，同时要减轻车身的质量。所以，材料方面选用了密度较小的硬铝，这样可以大大地减轻底盘的质量。外罩用来保护车体内部结构和元器件，需要能够承受一定的撞击。考虑到方便更换电池等操作，将外罩设计成分体式，下外罩可以承受一定冲击力，上外罩则不能阻碍信号的发送与接收，所以这里选用了轻质材料。

3. 硬件系统

介绍完机器人的总体系统和结构设计，下面介绍机器人的硬件系统。

微型足球机器人也可以称为车型机器人，如图 8-2 所示。从功能上看，它更像一款无线遥控小车，但是它的结构设计难度和复杂程度要远远高于一般的无线遥控小车，需要考虑到一些其他方面的因素。

图 8-2　微型足球机器人

微型足球机器人的控制系统主要包括 CPU 控制单元、电动机驱动单元、运动控制单元及速度检测单元、ID 编码单元、复位和低压检测单元、无线接收单元、地址译码及其他逻辑电路单元、电源单元等。该系统以 87C196KC 单片机为核心部件，可以实现无线通信模块与上位机通信、与 LM629 通信并获取机器人的移动速度、进行其他逻辑控制等功能。

（1）CPU 控制单元：机器人底盘控制系统的核心部件。该机器人主要选择 87C196KC 单片机作为机器人控制系统的核心部件，它可以输出 3 路脉宽调制信号，通过驱动电路直接驱动左右电动机，从而完成全部控制功能。

（2）电动机驱动单元：微型足球机器人的驱动电动机选用的是直流电动机，并且为了控制直流电动机，还选用了电动机驱动专用芯片 L298。如图 8-3 所示，L298 采用双 H 桥高电压大电流集成电路，可用来驱动继电器、线圈、直流电动机和步进电动机等电感性负载。

（3）运动控制单元：微型足球机器人选用了 LM629 运动控制器。它是一款专用运动控制器，在一片芯片内集成了数字式运动控制器的全部功能，可以让原本复杂的运动控制任务变得更加容易完成。它适用于多种直流电动机、无刷直流伺服电动机等机构。

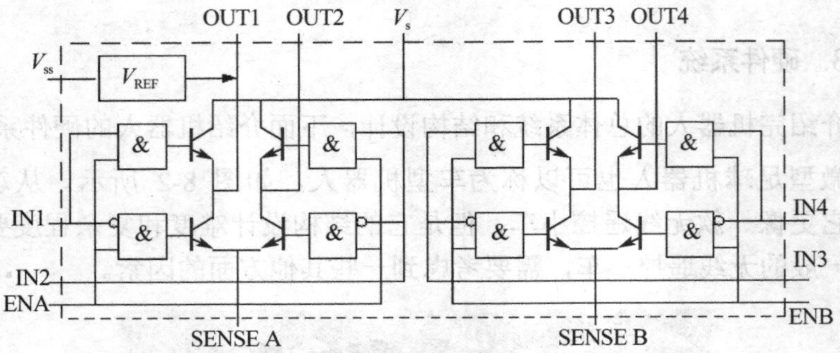

图 8-3　L298 原理图

下面主要对微型足球机器人小车的硬件控制系统的特点和功能进行简单介绍。

微型足球机器人主要具备以下特点：

（1）微型足球机器人为了保证能顺利地完成相应的任务，需要有良好的运动性能，即高度灵活性，可以实现快速启动、行走、转弯和停车等基本动作。

（2）在器件的选择上，需要考虑便于安装、调试和检修。

微型足球机器人所具备的功能如下：

概括地说，微型足球机器人应能准确地接收上位机的指令，并根据指令要求迅速而准确地完成决策子系统的指令。

（1）指令的接收。

（2）速度与转角的控制功能。

（3）红外检测与障碍回避。

4．软件系统

介绍完微型足球机器人的总体系统、结构设计、硬件系统，最后来了解一下它的软件系统。

微型足球机器人的软件系统主要可以完成如下功能：

（1）接收上位机的各种指令。

（2）对上位机指令进行解释。

（3）实现微型足球机器人的行走控制。

整个软件系统的工作流程如图 8-4 所示。它采用模块化设计，主要由主程序、LM629 初始化及其他相关子程序、串行通信中断服务程序等组成。主程序主要完成对整个系统的管理，包括系统初始化、LM629 初始化及电动机输出控制等指令。机器人在上电复位结束后应处于停止运行状态，等待接收上位机的指令。与上位机的通信是通过数据收发模块和单片机 87C196KC 的串行口实现的。

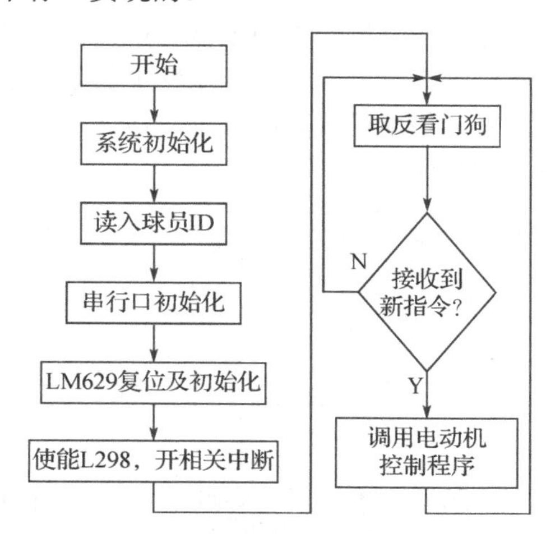

图 8-4　软件系统的工作流程

8.1.2　32 位 MCU 机器人控制系统

32 位 MCU 主要应用于仪表板控制、车身控制、多媒体信息系统、引擎控制，以及新兴的智能的实时的安全系统及动力系统等相对复杂的控制场合。本节主要介绍室内扫地机器人的控制系统，它以 STM32F407 单片机为控制核心，通过多个传感器的相互配合，实现扫地机器人的自主运行和自主避障等功能。扫地机器人实物图如图 8-5 所示。

图 8-5　扫地机器人实物图

1. 总体系统

扫地机器人的主要功能在于机器人路径规划和自动规避障碍，是一种非常典型的自动化、智能化机器人。扫地机器人由硬件本体、软件控制系统、智能传感系统及伺服驱动系统组成。其中，软件控制系统是扫地机器人开展工作的核心。

扫地机器人控制系统的核心单元是 32 位低功耗的 STM32F407 单片机，该单片机以 ARM Corex-M7 为内核，具有工作主频高、可超频、运行速度快、指令集简单等优势。机器人通过核心单元控制电动机驱动模块内部电路的通断，进而控制扫地机器人 4 个车轮中的某一个轮或某几个轮的前进、后退等，从而完成扫地机器人的前进、后退、转弯等功能。扫地机器人控制系统如图 8-6 所示。

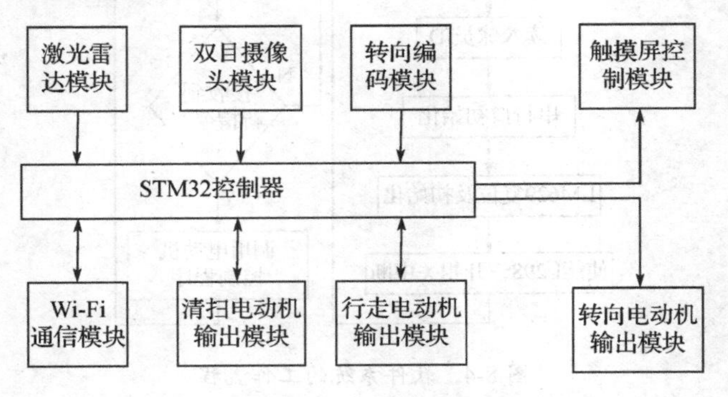

图 8-6 扫地机器人控制系统

（1）双目摄像头模块：采用 VmodCAM 摄像头模块。同时，该模块上搭载两个图像传感器，利用光电器件的光电转换功能将感光面上的光像转换为与光像成相应比例的电信号。该模块具有体积小、质量小、集成度高、分辨率高、功耗低、寿命长、价格低等优点。

（2）激光雷达模块：主要对扫地机器人每一帧扫描过程中的图像反映出的机器人姿态进行捕捉。当扫地机器人前端传感器获取所处地区的地图概况及机器人的姿态信息以后，后端会根据前端给出的激光雷达数据不断地修正地图信息等，以便在不断地修正完善中获取全域地图。

（3）触摸屏控制模块：采用 HMI 人机交互界面，通过触摸屏完成人机交互显示各种数据，并向机器人发出指令，完成功能设置、数据上报、通信管理等，在控制系统中，起到关键作用。

2. 扫地机器人的硬件结构设计

扫地机器人的机械结构主要由机器人载体、外壳、行走机构、清扫机构等部分构成。机器人载体包括底盘和碰撞防护板，小车底盘给其他机构提供安装位和载体，采用防护板防撞；行走机构包括两个独立的驱动轮、一个从动万向轮，驱动轮由直流电动机和减速机构组成。清扫机构包括滚刷、吸尘泵和边角毛刷。

在扫地机器人的左前方和右前方，安装两个转向相反的侧刷，吸尘口前方装有滚刷。侧刷将灰尘和体积小的垃圾清扫到吸尘口附近，便于垃圾的收集，再由真空泵将比较轻的垃圾收走，比较大的垃圾由滚刷清扫掉。

如图 8-7 所示，机器人的硬件电路设计采用模块化扩展，设计要求运行稳定，质量轻、体积小，结实耐用。硬件设计采用两片 STM32F407 单片机，一片负责状态检测和显示、任务分配和红外线遥控信号接收等任务，另一片负责环境检测、环境地图建立、路径规划等任务。

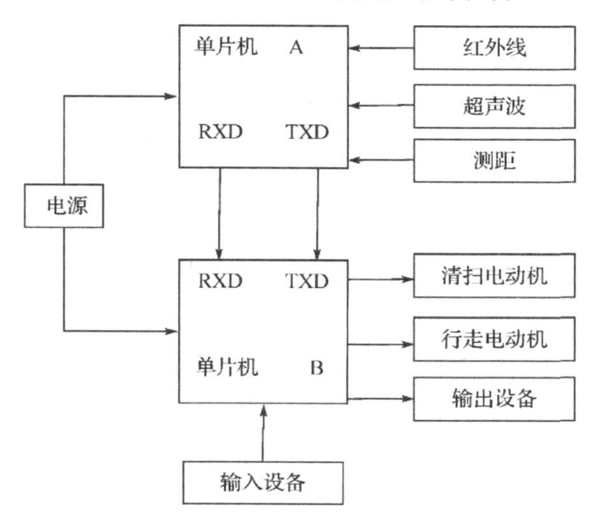

图 8-7　扫地机器人框架图

3. 软件系统

扫地机器人的软件系统包括主程序、电动机驱动程序、传感器检测系统程序、通信模块程序、触摸屏交互模块程序和工作状态模块程序。软件系统主要采用模块化设计，可以保障各模块正常运行的同时相互配合，完成指定的任务。

扫地机器人通过各种传感器检测外部各种工作状态，主要有环境检测、障碍物检测、地图定位及转向检测等。机器人通过检测输入信号，确定机器人的前进工作路线，使机器人能按照正确的方式及路径工作。输出执行机构包括各种控制电动机、闪灯、扫地机构。输出执行机构完成机器人的前进、倒退、转弯、避障等功能。

图 8-8 所示为扫地机器人软件系统的工作流程，先将机器人上电，然后程序进行系统的初始化、串口的初始化配置，再进入 while 主循环；使用超声波传感器扫描附近的物体距离远近，并判断是否需要避障。之后程序进行系统的初始化，将各种执行机构进行初始位置设置，同时读取当前地图状态并保持静止。不断地循环判断是否有触摸屏连接或者是否有模式切换按键被按下；若有触摸屏连接，则进入触摸屏控制模式，先通过串口接收触摸屏控制指令，判断不同指令，然后根据指令实现不同作业，完成前进、后退、左转、右转等动作；若有 Wi-Fi 连接并接收上位机指令，同时机器人慢速行驶，则通过激光雷达来检测机器人的前面、后面、左面、

右面等与物体的间距。先调整机器人行进至合适的位置，然后使用双目摄像头判断周围环境，直至完成整体作业，返回原点。

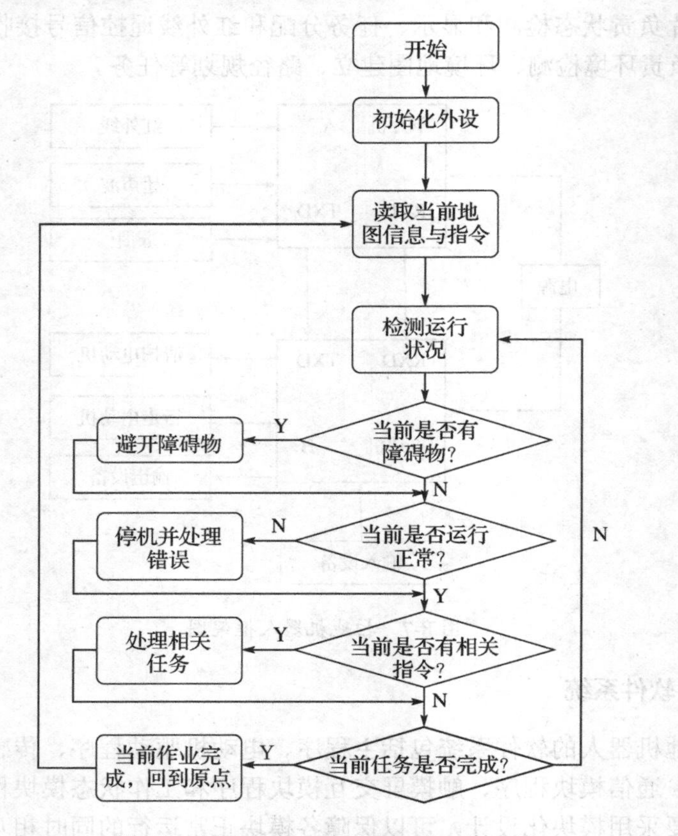

图 8-8　扫地机器人软件系统的工作流程

8.2　工业机器人 PLC 控制

在过去的发展历程中，工业制造生产线中越来越多的流水线开始使用机器人而不是传统的手动操作。使用机器人执行简单的重复性操作，例如组装运输工具，可以大大提高生产的可靠性和效率。此外，工业机器人逐渐替代手工生产加入生产线上，在确保非常稳定的产品质量的同时，可消除手动操作各种设备而引起的失误。目前使用机器人进行自动化生产制造，最核心的部分主要是工业机器人的自动控制。工业机器人的自动控制综合了计算机、人工智能、自动控制等多个领域的专业知识，主要是利用计算机和自动化控制相关技术开发和设计自动控制程序，使得机器人在生产制造过程中能够按照预先设定的程序，智能地识别当前流水线中的加工状态，并自动地调整加工动作以及规划后续的加工动作，最终完成特定的加工任务。目前广泛采用基于 PLC 的自动控制技术来实现对工业机器人的自动控制。

在大型 PLC 控制系统与工业机器人控制系统的协同生产应用中，主要以 PLC 控制系统为主，以工业机器人控制系统为辅，可有效改善系统操作性能、强化系统控制能力、增强网络通信功能。此外，工业生产线中的多个工业机器人，可通过 PLC 控制技术连接在一起，从而实现对工业机器人的集成控制，形成自动化的工业生产线，极大地提高了完成生产任务的质量与效率，加快机电一体化的发展进程。工业机器人需要完成一系列复杂的生产线工作，如货物搬运、抓取、检测等，利用适应性、稳定性强的 PLC 技术可有效提高系统整体性能。将 PLC 作为工业机器人的核心控制器，借助传感器、操作界面、油压机完成相关工作指令的输入，实现对设备运行状态及工作状态的有效控制。

本节主要以自动装配工作站为例为大家讲解工业机器人的 PLC 控制系统。

【未来展望】

工业机器人对于国内产业的转型升级将会带来系统性影响。工业机器人的使用可以提高劳动生产效率，将有效带动传统产业的改造与升级，同时可以通过提高应用工业机器人的密度来提高制成品的性价比，是提升支柱产业发展质量和竞争力的重要途径。生产线上引入工业机器人确实代替了人力，更多、更具效率的机器的使用，不但极大地释放了生产力，而且增加了生产的迂回性，衍生出数目众多的新产业，相应地创造了新的就业岗位。

8.2.1　自动装配工作站

自动装配工作站可以有效地提高生产效率、降低成本，保证机械产品的装配质量和稳定性，并力求避免装配过程中受到人为因素的影响而造成质量缺陷，同时降低劳动者的劳动强度，解放了劳动者的生产力，保证了工作人员的操作安全。同时，自动装配工作站与近代基础技术互相结合、渗透，提高了自动装配生产线的性能；进一步提高装配的柔性，促进了柔性装配系统的发展。

如图 8-9 所示，自动装配工作站是可以实现从元件到成品自动搬运、加工、检测和入库的生产设备。基于工业机器人的自动装配工作站由实训台、元件库、工业机器人单元、传感器、成品库等工作单元组成，其中工业机器人单元是自动装配工作站实现自动化过程的核心设备。下面从结构设计、控制系统、硬件系统和软件系统四个方面对自动装配工作站做一下介绍。

图 8-9 自动装配工作站

8.2.2 自动装配工作站的结构设计

产品的装配生产是一个复杂的多工序过程，不但有容易损伤且模块小的电气部分的组装，而且有体积大、质量大的机械方面的组装，各个部位的微小缺陷直接影响到产品的质量。所以，自动装配工作站的设计必须满足工艺要求。

自动装配工作站可以分为组装、测试和包装三大部分。其中组装部分由相应的自动化装配专机组成，即工业机器人；机器人装配专机主要采用工业机器人与特制夹具相结合的结构，实现该工位的自动化，取代手工作业。

在结构原理上，自动装配工作站与手工装配流水线是非常相似的，不同的是在自动装配工作站上采用先进的技术和控制理论将一系列的自动化装配专机组合或集成起来，形成一个完善的装配系统，通过自动化装配专机来完成各种装配工序。在生产线布置形式方面，自动装配工作站采用环形结构，也可称为闭环式结构，即装配的起点和下线端在一起形成一个闭环的结构。这种布置形式能最大限度地节省场地，提升工厂楼面利用率。

自动装配工作站采用模块化的方式进行设计，先将装配功能单元的各个工艺从整个系统分离开来，设计并形成一个独立的小系统，再通过系统集成将所有的功能模块集合在一起，形成一个功能完善的系统。整个系统大致可以分为：输送系统，分隔、挡停及换向机构，自动化装配专机，监控显示报警系统，传感器与控制系统等部分。系统通过 S7-300 PLC 将各部分结合起来，形成功能完善的自动装配工作站，下面对涉及的部分做一下介绍。

（1）输送系统：输送系统一方面将工件逐一放入生产线传送带上实现自动输送，另一方面将各种自动化装配专机连接起来，形成一个协调运行的装配系统。

（2）分隔、挡停及换向机构：由于工件是经过逐个工位专机的装配直至最后完成全部装配工序的，通常在传送带上每个工位的前方都设计有分隔机构，先将输送线上连续排列的工件分隔开，再设置挡停装置，工件到达该位置后暂停，完成该工位的装配操作后，系统发出完成信号，打开挡停机构，产品在输送线上继续向下一工位输送。在需要改变工件姿态的位置，还需要设置相应的换向机构。

（3）自动化装配专机：自动化装配专机采用工业机器人与特制夹具相结合的结构，在生产线上依次完成各种特定的装配工序。

（4）监控显示报警系统：用于监测、显示和报警系统出现的异常情况。人们可以随时查看生产线运行状况和生产状况，统计生产效率和其他相关信息。在系统出现异常状况时，监控系统会发出报警信息，告知准确的异常故障点，便于人们及时、有效地发现和排除故障。

（5）传感器与控制系统：除每个自动装配工作站具有相应的传感器与控制系统外，为了使各个自动装配工作站组成一个装配循环、协调的系统，设计系统时，在输送线各端点上还须设置各种对工件的位置和状态进行相关检测、确认和定位的传感器。

8.2.3 自动装配工作站控制系统

整个装配自动化生产线系统由很多工艺环节构成。系统采用模块化设计，将根据不同工序的特点设计出相应的功能块子系统或自动化专机，同主控 PLC 通过通信子系统组合形成一个完整的系统。该系统采用 Modbus 协议的通信模式将各功能块子系统、自动化工作站、自动化装配专机等连接成一个整体。如图 8-10 所示，工作站的控制系统以西门子 S7-300 PLC 为主控核心，各子系统间可以相互通信。主控系统主要由动力子系统、隔离子系统、挡停定位子系统、柔性码垛移栽子系统、自动化专机联动子系统及监控报警子系统六个子系统组成。

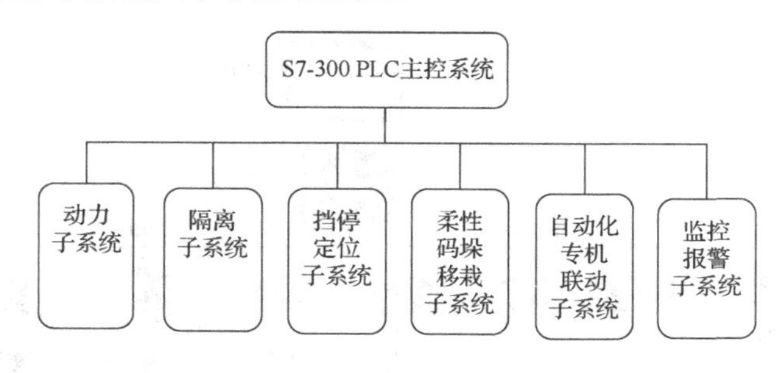

图 8-10　自动装配工作站的控制系统

根据各子系统控制对象的不同，可以将该主控系统简化为模拟量控制、开关量控制和通信网络控制 3 种类型。其中，模拟量控制主要以抽真空自动化工作站为控制对象；开关量控制主要以柔性码垛移栽工作站为控制对象；通信网络控制主要以总线网络的控制系统为控制对象。

（1）模拟量控制：通过传感器采样，然后由变送器和 A/D 转换器进行量化处理，再经过 PLC 的处理，最后输出给各式各样的执行器。

如图 8-11 所示，在抽真空自动化工作站中设置了独立的控制核心，通过真空压力传感器采集空气压力信息，并对该信息进行实时反馈、分析，通过抽真空系统进行实时调节，使得测试结果能够满足实际的要求。

（2）开关量控制：以柔性码垛移栽工作站为主要控制对象，柔性码垛移栽子系统工作站的功能是将在生产线中完成装配、测试合格的产品转运至指定区域。该子系统的工作流程为产品完成功能测试下线后，检测单元将下线信息反馈给主控系统，主控系统控制柔性码垛移栽工作站执行机构判断产品的位置信息后，工作站采用夹具固定产品，将下线产品转运至指定位置完成操作。图 8-12 所示为柔性码垛移栽子系统工作站的工作流程。

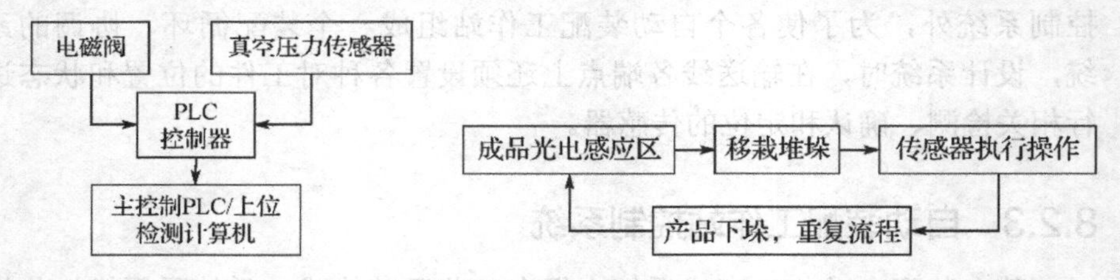

图 8-11　抽真空自动化工作站的工作流程　　图 8-12　柔性码垛移栽子系统工作站的工作流程

（3）通信网络控制：自动化装配子系统及功能单元具有独立的测试、定位、检测等功能，各子系统相互联系共同组成整个系统。如图 8-13 所示，该装配系统主要采用了 Profibus 总线通信技术，将传感器、执行机构、物料成品传输系统、检测测试工作站、自动化专机及码垛机器人等子系统与主控系统有机结合，并在 HMI 中显示各子系统的工作状态信息，实现装配过程中人机交互和各子系统之间的通信。

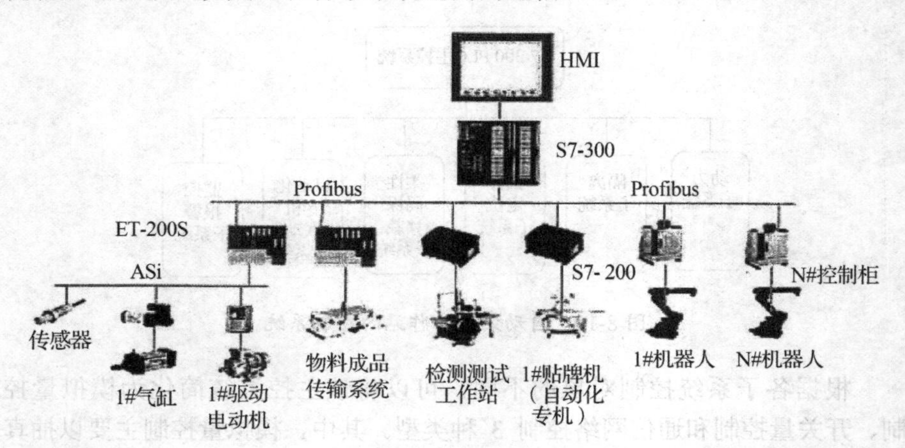

图 8-13　系统通信连接图

8.2.4 自动装配工作站的硬件系统

1. PLC

PLC 作为自动装配工作站的核心器件，具有处理模拟量、脉冲输出信号等功能。这里主要选用西门子 S7-300 PLC 作为主控核心，还选用了西门子 S7-200 PLC 作为抽真空自动化工作站、柔性码垛移栽子系统工作站的独立控制单元。

2. 触摸屏

如图 8-14 所示，人机界面采用了西门子的产品 KTP1000 触摸屏，该触摸屏具有操作方便、灵活性好的优点，还配备了 10.4 英寸 TFT 显示屏。

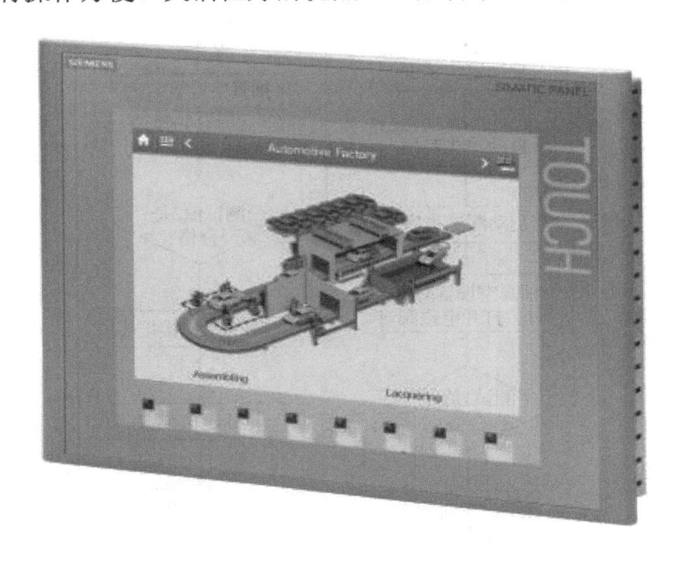

图 8-14 KTP1000 触摸屏

3. 传感器

（1）接近开关：通过使用接近开关判断传送带上的产品接近目标工位的信息，如产品的位置信息，搬运过程产品的夹紧状态、固定状态、产品是否到位等。在不同的工艺条件下，系统需要根据接近开关完成状态判断和操作。当触及接近开关时，发送到位信号。

（2）真空压力传感器：通过真空压力传感器进行系统压力检测，该传感器通过测试介质压力变化带动电阻变化来输出一个系统可读取的电信号，完成设备的控制和检测。

4．抽真空自动化工作站电气系统

本系统采用西门子 S7-200 PLC 作为控制核心，包含真空泵、电磁阀、压力传感器及气缸等，该系统的工作流程如图 8-15 所示。

系统工作时优先检测产品的当前位置信息，确认后启动定位装置对接压力阀铜管接头，系统判断对接状态，完成后启动测试程序。

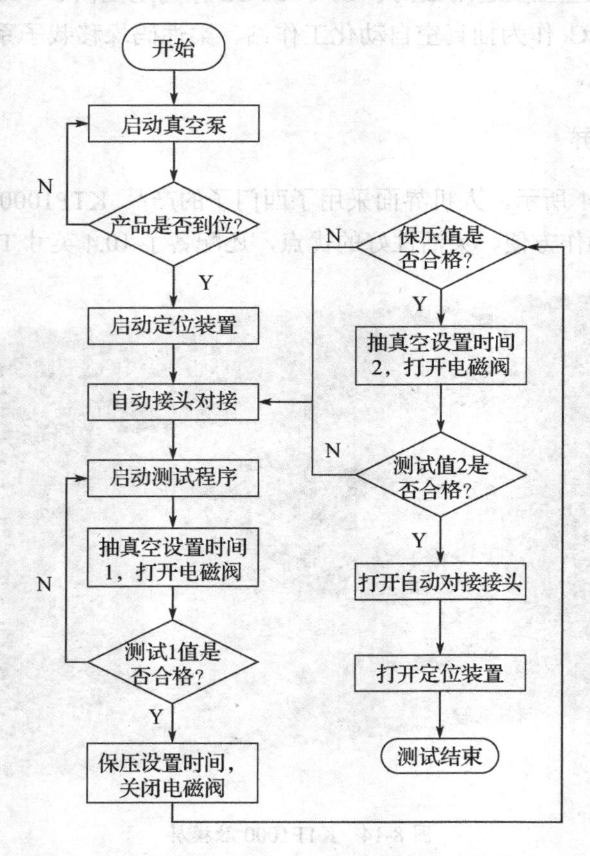

图 8-15　抽真空自动化工作站电气系统的工作流程

5．柔性码垛子系统工作站电气系统

码垛是装配生产线的最后一道工序，可完成产品下线和堆垛的功能。该工作站以 PLC 为核心控制单元，执行单元为伺服电动机，通过接近开关输出控制信号。该工作站电气系统的工作流程如图 8-16 所示。系统工作时优先判断上货物及码垛底板是否到位，再判断货物数是否满足条件，当条件均满足时码垛系统开始工作，基本流程为系统判断货物到位后，机器人下移，气缸和伺服挡板动作夹紧货物并触发传感器信号，待货物到达堆放位置时，系统控制机器人完成货物堆垛。

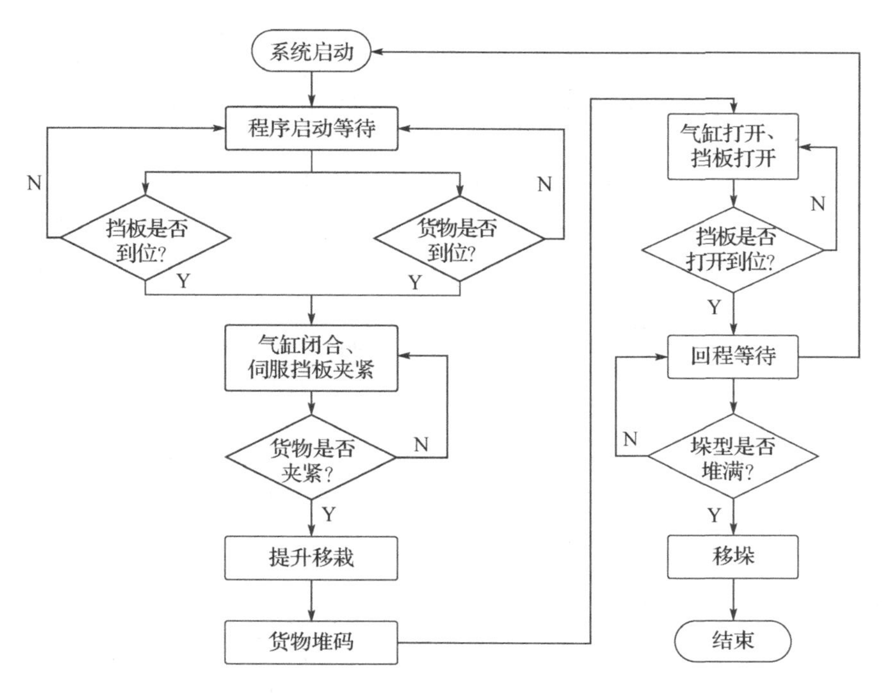

图 8-16　柔性码垛子系统工作站电气系统的工作流程

8.2.5 自动装配工作站的软件系统

自动装配工作站的软件系统主要包含定位子系统、动力子系统、自动化设备联动子系统、异常报警子系统这几个子系统。

（1）定位子系统：自动装配工作站的重要组成部分，每个工序必须严格依次有序地进行，在下一工序没有完成时，上一工序的装配半成品必须等待，工位分离控制采用电气互锁实现。

（2）动力子系统：给整个工作站提供动力，装配生产线由很多段组合而成，每一段都至少由两个电动机提供动力，一个用于产品的传递，一个用于工装板的回收。在程序设计中，采用中间继电器分段控制，减少了系统设计的复杂性，节约了设计成本。

（3）异常报警子系统：主要对整体系统的各关键位置进行检测和监控，可以有效降低装配过程中出错的概率。

（4）自动化设备联动子系统：自动装配工作站集成了大量的专业自动化设备和工业机器人，为保证系统各自动化设备有序、高效、稳定地工作，通过信号的输入/输出，将各种自动化设备串联起来形成一个协调、有序的系统。

自动装配工作站的整体流程如图 8-17 所示。

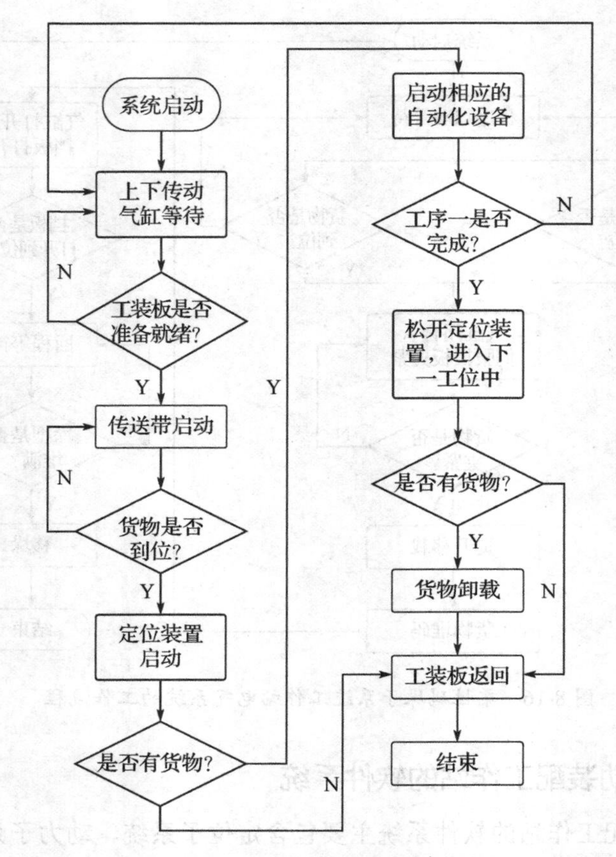

图 8-17 自动装配工作站的整体流程

习题 8

一、填空题

1．微控制单元的定义为________，主要有________、________、________。

2．微型足球机器人由________、________、________、________构成。

3．微型足球机器人的硬件系统主要有________、________、________、________。

4．扫地机器人主要________控制核心，实现了________、________、________功能。

5．装配系统主要采用了________实现模块间的通信，在 HMI 中显示各子系统的________、________、________。

6．自动装配工作站按照功能可以分为________、________、________、________、________。

二、判断题（正确的在括号内打“√”，错误的打“×”）

1．按 MCU 操作处理的数据位数分类，可以将其分为 4 位 MCU、8 位 MCU、16 位 MCU、32 位 MCU 和 64 位 MCU。（　　）

2．微型足球机器人硬件结构可以根据功能来进行划分，主要由五部分组成：爬行机构、击球机构、带球机构、电路部分（决策控制和通信等电路）、辅助部分。（　　）

3．自动装配工作站的控制系统中采用西门子 S7-300 PLC 作为控制核心。（　　）

4．自动装配工作站的触摸屏组态软件选用的是 WinCC flexible，具有交互界面和监控管理的功能。（　　）

第9章

智能机器人竞赛

本章主要介绍在机器人竞赛领域影响力大、综合技术水平高、参与范围广的专业机器人竞赛。

9.1　RoboCon

9.1.1　大赛简介

RoboCon 大赛起源于日本，在 2001 年由亚洲-太平洋广播电视联盟（简称亚广联）发起，并将其推广至国际平台。2002 年举办了首届 RoboCon 比赛。而后每年举办一次，每一届 RoboCon 大赛可由亚广联成员方申请承办。大赛始终坚持“让思维沸腾起来，让智慧行动起来”的宗旨，承办方需要根据本国历史文化的特点来设计赛事主题，因此 RoboCon 比赛的主题每年是变化的。主办方希望通过 RoboCon 比赛，能为青年学生提供一个竞技的平台，提高广大高校学生的工程实践能力、团队协作能力，培育出具有创新精神的科技人才。因此，RoboCon 大赛的主题多以工程性任务为主，任务难度大、技术综合度高。同时，RoboCon 赛事极大地提升了参赛学生在工程设计、研发创新、团队协作和项目管理等方面的综合素质。参赛者要具备一定的机械、电子、控制、计算机等技术知识和能力，能使机器人完成比赛任务。

9.1.2　抢攀珠穆朗玛峰

首届 RoboCon 比赛的主题为“抢攀珠穆朗玛峰”，比赛现场如图 9-1 所示。本届大赛的赛区由 17 根圆柱组成，代表珠穆朗玛峰山区。每个圆柱代表的分数不一样，最后根据各队把赛球投入圆柱内所得的总分来决定输赢。当一个参赛队用赛球占领了包括中心顶点圆柱在内的对角线上的 5 根圆柱时，则该参赛队即被视为“登顶成功”，赢得该场比赛。每个参赛队都可选择制作全自动机器人或人工控制机器人来进行投球。一旦比赛开始，就不允许操作人员使用任何装置来遥控全自动机器人，全自动机器人需要依据自身的传感器来定位和投球。这要求全自动机器人依据投射的角度及力度来预测小球的运动轨迹。

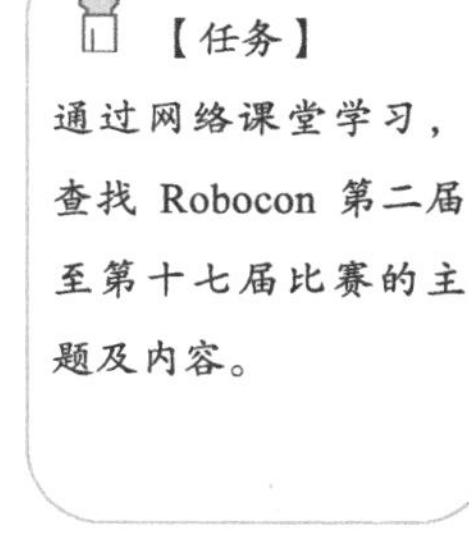
【任务】
通过网络课堂学习，查找 Robocon 第二届至第十七届比赛的主题及内容。

图 9-1　“抢攀珠穆朗玛峰”比赛现场

9.1.3 “快马加鞭”

在历届比赛中，每年都会有一个更加新颖的方向，在增加趣味性的同时，也会吸引人们对传统文化的思考和传承。例如，第十八届 RoboCon 大赛是以“快马加鞭”为主题来设置比赛的，比赛场地如图 9-2 和图 9-3 所示。该灵感来自古代传递信息的驿传制度。

本次比赛中参赛队员需要设计两个机器人，由两个机器人接力传递信物。信使 1 号机器人可以采用手动、半自动或全自动机器人。它通过向信使 2 号机器人传递令牌或投掷兽骨来得分。而信使 2 号机器人是自动机器人，它能像马一样用四条腿运动，它的主要任务是把令牌带到山顶区。“快马加鞭”主题情景设置得非常丰富，比赛场地设有树林、桥梁、大漠、沙丘、草地和高山等障碍，充分模拟了古代驿站传递消息的过程。

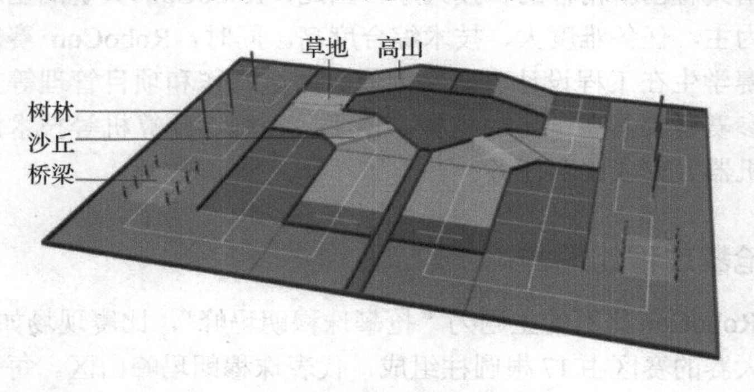

图 9-2 “快马加鞭”比赛场地

图 9-3 “快马加鞭”比赛现场

在这个比赛中，机器马需要穿越不同的地形，还要在此基础上保持稳定的运动状态，这对机器马的机械结构和运动控制都提出了很高的要求。这就需要将外部传感器从环境中感知到的信息与内部传感器检测到的机身信息进行融合，传至决策系统进行控制。由于比赛场地环境复杂，四足的机器马在进行结构设计时，必须考虑机构运动的灵活性、质量、能耗及稳定性等问题。要着重对机器马的腿、足、转弯机构和传动机构等几方面进行设计。

腿的设计需要考虑步态运动空间的大小，传动链效率的高低，制造加工的方便性，以及驱动行进的灵活性等诸多因素。机器马的足是直接同外界环境接触的感受部件。为便于控制，在足上安装的传感器应具有以下功能：要能监测足底与地面的接触反力及接触状态，还要能独立地从不同方向采集信息，在遇到障碍时发出信号，使机器马避开障碍。为满足以上要求，可以把足的下部设计成空心圆环状，在环状空腔中安装传感器。通过足底的传感器测出每一条腿足底所受到的支撑力，并根据腿部和足底的受力分析情况计算和调整支撑状态，以实现稳定步行和按预期步态规律协调动作。

转弯机构是实现机体变换运动方向的执行部件，进行合理的机械结构设计可以保持机身在转弯时的稳定性。一般为防止转弯时逆向运动，要为转弯机构设置自锁功能。传动机构是驱动腿运动的执行部件，常采用电动机来控制腿的运动步态及速度。

除机器马外，还有很多其他有趣的机器人设计主题。比如，第十九届 RoboCon 比赛是以“绿茵争锋”为主题的，使用两个机器人和 5 根代表防守队员的立柱演绎 7 人制的英式橄榄球比赛。比赛的亮点是两个机器人相互配合踢球入门得分。除了“快马加鞭”“绿茵争锋”等比赛主题，还有“飞龙绣球”等。感兴趣的读者可以查阅相关资料进行了解，相信读者一定能有非常多的收获。

通过整合高校、媒体、企业和政府的资源，这项赛事已经成为我国理工科院校最具影响力的赛事，对机器人教育做出了积极贡献，为我国机器人产业及相关科技领域培养了大批卓越的企业家和工程师。参赛学生在创新意识、工程实践能力、团队协作水平等方面得到极大提高，培养出一批爱创新、会动手、能协作、肯拼搏的科技精英人才。

9.2 RoboMaster

9.2.1 大赛简介

全国大学生机器人大赛即 RoboMaster 机甲大师赛是由我国共青团中央、全国学联、深圳市人民政府联合主办，大疆创新科技有限公司发起并承办的机器人赛事。大赛下设覆盖各年龄段的五项赛事：超级对抗赛、高校单项赛、高校人工智能挑战赛、青少年挑战赛和全民挑战赛，意在鼓励学生将课堂知识应用到实践中，提高学生的科学思维与创新能力，致力于培育新时代的复合型科研人才。

赛事愿景：为青春赋予荣耀，让思考拥有力量。以学术价值为根基，培养具有工程思维，拥有实干精神的综合素质人才，并将科技之美、科技创新理念向公众传递。

赛事宗旨：以先进科学教育理念，培养未来优秀工程师人才；以严谨科技竞赛规则，提升机器人竞赛整体水平，推动机器人行业技术发展；以前沿科技创新手段，激发青少年对科技创新的兴趣与热爱。

赛事理念：以人才为核心，打造全球顶级大学生机器人科技创新竞技赛事。传播崇尚科学与创新，善于分享和实干，一切以解决问题为导向、追求极致的青年工程师文化。

9.2.2 机甲大师高校系列赛

RoboMaster 机甲大师高校系列赛，是专为全球科技爱好者打造的机器人竞技与学术交流平台。自 2013 年创办至今，始终秉承“为青春赋予荣耀，让思考拥有力量，服务全球青年工程师成为追求极致、有实干精神的梦想家”的理念，致力于培养与吸纳具有工程思维的综合素质人才，并将科技之美、科技创新理念向公众广泛传递。

RoboMaster 机甲大师高校系列赛平台要求参赛队员走出课堂，组成机甲战队，自主研发制作多种机器人参与团队竞技。该赛事规则充分融合了“机器视觉”“嵌入式系统设计”“机械控制”“惯性导航”“人机交互”等众多机器人相关技术学科，参赛队员通过项目式实践学习，可在备赛及参赛的过程中提升专业技术能力，积累工程经验，为快速适应社会需求打下坚实基础。“高校系列赛”的规模逐年扩大，每年吸引全球400余所高等院校参赛，累计向社会输送 3.5 万名青年工程师，并与数百所高校开展各类人才培养、实验室共建等产学研合作项目。

9.2.3 机甲大师超级对抗赛

RoboMaster 机甲大师超级对抗赛现场如图 9-4 所示，侧重考察参赛队员对理工学科的综合应用与工程实践能力，充分融合了“机器视觉”“嵌入式系统设计”“机械控制”“惯性导航”“人机交互”等众多机器人相关技术学科，同时创新性地将电竞呈现方式与机器人竞技相结合，使机器人对抗更加直观激烈，吸引了众多的科技爱好者和社会公众。

规则概述：在 2022 赛季中，对战双方需自主研发不同种类和功能的机器人，在指定的比赛场地内进行战术对抗，操控机器人发射弹丸攻击敌方机器人和基地。比赛结束时，基地剩余血量高的一方获得比赛胜利。机器人的类型如图 9-5 所示。

图 9-4　机甲大师超级对抗赛现场

在比赛过程中，英雄机器人负责发射大弹丸，对敌方造成大伤害。而步兵机器人则负责发射小弹丸、激活机关，为全队带来增益。工程机器人负责为己方争夺资源，复活己方机器人。除了地面机器人，还配有空中机器人，在空中攻击敌方，并为队友提供空中视野。还有守卫基地的全自动哨兵机器人。为了远程打击，还配备了飞镖系统，专门发射飞镖打击敌方前哨站和基地。除此之外，还配备了高算力的雷达，为全队提供视野及预警信息。各类机器人不仅要相互配合，还要讲究战略战术，才能使对抗系统发挥最大的作战能力。

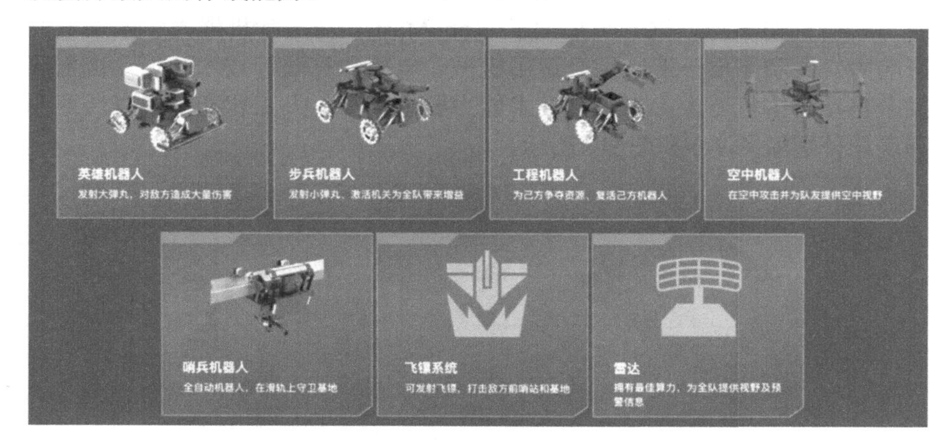

图 9-5　机器人的类型

9.2.4　机甲大师高校单项赛

为提升单个机器人的技术水准、提高参赛队整体的技术实力，RoboMaster 组委会在原有的赛事体系内，衍生出侧重单个机器人实现某种功能的单项赛，即 RoboMaster 机甲大师高校单项赛。高校单项赛侧重对机器人的某一技术领域进行深入探索和学术研究，旨在鼓励各参赛队深入挖掘技术，精益求精，将机器人做到极致。高校单项赛包含多项挑战任务，参赛队伍仅需研发 1 个机器人便可完成一项挑战，大大降低了研发资金和人力成本，又可以激励参赛队员术业专攻，更快速地实现技术突破。

规则概述：在 2022 赛季中，高校单项赛设置了“步兵竞速与智能射击”“工程采矿”“飞镖打靶”“英雄吊射”四个挑战项目。

①“步兵竞速与智能射击”项目中，步兵机器人（2022 赛季增设平衡步兵组）快速移动到指定位置，并激活能量机关；命中环数和命中时间都会影响分数。

②“工程采矿”项目中，工程机器人将在场地内获取矿石，并以最快的速度进行兑换；获取矿石的数量和速度都会影响分数。

③“飞镖打靶”项目中，发射飞镖射击前哨站和基地；命中次数和命中时间都会影响分数。

④“英雄吊射”项目中，英雄机器人在狙击点发射 42mm 弹丸对基地进行远程吊射；命中次数和命中时间都会影响分数。

9.2.5 机甲大师高校人工智能挑战赛

RoboMaster 机甲大师高校人工智能挑战赛自 2017 年起已连续五年由 RoboMaster 组委会与世界机器人和自动化大会联合主办，并先后在新加坡、澳大利亚、加拿大和中国落地执行。该赛事吸引了全球大量顶尖学府、科研机构参与，进一步扩大了 RoboMaster 在国际机器人学术领域的影响力。比赛需要参赛队综合运用机械、电控和算法等技术知识，自主研发全自动射击机器人，对综合技术能力要求极高。人工智能挑战赛场地图和现场分别如图 9-6 和图 9-7 所示。

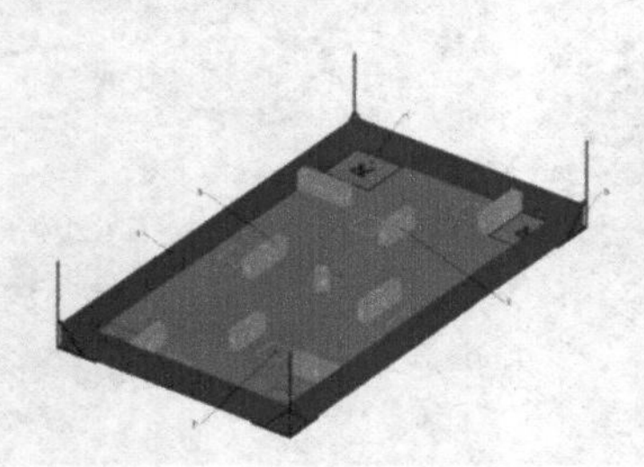

图 9-6 人工智能挑战赛场地图

图 9-7 人工智能挑战赛现场

规则概述：在 2022 赛季中，采用全自动机器人射击对抗的形式，场地内布满功能机关，参赛队伍需利用官方机器人平台，通过感知赛场的环境信息，根据场上形势自主决策，进行运动规划与控制。全自动机器人通过发射弹丸击打敌方机器人进行射击对抗。比赛结束时，机器人总血量高的一方获得比赛胜利。

人工智能挑战赛中使用的机器人小车是大疆创新科技有限公司提供的 2020 标准版机器人。如图 9-8 所示，AI 机器人 2020 标准版由底盘模块、拓展模块、云台模块、发射模块和裁判系统模块组成。机器人底盘模块包含一组麦克纳姆轮，可实现机器人全向移动；机器人拓展模块是在底盘模块基础上安装的一个拓展平台，可搭载外部控制器（如 MiniPC、妙算等）及传感器（如摄像头、激光雷达等），同时拓展模块包含一组环绕机器人四周的保险杠结构，有效减少了撞击对于机器人的影响，极大地延长了机器人的使用寿命；机器人云台模块可完成 Pitch 和 Yaw 两个自由度的旋转运动，提升了机器人的灵活性和对抗能力；机器人发射模块可发射 RoboMaster 17mm 弹丸；机器人裁判系统模块内置传感器，可检测机器人受到的伤害值，当机器人血量降为零时，裁判系统模块自动切断电源，模拟机器人阵亡。在专用场地，可操作多个机器人进行对抗竞赛。该机器人提供开源控制程序及完善的开发文档，方便开发者进行二次开发。支持使用 USB 接口、CAN 接口、UART 接口作为外部通信接口，便于使用其他外部控制器（如 MiniPC、妙算等）控制机器人，用户可灵活使用这些接口，打造独特的全自动机器人。

图 9-8 AI 机器人 2020 标准版

参赛队伍所使用的 AI 机器人的机械结构不允许有所改动，所以人工智能挑战赛中的机械组队员主要是做车体维护，而电控组和算法组能发挥的空间比较大。参赛队伍可以配置相机与激光雷达等个性化传感器对机器人进行二次开发。算法组需要借助机载相机或在场地周边布控的哨岗相机提供的局部或全局视觉信息，进行定位和导航。还需要进行多传感器信息融合，感知赛场环境和调节机器人自身的状态。由于人工智能挑战赛是全自动的，在比赛过程中不能有人为干预，因此机器人需要一定的智能，能够在比赛中完成定位、运动规划、敌我机器人检测、自主决策和自动控制等功能。而电控组接收算法组传递下来的命令，通过调节机器人的底盘和云台电动机的转速，来躲避障碍物和敌方攻击，同时打击敌方。

在国家层面，人工智能竞赛助力数字经济创新发展，突破重点技术瓶颈，推动人工智能产业高质量发展。人工智能竞赛活动是人工智能技术创新、产业应用实践、赋能数字经济改革创新的重要方法。以人工智能竞赛为载体，以问题为导向，以人才为抓手，汇聚人工智能领域的各界科技创新力量和智慧，在共同推动人工智能+产业发展，加快算法产业化进程中起到重要作用。人工智能竞赛作为人工智能赋能数字经济改革创新的重要手段和窗口，越来越受到各国的高度重视。

9.3 全国大学生工程训练综合能力竞赛

9.3.1 竞赛简介

全国大学生工程训练综合能力竞赛是教育部高等教育司发文举办的全国性大学生科技创新实践竞赛活动，是基于国内各高校综合性工程训练教学平台，为深化实验教学改革，提升大学生工程创新意识、实践能力和团队合作精神，促进创新人才培养而开展的一项公益性科技创新实践活动。该竞赛于 2009 年开始举办，而后每两年举办一次，竞赛时间安排如图 9-9 所示。该竞赛设置多种不同难度的赛道。

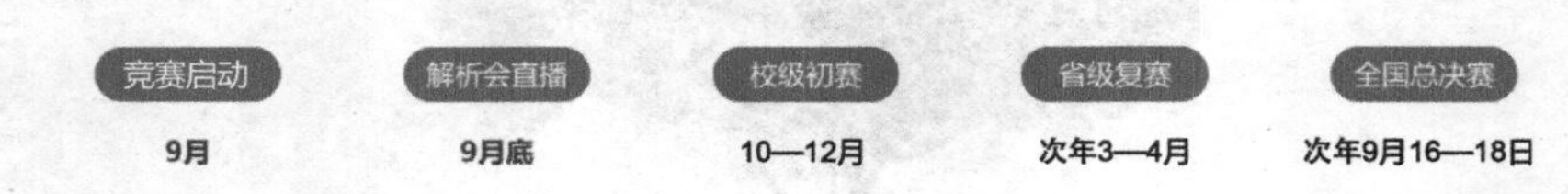

图 9-9 大赛时间安排

工科学生工程实践能力薄弱是当前工程教育的显性短板，从对企业开展大规模问卷调查，到工程教育专业认证对照国际工程教育质量标准的评价，都得到了印证。工程教育归根结底是面向行业企业培养应用型人才，工科学生的能力培养是工程教育应有之义，若学生没有扎实的能力基础，则工程教育支持、服务、引领行业发展都是奢谈妄言。

目前，工科专业、课程的设置与调整基本上基于知识逻辑，与产业发展的现实需求对接不足。实践操作能力是工科学生的关键素质之一，工程最基本的属性就在于其实践性。然而，当下大学工程教育却呈现出过度科学化的现象，课程目标脱离工业需求，培养出的学生应用实践能力和技术水平薄弱，与以解决实际工程问题为目的、以设计为核心的工程教育渐行渐远，造成工程教育与产业界需求相脱节。因此，切实扭转工程教育科学化倾向，回归工程教育本身势在必行。

9.3.2 智能+赛道

智能＋赛道面向全球可持续发展人才培养需求，围绕国家制造强国战略，以智能装备为应用背景，涉及机械创新设计、结构设计、机器人、图像识别处理、物联网等技术领域，综合性更强。智能＋赛道立足于工程实际，以实际工程问题为切入点，突出智能装备与智能制造，为国家培养多学科交叉融合工程技术人才。智能＋赛道包含智能物流搬运、水下管道智能巡检、生活垃圾分类、智能配送无人机等项目。该赛道所有参赛作品应由参赛队员自主设计并制造机器人的机械部分。除标准件外，所用的非标零件应是自主设计和制造的，不允许使用购买的成品套件拼装而成。智能装备所使用的传感器和电动机的种类和数量不限。这些参赛要求给予参赛者更高的设计自主性，也对参赛者的动手实践能力提出了更高的要求。

智能物流搬运是以智能制造的现实和未来发展为主题的，要求参赛者自主设计并制作一台进行物料搬运的智能机器人，赛场示意图如图 9-10 所示。智能物流搬运的场景模拟企业制造过程，包括出发区、返回区、半成品区、精加工区、库存区和桥梁等。机器人决赛主要经过半成品区、精加工区和库存区，并通过桥梁完成精加工物料的搬运过程。参赛者所设计的机器人能够通过扫描二维码、条码或通过 Wi-Fi 网络通信等方式领取搬运或放置任务，实现机器人在指定的工业场景内行走。

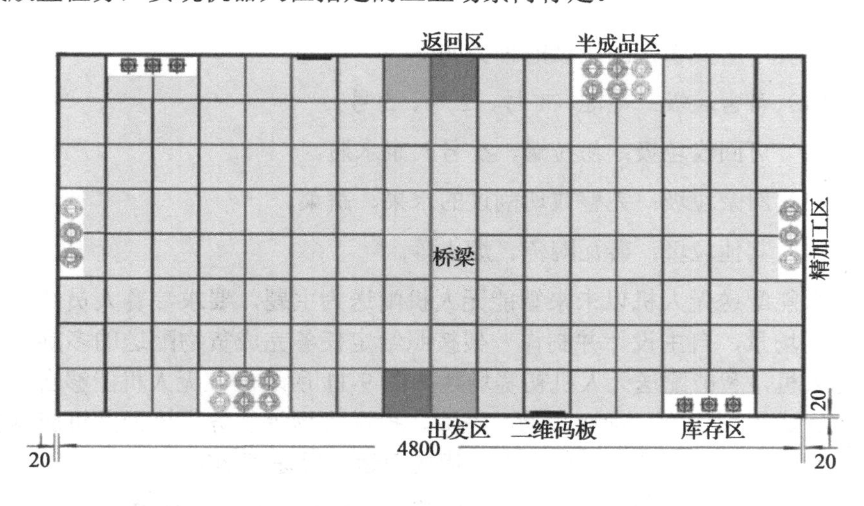

图 9-10 智能物流搬运赛场示意图（单位：mm）

所设计的机器人应具有自主避障、路径规划、自主识别物料位置和颜色、实现物料抓取与载运、上坡和下坡等功能，按任务要求将物料搬运至指定地点并精准摆放。机器人运行方式为自主和遥控，当机器人自主运行时出现故障后可采用遥控方式继续完成作业任务。

水下管道智能巡检以水下管道智能检测的现实场景和未来发展为主题，利用智能技术自主设计一台按照给定任务完成水下管道检测的水中机器人，该水中机器人能够沿着水下管道运动，检测管道上的附着物，并发出警报，同时进行清理、移除、回收等。不允许使用包括遥控在内的任何人机交互的手段及通信方式控制水中机器人及其余辅助装置。初赛主要对附着物进行检测，决赛除检测外，还需要对附着物进行移除、回收，完成不同的任务，分数的权重不同。

功能要求：应能够实现自主前进、左转、右转、上升、下潜等运动功能，并能够对水下管道上的附着物进行检测、报警、标记、清理、移除及回收等，竞赛过程中机器人应全程自主运行。

外形尺寸要求：水中机器人初始尺寸不得超过 500mm×400mm×300mm（长×宽×高）。允许水中机器人设计为可折叠形式，但在竞赛开始后才可自行展开。

生活垃圾分类以日常生活垃圾分类为主题，要求参赛队员自主设计并制作一台根据给定任务完成生活垃圾智能分类的装置。该装置能够实现对投入的可回收垃圾、厨余垃圾、有害垃圾和其他垃圾四类城市生活垃圾进行自主判别、分类和投放。除此之外，该分类装置应搭载一块显示屏，能够实时显示识别分类的结果，显示该装置内部的各种数据，并能实现桶内满载垃圾时显示报警提示。除此之外，显示屏还可以在闲时播放垃圾分类宣传片等。

比赛中所要识别的垃圾的种类如下：

（1）有害垃圾：电池（1 号、2 号、5 号）。

（2）可回收垃圾：易拉罐、小号矿泉水瓶。

（3）厨余垃圾：完整或切割过的水果、蔬菜。

（4）其他垃圾：砖瓦陶瓷、烟头等。

智能配送无人机以未来智能无人机配送为主题，要求参赛人员结合实际应用场景，自主设计并制作一架按照给定任务完成货物配送的多旋翼智能无人机，智能配送无人机初赛场地如图 9-11 所示。该无人机能够自主或遥控完成识别货物、搬运货物、越障、投递货物等任务。该无人机应具备自主定位、路径规划、目标识别、货物搬运与投递等功能。

配送的货物：初赛时，待配送的货物为直径 50mm、高 70mm 的圆柱体，质量不超过 50g，材料为三维打印 ABS，对颜色没有要求。

决赛时，待配送的货物的形状、颜色、质量、尺寸等由现场抽签决定，形状有球体、圆柱体、正方体、长方体、三棱体等，货物颜色有红、绿、蓝三种，货物的各边长或直径尺寸不超过 70mm，质量不超过 100g。

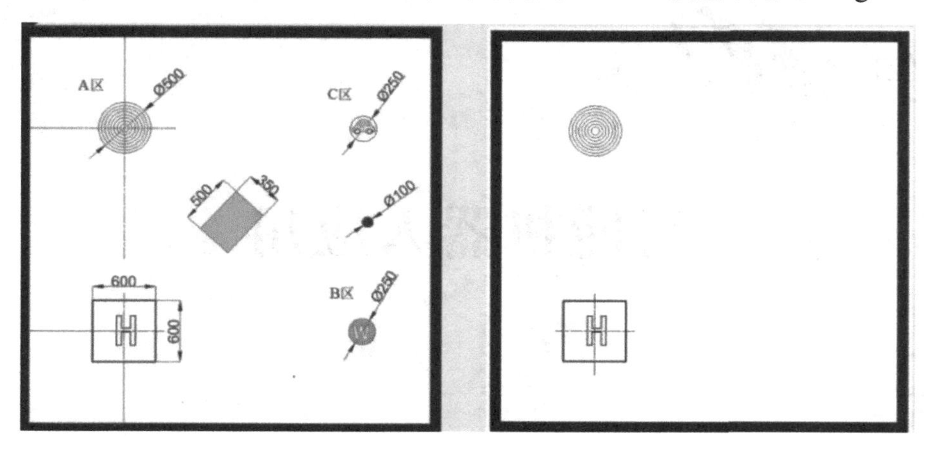

图 9-11 智能配送无人机初赛场地（单位：mm）

习题 9

填空题

1．RoboCon 大赛始终坚持________的宗旨，承办方需要根据本国历史文化的特点来设计赛事主题。

2．RoboMaster 机甲大师赛下设的赛事有________、高校单项赛、________、________、________和全民挑战赛。

3．RoboCon 大赛起源于______。

4．首届 RoboCon 比赛的主题为“______________”。

5．RoboMaster 机甲大师高校单项赛在 2022 赛季中，设置了“________”“________”“________”“________”四个挑战项目。

第10章

智能机器人应用

随着智能技术的普及，智能机器人开始应用于人们的日常生活。智能机器人的应用，为人们的日常生活提供了便利，丰富了人们的精神。智能机器人越来越朝着服务型方向发展，在机器人的研究中更加注重机器人在日常生活中的应用。

本章主要针对现有的智能机器人在日常生活中的应用展开介绍。

10.1 智能巡检机器人

【任务】

通过网络课堂学习，了解机器人的有关应用。

1. 智能巡检机器人的应用场景大致有哪些？

2. 智能巡检机器人的运行机构主要有哪几类？

3. 服务机器人按应用领域可分为哪几类？

随着我国企业对安全生产意识的进一步提升，近年来有越来越多的巡检机器人替代人在危险场所和有害环境中劳动，智能巡检机器人在多个我国重要的工业生产领域得到规模性的应用推广。智能巡检机器人的运行机构如图10-1所示。

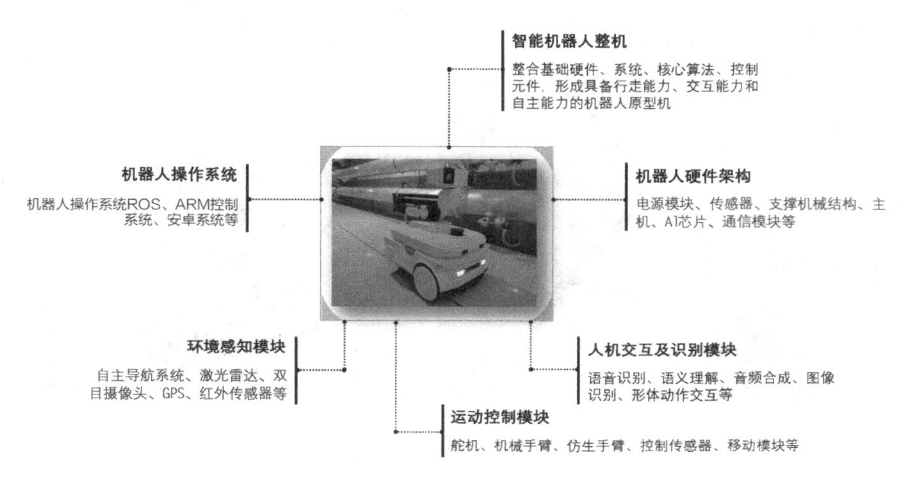

图10-1 智能巡检机器人的运行机构

从应用场景来看，目前智能巡检机器人的应用场景主要有电力、石化、矿山等领域。

在电力领域，随着智能电网的逐步推进，我国电网工程投资规模高速增长，2021年，我国电网工程投资规模达5530亿元，同比增长5.45%。随着国家智能电网战略的推进，通过智能机器人对输电线路、变电站/换流站、配电站（所）及电缆通道实现全面的无人化运维已经成为我国智能电网的发展趋势。智能巡检机器人在电力行业的应用场景包括变电站、配电站及输电线路。综合来看，智能巡检机器人在电力领域有广阔的发展前景。随着智能电网建设的加速推进，预计2025年整个电力领域的智能巡检机器人市场规模将达到80.74亿元，2028年将达到99.77亿元。

在石化领域，化工行业具有周期性特点，随着2013年至2017年漫长的产能消化期的结束，自2018年下半年行业进入新一轮的扩张期。2019年上半年，化工行业投资完成额同比增长9.3%，年增速为4.2%。

智能巡检机器人在以上两个领域的主要任务是巡回检验，而巡回检验是在产品生产、运行中进行的定期或随机检验，旨在及时发现设备质量问题或运行故障。人工巡检耗费大量劳动力，相比之下，智能巡检机器人能够保证巡检任务高效、可靠执行，并将巡检人员从单调重复的巡检任务中解放出来，在农业生产、变电站维护、桥梁隧道检修、线缆异常排查等方面均有应用。高精度的导航定位是智能巡检机器人完成巡检任务的核心技术，直接影响巡检的效率与可靠性。

下面介绍几种智能巡检机器人。

1. 履带式巡检机器人

履带式巡检机器人，是专为复杂环境下的巡检工作而设计的，其基本功能为移动监测平台，属于监测技术与机器人技术相融合的新型监测设备。履带式巡检机器人如图 10-2 所示。

图 10-2 履带式巡检机器人

履带式巡检机器人因具有支承面积大、通过性好、机动性好等优点，已经成为移动式机器人领域的研究热点之一。履带式巡检机器人可以在危险、恶劣、复杂的环境中代替人工作，大大减轻了这类环境对人造成的伤害，因此履带式巡检机器人在救援、军工等方面有广泛的应用。

利用智能巡检机器人辅助运行人员对设备进行巡视，可及时发现设备的异常现象，规避设备运行隐患，提高工作效率和巡检质量，可起到减员增效的作用。

2. 轮式巡检机器人

轮式巡检机器人与履带式巡检机器人相似，如图 10-3 所示，也是专为复杂环境下的巡检工作而设计的，可以适应规模较大的作业场地，也兼顾空间较小的机柜过道巡检任务。轮式巡检机器人可以在不同地形和环境中灵活移动，具有很高的适应性和灵活性。轮式巡检机器人可以通过编程来实现自主移动、任务执行和路径规划等功能，可以根据需要进行灵活的定制和修改。轮式机器人可以通过搭载传感器、摄像头和智能算法等实现自主巡检、避障和路径规划等功能。

图 10-3　轮式巡检机器人

智能巡检机器人的任务主要是在某一现场对一些特定的对象进行安全排查。为了完成这个任务，智能巡检机器人系统需要解决几个关键的技术问题：机器人的本体控制，一般表现为机器人的导航和自主避障等；机器人的检测功能，它需要针对不同的被检测对象进行有针对性的设计；还有一些远程监控与遥感技术，利用它可以更好地进行人机交流互动。除了这些关键技术，还包括必要的传感器技术、通信技术等。

智能巡检机器人的研究较为复杂，它综合了导航技术、检测技术、通信技术等多种技术。对于智能巡检机器人而言，“巡”是最基本的保障，也就是说导航技术是巡检机器人能够执行巡检任务的最基本保障，没有导航的支撑，“检”便无从谈起。

3. 轨道式巡检机器人

轨道式巡检机器人与前两种智能巡检机器人不同，轨道式巡检机器人具有带升降臂的静音底盘，双电动机动力强劲，全轮驱动，人们在隧道内可以使用安卓手机互通电话、收发信息图片并实现手机实时定位，保证进入隧道人员的安全；具有数字定位的长距离轻型导轨；其软件系统具有自动读表、缺陷发现等功能。轨道式巡检机器人如图 10-4 和图 10-5 所示。

图 10-4　平台型挂轨式智能巡检机器人

图 10-5　配电房轨道式巡检机器人

传统的人工巡检方式由于耗时费力、实时性差的缺点被逐步淘汰。在人工智能发展的时代，智能机器人逐渐走进人类生活。智能巡检机器人的应用可有效降低设备维护成本，提高设备巡检、设备管理的自动化和智能化水平，为智能巡检和无人值守站提供新型的技术检测手段和可靠的安全保障。

智能巡检机器人系统能代替人工进行设备开关和 CT、PT 等设备压力，以及避雷器泄漏电流、油位等表计数据的自动读取。机器人通过拍照获取表计数据后，系统会自动将每个点位的数据保存下来，运维人员可查询或导出系统生成的报表，通过对比每次巡检数据的变化，预防严重故障的发生。

4. 服务机器人

我国城镇单位就业人员平均工资从 2000 年的 9333 元增长至 2018 年的 82413 元，年均复合增长率为 12.86%。且人口结构老龄化使得劳动力的供给继续减少，进一步推高了人力成本，从而增加了对于“机器人替人”的需求。

随着人们生活水平的提高，人们对生活质量的要求越来越高，服务机器人便应运而生。服务机器人是机器人家族中的一个年轻成员，尚没有严格的定义。不同国家对服务机器人的认识不同。它的应用范围很广，主要从事维护保养、修理、运输、清洗、保安、救援、监护等工作。

国际机器人联合会经过几年的搜集整理，给出服务机器人一个初步的定义：服务机器人是一种半自主或全自主工作的机器人，它能完成有益于人类健康的服务工作，但不包括生产设备。这里，我们把其他一些贴近人们生活的机器人也列入其中。

根据不同的应用领域，目前服务机器人可分为个人（家庭）服务机器人及商用服务机器人两大类。个人（家庭）服务机器人包括扫地机器人、拖地机器人、擦窗机器人、陪伴型机器人、教育机器人及休闲娱乐机器人等，而商用服务机器人则包括送餐机器人、迎宾机器人、酒店机器人、商场导购机器人、银行柜台机器人等。

在众多服务机器人中，家务型服务机器人占据主导地位，其中以扫地机器人占比最大，随着家庭可支配收入的增长及消费升级，越来越多的年轻人青睐智能化程度高的产品，扫地机器人的出现解放了“懒人”的双手，将人们从繁重的家务中解脱出来。

扫地机器人虽在我国起步较晚，却以惊人的速度发展。在消费升级、产品智能化的双重浪潮下，消费者对机器人做家务的刚性需求（懒人经济）越发显著。

目前扫地机器人已经历过第一代随机类到第二代惯性导航类及第三代自主导航类的变革。随机类产品给用户的体验较差，导致出现用后不想用的情况。与随机类产品相比，惯性导航类产品的使用频率增加，而目前的新一代自主导航扫地机器人的使用频率则大幅提升。图 10-6 所示为扫地机器人。

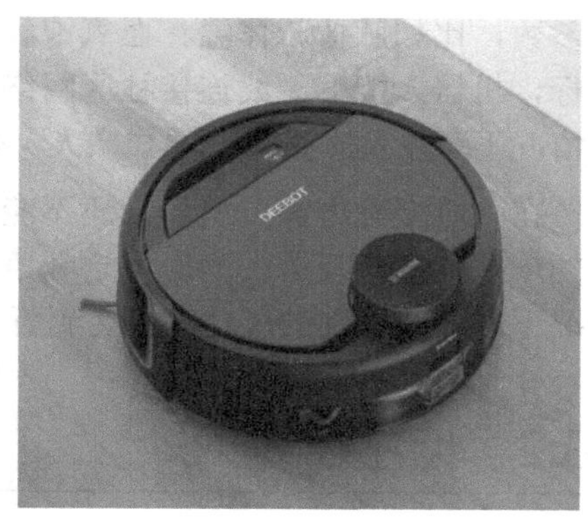

图 10-6 扫地机器人

服务机器人正朝着人性化、智能化的方向发展。伴随着信息技术、无线传感技术及智能处理算法的发展，服务机器人将能实现任何地方、任何时间、任何环境的实时交互、无障碍操作，将能完成互联网上丰富资源的自动搜索、查询和处理，智能化程度将会越来越高。

5. 助老助残机器人

除了以上四类机器人，还有一类助老助残机器人，其针对的用户主要是行动不便的人群。有的助老助残机器人是穿戴式的，老人可以把机器人“穿”在腿上，机器人启动后即可带动老人的腿部运动，如图 10-7 所示。

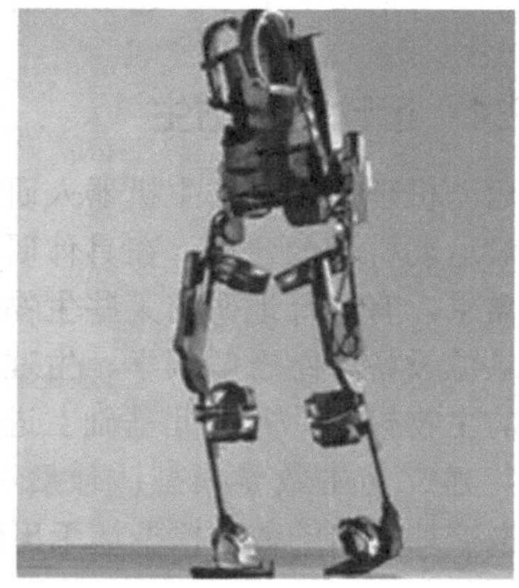

图 10-7 助老助残机器人

由于老年人普遍比较孤单，逗老人开心、给老人解闷也是助老助残机器人发展的一个方向。一些助老助残机器人的娱乐性非常强，在外形上，助老助残机器人采用可爱的小熊猫形象，有它做伴，老人就像养了一个小宠物一样。

助老助残机器人可以通过一些便携式检测装置对老年人的一些重要生理参数，比如脉搏、体温、血氧饱和度等进行检测和分析，如果发现参数超标，机器人能够无线连接社区网络，并把数据传送给社区医疗中心，紧急情况下可以及时报警或通知亲人，争取宝贵的治疗时间。

在人机交互方面，机器人还不能达到像人一样交流的水平，只能对固定的一些词语有反应。而对固定词语的反应也有赖于环境，在比较安静的情况下，语音识别的成功率能达到百分之八九十。

10.2 仿生机器人

【任务】
通过网络课堂学习，了解关于仿生机器人的知识。
1. 依据仿生的运动机理不同可分为哪七类仿生方式：

2. 请概述运动机理的建模过程：

3. 请举出几个仿生机器人实例：

近几年，我国的研究人员对机器人在农业、工业和服务业等各产业的应用研究更加细化且更加深入。仿生思想是一种重要的设计理念，会给消费者带来不一样的独特感受。在未来，仿生科技不会在单一方向“吊死”，而是更多地将研究触角伸向丰富的风格诉求，推动仿生学在产业领域应用的多元化、丰富化，这对我国未来产业结构优化、促进产业升级，逐步迈向高端化，丰富产业集群发展，都有着很强的理论指导意义。

仿生机械是模仿生物的形态、结构和控制原理，设计制造出的功能更集中、效率更高并具有生物特征的机械。目前，依据仿生的运动机理不同，仿生方式可以分为七类，分别是无肢生物爬行仿生、两足生物行走仿生、四足等多足生物行走仿生、跳跃运动仿生、地下生物运动仿生、水中生物运动仿生及空中生物运动仿生。

10.2.1 运动机理仿生

运动机理仿生是仿生机器人研发的前提，而进行运动机理仿生的关键在于对运动机理的建模。在具体研究过程中，应首先根据研究对象的具体技术需求，有选择地研究某些生物的结构与运动机理；然后借助于高速摄影或录像设备，结合解剖学、生理学和力学等学科的相关知识，建立所需运动的生物模型，并在此基础上进行数学分析和抽象，提取出内部的关联函数，建立仿生数学模型；最后利用各种机械、电子、化学等方法与手段，根据抽象出的数学模型加工出仿生的软、硬件模型。

1. 无肢生物爬行仿生

无肢运动是一种比较独特的运动方式，它不同于传统的轮式或有足行走。目前所实现的无肢运动机器人主要是仿蛇机器人，它具有结构合理、控制灵活、性能可靠、可扩展性强等优点。1972 年由日本东京大学的

Hirose 教授研制的第一个蛇形机器人诞生，并将其命名为 ACM（Active Cord Mechanism）蛇形机器人。在国内，1999 年 3 月，上海交通大学崔显世、颜国正研制出我国第一个微小型仿蛇机器人样机。

2. 两足生物行走仿生

两足行走是步行方式中自动化程度最高、最复杂的。1988—1989 年，国防科技大学张良起等人研制成功我国第一个空间运动型两足步行机器人。

3. 四足等多足生物行走仿生

与两足步行机器人相比，四足、六足等多足步行机器人静态稳定性好，又容易实现动态步行，因而受到包括中国在内的二十多个国家的学者的青睐。20 世纪 60 年代末期，美国人 Mosher 设计了一个具有四足的机器人 Walking Truck，Walking Truck 采用液压马达为机器人提供动力，虽然充分利用了液压传动的传动比大、功率高、吸收压力冲击和震动等特点，但是存在效率较低的缺点。由于在机器人的足上安装了多个位置传感器，它可以准确地探测位置信号，把位置信号传递给 CPU，由 CPU 发出控制指令，四条腿便可以协调完成工作，也可以翻越障碍。相较于国外，国内的多足步行机器人的研究和设计起步都比较晚，经过相关领域专家、学者的不懈努力，取得了颇为丰硕的成果。上海交通大学的马培荪教授于 1991 年首次成功研制出一个模仿哺乳动物腿部关节构造的四足机器人 JTUWM-III，每条腿由 3 个关节控制，有 3 个自由度，依靠直流伺服电动机驱动。2000 年，马培荪教授对机器人的控制方式进行了优化，研制了微型六足步行机器人 MDTWR。

4. 跳跃运动仿生

跳跃运动仿生主要是模仿袋鼠和青蛙。以跳跃方式来分类，跳跃机器人大致分为两类：

（1）连续型跳跃机器人，这种机器人触地后在极短时间内再次跳跃。连续型跳跃机器人需要实时控制机器人的姿态和平衡，控制复杂。

（2）间歇型跳跃机器人，这种机器人的能量补充、姿态调整和路径规划等在地面静止阶段完成，简化了机器人的控制，更利于使用。

以跳跃机器人的结构来分类，跳跃机器人可以分为伸缩筒型跳跃机器人和关节型跳跃机器人。

5. 地下生物运动仿生

江西南方冶金学院袁胜发等人模仿蚯蚓研制出气动潜地机器人。它由冲击钻头和一系列充气气囊节环构成，潜行深度为 10m，速度为 5m/min，配以先进的无线测控系统，具有较好的柔软性和导向性，能在大部分土壤里潜行，但不能穿透坚硬的岩石。

6. 水中生物运动（游泳）仿生

鱼类经过数百万年的自然演化与优化选择，获得了高效的游动能力和对特定水环境的高度适应性，其推进模式和推进机构尽管未必最优，但与螺旋桨等现有常规推进装置相比，在推进效率、机动性和运动稳定性等方面都显示出明显的优势，为人造水下航行器所无法比拟。鱼类游动时所具有的游动尾迹少、高度适应复杂水环境等特点，对改进现有水下航行器的推进性能和研制稳定、高效、机动、隐蔽的新型水下推进器有着重要的启发作用。其突出的代表有美国麻省理工学院的机器金枪鱼和日本的鱼形机器人。

7. 空中生物运动（飞行）仿生

仿生扑翼飞行器又称扑翼机，是模仿鸟类和昆虫等生物的飞行模式，通过扑动翅膀产生升力和动力的飞行器。美国 DARPA 计划资助的蜂鸟飞行机器人，是一款真正意义上的纳米飞行器，其研究始于 2005 年。第二代产品 Nano 的翼展为 16cm，质量为 19g，装备了具备全帧拍摄功能的微型摄像系统，具有高度灵活的机械运动功能，可以在三个维度上实现倾斜、滚动和旋转及静止悬停飞行，飞行速度可以达到每小时 11 英里。但由于其续航时间短、控制系统不完善、鲁棒性差等缺点，尚不能投入实际监视和侦察任务。

10.2.2 仿生机器人实例

1. 水母机器人

图 10-8 所示为德国费斯托公司研制的水母机器人，它们长着许多触角，里面充满氦气，看上去非常漂亮，能像水母漂在海水中一样飘浮在空中。“空中水母”的灵活性与便捷性体现了人工智能方面的研究成果，在海底勘探和航空航天等领域有着光明的应用前景。

水母具有能量利用率高、体积小、质量轻、柔性大，能够有效地利用水流被动游动等特点，因此人们开始对仿生水母的研究产生了兴趣，对不同类型的水母进行仿生研究，设计出仿生水母机器人。仿生水母机器人可以在条件复杂的水下长时间游动，并且由于其内部空间大的特点，可以携带很多传感装置和侦查设备，故可以应用于海洋生物考察、海底勘探和海洋救生等许多场合。而且在军事方面，仿生水母机器人具有自身噪声低、游动速度较慢、在实际侦测中不易被发现等特点，可以应用在对隐蔽性要求较高的场合。

2. 机器苍蝇

图 10-9 所示为哈佛大学研制出的一个体型小巧的机器苍蝇，可用于隐蔽地侦察有毒物质。目前，首个机器苍蝇原型机已经制造完毕，质量只有 60mg，翼展不超过 3cm。机器苍蝇和 1 美分硬币大小相当。机器苍蝇主体用碳纤维制成。飞行时，它每秒振翅 120 次，频率接近真苍蝇，快得用肉眼根本无法看清，它还能在空中盘旋并沿着预先设定好的路线加速飞行。在实验室飞行测试中，机器苍蝇展示了稳定、可控的飞行性能，目前能连续飞行超过 20 秒。而且有趣的是，它飞行时消耗的功率大约为 19mW。

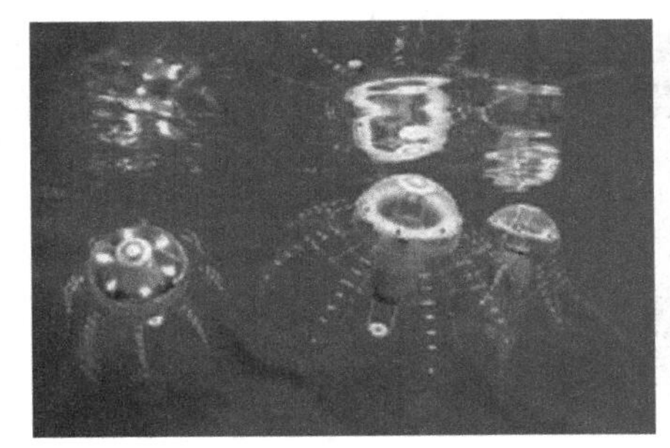

图 10-8 水母机器人

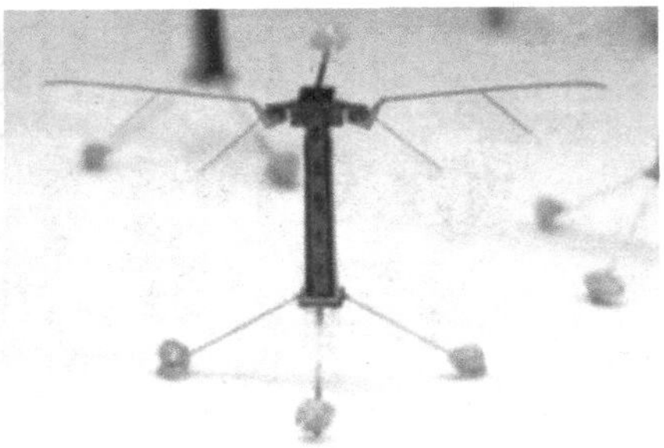

图 10-9 机器苍蝇

3. 蛇形机器人

无肢运动是一种不同于传统的轮式、腿式或履带式行走的独特的运动方式。蛇形机器人的运动方式是典型的无肢运动。蛇形机器人是仿生机器人研究中很活跃的一个研究方向，至今已有数十个蛇形机器人样机问世。这些样机能实现蜿蜒爬行、侧滑、翻滚、避障等二维平面运动，大部分已经具备抬头、爬台阶、翻越较低障碍等在三维空间中运动的能力。它们具有结构合理、控制灵活、性能可靠、可扩展性强等优点。美国、日本、德国等国家都已经对蛇形机器人开展了大量研究工作。

中国科学院的自动化研究团队对蛇形机器人进行了研究，通过与日本研究团队开展合作的方式，研制出代表性比较强的蛇形机器人——巡视者二代和探查者一代。巡视者二代的组成部分是金属材质的若干躯干单元，整体的长度在 2m 左右，总质量为 8kg。不同的单元部件之间借助特殊的万向节连接，能够完成俯仰、滚转等转动动作。在每一节小的躯干单元中都装有一定数量的体轮，它们的存在使得运动的阻力逐渐变小，促使系统的运行效率不断提升。在整个蛇形机器人的头部安装了视觉传感系统及 GPS 定位系统，能够实现对机器人运动状态的辅助控制。图 10-10 所示为我国自主研制的首个蛇形机器人。

4. 水面行走机器人

目前已研制成功的水面行走机器人为数不多，其中最早见诸文献的是美国麻省理工学院的 Water Strider 机器人。如图 10-11 所示，它有 6 条腿，均由直径为 0.2mm 的不锈钢丝制成，骨架为铝质结构，中间两条腿为驱动腿，以橡皮筋驱动，拧紧一次橡皮筋只能划水 5 次，向前滑行 20cm 左右。虽然它结构简单，运动能力有限，但它是世界上第一个能够在水面站立和移动的机器人，因而备受关注。其相关理论研究和实验结果在 *Nature* 上发表时，还配发了评论文章。

图 10-10 蛇形机器人

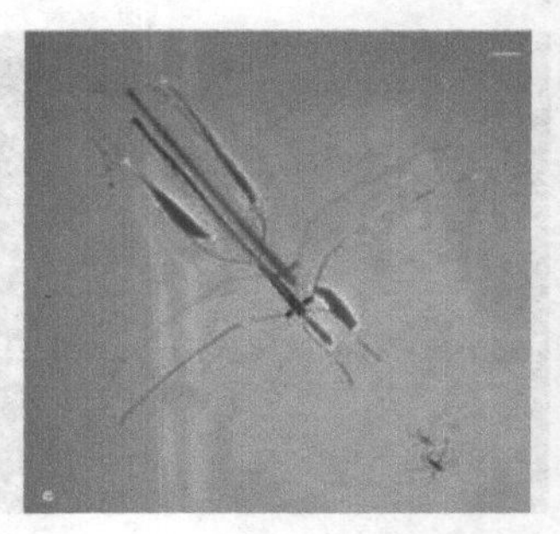

图 10-11 Water Strider 机器人

5. 大狗机器人

大狗机器人实际上在 2008 年就已被研制出来。这个机器人是在 DARPA 的资助下研制的。DARPA 希望制造一个机器人，这款机器人能够到达任何人或动物能够到达的地方，并且能够拥有很强的抗干扰能力及稳定性。波士顿动力学工程公司的大狗机器人就是这样一个机器人，如图 10-12 所示。

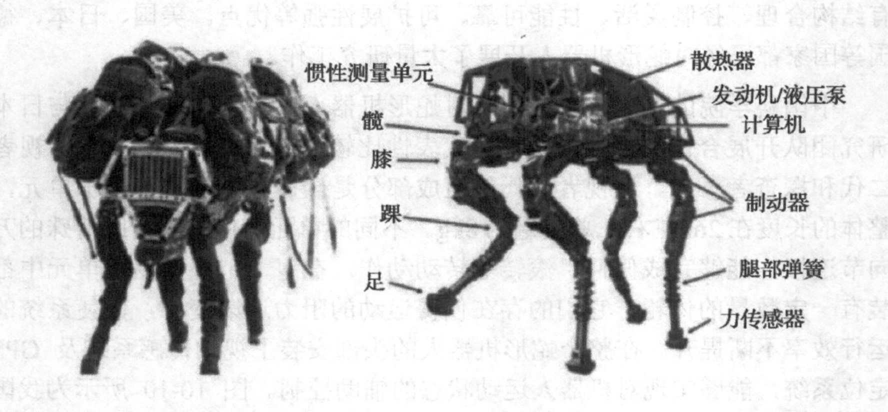

图 10-12 大狗机器人

大狗机器人身高 1m、体长 1.1m、宽 0.3m，和一只体型较大的狗差不多。不过这个机器人体重达到 109kg，比一只普通的狗要重很多，因此并不能像真正的狗那样灵活地奔跑。但大狗机器人是一个大力士，在平坦的路面上，大狗机器人可以携带大约 200kg 的物资，在崎岖的山路上其负重能力可能略有下降，但在战场上有一个能够搬运东西的帮手总比没有强，而且大狗机器人的研发者还在继续提升大狗机器人的负重能力。现在已经有了能够负重 500kg 的大狗机器人改进版，但是这个改进版的体型要比大狗机器人的体型大上好几圈。

6. 蟑螂机器人

近年来，蟑螂机器人在机器人领域受到高度重视，其中美国 Case Western Reserve University 研制的 ROBOT 系列、WHEGS 系列，美国 University of Michigan，UC Berkeley 和加拿大 McGill University 共同研制的 RHEX 系列蟑螂机器人比较成功。

ROBOT 系列机器人的外形具有仿生机构的特点，6 条腿共有 24 个自由度，其驱动方式为气动。而 WHEGS 系列和 RHEX 系列为采用伺服电动机驱动的基于抽象生物学原理的 6 自由度蟑螂机器人。

伺服电动机控制的仿生步行机器人，对腿构型设计、运动控制体系和步态控制方面提出了要求。常用腿构型为连杆直接串联式构型和多连杆构型，前者运动灵活，工作空间大，但刚性及承载能力还有待提高，后者刚性和承载能力大，但工作空间一般比较小。典型的运动控制方式是 Zielinska 提出的分层控制，处于控制系统底层的是关节的控制，然后从下往上的几层分别负责逆运动学计算、腿部末端轨迹的生成、步态规划及机身运动轨迹的生成。图 10-13 所示为蟑螂机器人。

图 10-13　蟑螂机器人

在环境保护方面，单靠智能机器人无法拯救地球，但它们绝对能从战略上帮助我们实现更加绿色的未来。将机器人的使用与物联网等先进技术相结合，有助于我们的可持续发展。对于已经参与研究机器人技术的企业，其责任在于迅速开发绿色机器人，因为这不仅会给这些企业带来经济利益，还有助于人类的生存。政府也可以为使用和开发绿色机器人的企业提供补贴，这将鼓励企业以更快的速度进一步开发机器人技术，使该技术在经济上可行。

10.3 无人机

近年来，在我国无人机不断从军事领域向民用领域拓展的背景下，无人机数量、种类增加和应用市场的持续扩大，为国内社会发展带来了巨大变革。

这一重大变革，体现在行业之变上。无人机出现以前，我国工业、农业等行业普遍采用传统的生产方式，以人力劳作或简单的机械化为基础，不仅生产效率低下、生产成本高昂，而且生产安全隐患较多，无法满足日益增长的行业需求。而无人机应用之后，这一切发生了改变。

【任务】

通过网络课堂学习，了解无人机的知识。

1. 常见飞行器可分为哪几类：

______

______

______

2. 以多旋翼无人机为例，请概述无人机的基本构成：

______

______

______

3. 请举出几个无人机实例：

______

______

______

无人机（Unmanned Aerial Vehicle，UAV）是一种由动力驱动、机上无人驾驶、可重复使用的航空器。1917 年，英国人研制成功了世界上第一架无人机，从此无人机经过了无人靶机、预编程序控制无人侦察机、指令遥控无人侦察机和复合控制多用途无人机的发展过程，但直到 20 世纪 80 年代才得到日益广泛的应用，并在几次局部战争中发挥了重要的作用。到 20 世纪 80 年代中后期，各国制造的无人机有近百种，其起飞质量从数千克到 100kg 以上，航程从数千米到上千千米，飞行速度从大于 100km/h 到超声速。

无人机自 20 世纪 20 年代诞生以来，在军用领域的应用超过百年。军用无人机技术有广阔的民用市场，20 世纪 90 年代，无人机技术逐步走入科研、监测等民用领域。

近些年，我国军用无人机迎来了较快发展，以“彩虹”系列和“翼龙”系列为代表的军用无人机通过军贸出售，在局部战争中发挥出优异的作战性能，取得了较好的作战成果。当前，我国军用无人机产品的性能紧追国际第一梯队，具备大量列装部队，增强军队智能化、信息化作战实力的条件。“十四五”期间，我国国防现代化建设明显提速，军用无人机需求有望大幅释放。

10.3.1 常见飞行器的分类

常见的小型飞行器主要分为三类：固定翼飞行器、直升机与多旋翼飞行器。

固定翼飞行器如图 10-14 所示，其特点是机翼位置及后掠角等参数是固定不变的，如民航飞机和战斗机。这两类飞机由推力系统产生前向的空速，进而产生升力来平衡自身的重力。基于这个原理，固定翼飞行器需要保持一定的前飞速度，因此不能垂直起降。固定翼飞行器与传统的直升机相比，优点是结构简单、飞行距离更长、耗能更少，缺点是起飞和降落的时候需要跑道或弹射器。

直升机如图 10-15 所示，其特点是升力由旋翼直接提供。单旋翼的直升机有周期变距杆、总距操纵杆、脚蹬和油门等四个控制输入，其中总距操纵杆控制旋翼的迎角（或攻角）。虽然直升机的升力主要由总距操纵杆和油门控制，但是升力的快速动态响应仅由总距操纵杆调整。单旋翼直升机可以垂直起降，不需跑道或弹射器。与固定翼飞行器相比，直升机的续航时间没有优势，而且复杂的机械结构会带来很高的维护成本。

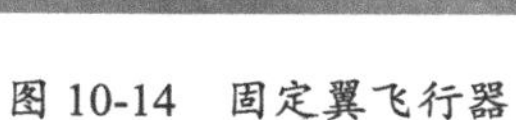

图 10-14 固定翼飞行器

图 10-15 直升机

多旋翼飞行器本质上可以看成一种有三个或者更多旋翼的直升机，而且具有垂直起降的能力。多旋翼飞行器中最常见的是四旋翼飞行器。四旋翼无人机如图 10-16 所示，与单旋翼直升机不同的是，四旋翼飞行器通过控制旋翼的转速来实现升力的快速调节。多旋翼结构具有对称性，所以旋翼之间的反作用力矩可以相互抵消。多旋翼飞行器结构非常简单，所以其具有操控简单、可靠性高和维护成本低等优点。然而简单的结构在一定程度上牺牲了多旋翼飞行器的承载性和续航时间。

图 10-16 四旋翼无人机

10.3.2 无人机的基本构成

本节以多旋翼无人机为例，叙述无人机的机架、动力系统与指挥控制系统。其中机架主要由机身、起落架等部件组成。动力系统由电动机、电子调速器、螺旋桨和电池等部件组成。指挥控制系统则主要由遥控器与接收器、自驾仪、地面站和数传电台等部件组成。

1. 机身

机身是承载多旋翼无人机所有设备的平台。多旋翼无人机的安全性、实用性及续航性能都与机身的布局密切相关。

机身的质量主要取决于其尺寸和材料。由于在相同的螺旋桨拉力下，机身越轻，意味着剩余载重能力越强，因此在保证性能的前提下，机身质量应尽量小。常见的机身布局包括三旋翼、四旋翼、六旋翼和八旋翼。

2. 起落架

起落架如图 10-17 所示，其功能如下：

①在起飞与降落时支承多旋翼并保持机身水平。

②保证旋翼与地面间有足够的安全距离，避免旋翼与地面碰撞。

③减弱起飞和降落时的地面效应。

④消耗和吸收多旋翼无人机在着陆时的冲击能量。

3. 电动机

多旋翼无人机选用的电动机以无刷直流电动机为主。无刷直流电动机的主要作用是将电池存储的电能转化为驱动桨叶旋转的机械能。根据转子的位置，无刷直流电动机可以分为外转子电动机和内转子电动机。与内转子电动机相比，外转子电动机可以提供更大的力矩，因此更容易驱动大螺旋桨而获得更高的效率。外转子电动机的速度更稳定，因此更适合多旋翼无人机和其他飞行器。

4. 电子调速器

电子调速器（简称电调）的基本功能是根据接收到的由自驾仪传输的 PWM 信号来控制电动机的转速。由于自驾仪输出的 PWM 信号非常微弱，无法直接驱动无刷直流电动机，因此需要电调对信号进行放大处理。一些电调还可以作为制动器或者稳压电源，给遥控器、接收器和舵机供电。与一般的电调不同，无刷电调还可以充当一个换相器，把多旋翼无人机上的直流电源转化为可以供给无刷直流电动机使用的三相交流电源。除此之外，它还有其他功能，如电池保护和启动保护等。图 10-18 所示为型号为

XAircraft ESC-S20A 的多旋翼无人机专用电调。

图 10-17 起落架

图 10-18 XAircraft ESC-S20A 电调

5. 螺旋桨

螺旋桨是直接产生多旋翼运动所需的力和力矩的部件，如图 10-19 所示。考虑到电动机效率会随输出转矩变化而变化，合理地匹配螺旋桨可以使电动机工作在更高效的状态，从而在产生相同拉力的情况下消耗更少的能量，进而延长续航时间。因此，选择合适的螺旋桨是提高多旋翼无人机性能和效率的一种直接、有效的方法。

6. 电池

电池主要用于为动力系统提供能量。图 10-20 所示为多旋翼无人机的电池。目前，多旋翼无人机面临的常见问题是续航时间不足，而续航时间严重依赖电池容量。目前市面上的电池种类很多，其中锂电池和镍氢电池以其优越的性能和低廉的价格脱颖而出。

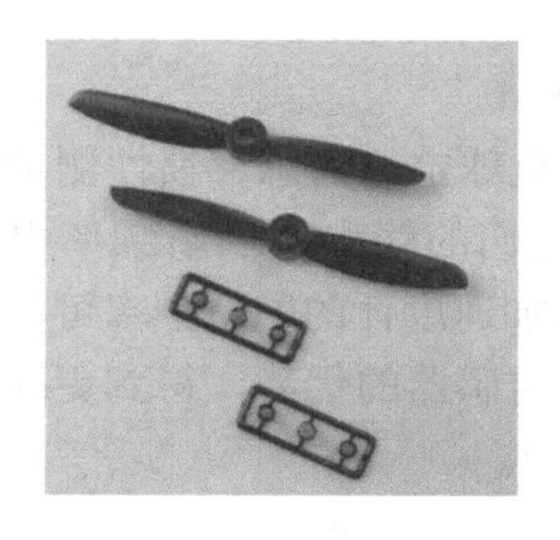

图 10-19 螺旋桨

图 10-20 多旋翼无人机的电池

7. 遥控器与接收器

Futaba 遥控器如图 10-21 所示，用于发送飞控手的遥控指令到相应的接收器，接收器解码后再传给自驾仪，从而控制多旋翼无人机做出各种飞行动作。遥控器上还提供了一些自定义的设置项，如油门的正反、摇杆灵敏度大小、舵机的中立位置调整、通道的功能定义、飞机时间记录与提醒、拨杆功能设定等。

图 10-21 Futaba 遥控器

8. 自驾仪

多旋翼无人机的自驾仪是一个用于控制多旋翼姿态、位置和轨迹的飞行控制系统，可以设置为飞控手实时遥控的半自主控制方式，也可以设置为全自主控制方式。自驾仪具有统一的控制框架，大多采用比例积分微分（Proportion Integral Derivative，PID）控制器。对于不同的多旋翼无人机，我们只需调整一些参数即可。

多旋翼无人机的自驾仪可分为软件部分和硬件部分。其中，软件部分是多旋翼无人机的大脑，用于处理信息和发送信息。硬件部分一般包括以下组件。

①全球定位系统模块：主要用于得到多旋翼无人机的全球定位信息。

②惯性测量单元：包括三轴加速度计、三轴陀螺仪、电子罗盘（或三轴磁力计），主要用来得到多旋翼无人机的姿态信息。

③高度传感器：主要包括气压计和超声波测量模块，分别用来测量多旋翼无人机的绝对高度（海拔高度）和相对高度（距离地面高度）信息。

④微型计算机：用于接收信息、运行算法和产生控制命令的平台。

⑤接口：连接微型计算机与传感器、电调、遥控设备等其他硬件的桥梁。

自驾仪的功能主要是感知、控制与决策。

感知就是解决“多旋翼在哪”的问题。全球定位信息、惯性测量单元信息和高度信息都存在着很多噪声，而且它们的输出的刷新频率也不一样，如 GPS 接收器的刷新频率只有 5Hz，而加速度计的刷新频率可以达到 1000Hz。如何融合各传感器的数据，发挥各传感器的优势，得到更准确的位置和姿态信息，是自驾仪要解决的首要问题。

控制就是解决“多旋翼怎么飞到期望位置”的问题。首先得到准确的位置和姿态信息，再根据具体的任务通过飞控算法计算出控制量并传输给电调，进而控制电动机和桨叶的旋转来获取不同的姿态和速度，最终抵达期望位置。

决策就是解决“多旋翼应该去哪儿”的问题。决策包括任务决策和失效保护。

9. 地面站

软件是地面站的一个重要组成部分。通过地面站软件，操作员可以用鼠标、键盘、按钮和操控手柄等外设来与多旋翼无人机的自驾仪进行交互。这样就可以在任务开始前预先规划好本次任务的航迹，对多旋翼无人机飞行过程中的飞行状况进行实时监控、修改任务设置，以干预多旋翼无人机的飞行。任务完成后，还可以对任务的执行记录进行回放及分析。

10. 数传电台

数传电台是用于高精度无线数据传输的模块，借助DSP（Digital Signal Processing，数字信号处理）技术、数字调制与解调技术和无线电技术，可实现向前纠错、均衡软判决等功能。与模拟调频电台不同，数传电台提供RS-232接口，传输速率更快，具备参数指示、误码统计、状态告警和网络管理等功能。数传电台作为一种通信媒介，有特定的适用范围，可以在某些特殊情况下，提供实时、可靠的数据传输功能，具有成本低、安装维护方便、绕射能力强、组网结构灵活、覆盖范围广的特点，适合点多而分散、地理环境复杂的场合。数传电台一端接入计算机（地面站软件），另一端接入多旋翼无人机的自驾仪，采用一定的协议进行数据传输，从而保持自驾仪与地面站之间的双向通信。

10.3.3 无人机应用现状

我国的无人机市场已经发展了几十年，从最初的军用领域逐渐扩展至民用领域。近年来，民用无人机市场迅速崛起，无人机在个人消费、植保、测绘、能源、救援等领域得到广泛应用。特别是消费级无人机，市场尤为火热，在全球具有领先优势，已经成为“中国制造”一张靓丽的新名片，而深圳市大疆创新科技有限公司（以下简称“大疆”）则是国内无人机企业的杰出代表。

大疆由汪涛等人于2006年创立，是全球领先的无人机控制系统及无人机解决方案的研发和生产商，客户遍布全球100多个国家。2020年大疆无人机销售额260亿元，占全球民用无人机市场80%的份额，甚至美国国防部都建议与美国服务机构合作的政务实体和军队使用。大疆在专利技术上的积累及对专利的布局、运用都远远领先于其他企业，该公司在这一领域的发展进程能够反映这一领域整体的技术发展趋势和现状。

随着基础技术的积累，大疆的研发能力不断增强，并且除了基础领域，还向无人机的可变形态、动力供应、图像采集、通信方式、配套手持设备等方面延伸，获得了诸多核心专利。

2013年大疆发布了大疆精灵PHANTOM 1（见图10-22），它是世界上首架一体化航拍无人机，引发了消费级无人机市场的爆发式增长。2014—2015年大疆又发布了可变形机身的悟INSPIRE1（见图10-23）和集成式影像系统+稳定云台+手持设备的灵眸 OSMO，实现了使用专业设备才能够获得的流畅视觉效果。大疆通过这些专利的积累将无人机的核心技术和产品牢牢控制在手中，为后续的进一步市场拓展和技术革新奠定了牢固的基础。

图 10-22 大疆精灵 PHANTOM 1　　图 10-23 悟 INSPIRE1

近年来，依托于无人机技术，大疆还涉足智能机器人、智能驾驶等领域。这期间发布了具备恶劣环境防护、专业级摄影、变形机身等功能的设备，可以广泛应用到各种场景，并开始制造智能教育机器人及智能驾驶载具。经过多年的沉淀，大疆开始突破单一的无人机领域，向着更加多元化、智能化方向迈进。

10.3.4 无人机实例

1. 植保无人机

近年来，随着我国经济和科学技术的快速发展，农业基础设施的建设稳步向前推进，植保无人机作为农业机械的重要组成部分，在国家的大力支持下也得到了快速的发展。在我国众多的植保无人机品牌中，极飞系列和大疆系列等具有代表性的植保无人机的研制技术已经较为成熟。我国植保无人机行业正在朝着产学研合作的方向快速发展，5G 技术和北斗卫星导航系统也逐渐在植保无人机上得以应用和推广。

虽然近年来我国的植保无人机行业整体上发展迅速，但目前仍然存在应用范围小、普及率低、药箱容量小、续航时间短及服务体系尚不健全等问题。因此对于我国这样的农业大国来讲，想要植保无人机快速发展，解决现阶段存在的技术壁垒至关重要。

1）极飞 XP2020 型植保无人机

极飞 XP2020 型植保无人机如图 10-24 所示，集智能播撒、精准喷洒于一体，可灵活搭载不同容量的作业箱，通过手机或智能遥控器，可在所有地形条件下轻松、高效地开展播种、撒肥、施药工作。相比遥控植保无人机，高度智能化的 XP 系列植保无人机可以节省一半以上的人力成本，并且大幅度减少因人工操作失误导致的重喷、漏喷甚至飞行事故。XP 系列植保无人机依旧采用高效能四旋翼设计，作业载荷达到 20 kg；全新动力系统配合 101.6cm 螺旋桨让风场更稳定，喷洒更广、更均匀，螺旋桨产生的垂直气流可以携带药物穿透农作物叶片，进一步提高药物留存率、增强吸收效果；智能离心雾化喷洒系统喷洒流量大，雾化颗粒范围更广。以水稻飞播为例，一架极飞 XP2020 型植保无人机能够实现的水稻播种效率，是人工播种效率的 80 倍。

图 10-24 极飞 XP2020 型植保无人机

2）大疆 T20 型植保无人机

大疆 T20 型植保无人机如图 10-25 所示。其具有以下特点：药箱容量为 20L，作业效率可达 12hm^2/h；4 通道独立流量控制，喷洒更均匀；智能泄压阀，排气更便捷；全向数字雷达可 360°重建三维场景，识别电线、树枝等障碍物，不受灰尘、水雾的影响，自主避障绕行；无论白天或黑夜，都可保障作业安全；搭载高精度定位模块的智能遥控器，可以厘米级精度规划地块；一键起飞，全自主喷洒作业；一控多机，效率翻倍；搭载全新播撒系统，可均匀播撒种子、肥料等固态颗粒，流量高达 15kg/min；采用 IP67 防护设计，可全身冲洗，机身折叠，方便搬运；配合精灵 4 多光谱版，自主采集图像，通过大疆智图生成农田处方图，可依据作物生长状态进行针对性作业，节水、省药；搭配精灵 4RTK 无人机与大疆智图软件，对农田场景进行三维建模及 AI 识别后，可进行多场景自主作业；对厚冠层的果树，可进行定点喷洒作业，提升渗透效果；针对沿等高线分布的果树，可进行自由航线作业，节电、省药；对于树高林密的山林，可进行连续喷洒作业，安全省心。

图 10-25 大疆 T20 型植保无人机

2. 测绘无人机

多年来，测绘行业主要采用人工作业的模式，不但劳动强度大、工序复杂，而且耗工费时、成本高。随着科技的发展，测绘行业需要更为高效、准确、低成本的作业方法。测绘无人机的出现，正好填补了这一空白。利用测绘无人机进行测绘作业，不但成本低、精度高，而且操作简便，测绘无人机在传统测绘、数字城市建设、地理国情监测、灾害应急处理等方面，都发挥了很好的作用。

无人机应用在测绘领域，主要是使用无人机快速获得大面积测区的高分辨率影像，获取的影像的空间分辨率从厘米级到米级不等，可用于 1：2000 或更大比例尺地形图测绘及正射影像制作，具有高分辨率遥感影像数据获取能力。测绘无人机的应用领域主要有以下几个：

①国土测绘。测绘无人机，由于其机动灵活，可以快速获取航摄数据，以便工作人员及时掌握测区的详细情况，在国土资源动态监测与调查，土地利用和覆盖图更新，土地利用动态监测及特征信息分析等方面都有重要应用。高分辨率的航空影像，还可应用于区域规划等领域。

②环境监测。测绘无人机可以快速获取高分辨率的航空影像，对于环境污染等，可以及时地进行监测。测绘无人机广泛应用于海洋监测、水质监测、溢油监测、湿地监测、海岸带监测、固体污染物监测、植被生态监测等领域。

③农林分析。测绘无人机得到的高分辨率的航空影像，能够提供准确的土地纹理和作物分类信息，在农业用地分析、作物长势分析、作物类型识别、农业环境调查、土壤湿度测定、水产养殖区监测及森林火灾监测、森林植被健康监测、森林覆盖率分析、森林蓄积量评估等领域都有应用。

④水利监测。测绘无人机的航线灵活，可根据地形和河流的情况来确定航线，并进行凌情应急监测，监测水污染等突发事件，以及进行滩区洪水灾害监测等。测绘无人机还可应用于海岸带调查、海洋环境监测。

⑤应急救灾。在测绘领域，无人机受到重视，开始于应急救灾。无论是汶川地震、玉树地震，还是安康水灾、舟曲泥石流，测绘无人机都在第一时间到达了现场，及时获取灾区影像数据，为救灾部署及灾后重建发挥了至关重要的作用。

【未来展望】

目前，世界正处于新一轮科技革命和产业转型的前夕，其代表是互联网技术、人工智能技术、无人驾驶技术等的突破。其中，作为无人技术的重要组成部分之一，无人机显示出巨大的价值。

在无人机出现之前，我国工农业等行业普遍采用传统的生产方式，以人工或简单机械化为基础，不仅生产效率低、生产成本高，还存在许多安全隐患，无法满足日益增长的行业需求。无人机应用后，为农业植保、土地测绘、工业检测、物流配送等领域提供极大的便利，各行各业都迎来了无人化、智能化和信息化的变革。

无人机作为一种新形式和新产业，带动了相关产业链的不断变化。从上游的研究、开发、生产到中下游的销售和服务，包括电子元件、飞行控制系统、电池、原材料及应用和服务端的各行业和企业，这些行业和企业由于无人机的兴起而面临机遇和变化。

习题10

一、填空题

1．根据机器人的应用领域，国际机器人联盟（IFR）将机器人分为________机器人和________机器人。

2．从应用场景上看，目前智能巡检机器人的应用场景主要有________等几大领域。

3．履带式巡检机器人，是专为________工作而设计的。

4．巡检机器人的任务主要是在某一现场对一些特定的对象进行________。

5．服务机器人可以分为________服务机器人和________服务机器人。

6．服务机器人是一种________工作的机器人，它能完成有益于人类健康的服务工作，但不包括生产设备。

7．仿生机械是模仿生物的________，设计制造出功能更集中、效率更高并具有________的机械。

8．跳跃机器人大致分为________跳跃机器人和________跳跃机器人。

9．仿生扑翼飞行器，又称扑翼机，是模仿________的飞行模式，通过扑动翅膀产生升力和动力的飞行器。

10．无肢运动是一种不同于传统的轮式、腿式或履带式行走的独特的运动方式。蛇形机器人的运动方式是________。

11．针对伺服电动机控制的仿生步行机器人，常用腿构型为________或________。

二、判断题（正确的在括号内打“√”，错误的打“×”）

1．机器人是在科研或工业生产中用来代替人工作的机械装置。 （ ）

2．所谓特种机器人，就是面向工业领域的多关节机械手或多自由度机器人。（ ）

3．为了与周边系统及相应操作进行联系与应答，机器人还应有各种通信接口和人机通信装置。（ ）

4．轮式机器人对于沟壑、台阶等障碍的通过能力较强。（ ）

5．为提高轮式机器人的移动能力，研究者设计出可实现原地转动的全向轮。（ ）

6．履带式机器人是在轮式机器人的基础上发展起来的，是一类具有良好越障能力的行走机构，对于野外环境中的复杂地形具有很强的适应能力。（ ）

7．感知机器人，即自适应机器人，它是在第一代机器人的基础上发展起来的，具有不同程度的“感知”能力。（ ）